高职高专电子信息类专业"十二五"课改规划教材

单片机应用与设计

(项目式教学)

主　编　赵兴宇　李　媛

西安电子科技大学出版社

内 容 简 介

本书采用“项目驱动”的编写思路，通过分析归纳，总结了 6 个单片机项目，并将单片机知识点融入到了每个项目中。本书以“一个核心”(单片机最小系统设计与制作)为主线，另外 5 个项目在此基础上扩展而来且相互独立，所有项目组合在一起又可以构成一个大的单片机系统，可使学生由浅入深、由易到难地掌握单片机应用技术。

书中详细介绍了 STC89C51RC/RD+系列单片机的硬件结构、I/O 口应用、定时器与中断、键盘与显示、A/D 和 D/A 电路、串行口应用、单片机外设等内容，从项目分析入手，详细地讲解了其硬件电路的设计与原理分析、程序编写思路等内容，同时引入 Proteus 仿真，使得即便在没有硬件的条件下，也能直观地反应设计结果。

本书可作为高职高专院校电子信息、应用电子、电气自动化、机电等专业单片机课程教材，也可作为电子制作爱好者自学参考用书。

本书配有 C 语言源程序代码和 Proteus 仿真电路资源，供教学使用。

图书在版编目(CIP)数据

单片机应用与设计：项目式教学 / 赵兴宇，李媛主编. —西安：西安电子科技大学出版社，2012. 8
高职高专电子信息类专业“十二五”课改规划教材
ISBN 978－7－5606－2874－5

Ⅰ. ① 单… Ⅱ. ① 赵… ② 李… Ⅲ. ① 单片微型计算机—高等职业教育—教材
Ⅳ. ① TP368.1

中国版本图书馆 CIP 数据核字(2012)第 163200 号

策　　划　邵汉平
责任编辑　邵汉平　张　梁
出版发行　西安电子科技大学出版社(西安市太白南路 2 号)
电　　话　(029)88242885　88201467　邮　　编　710071
网　　址　www.xduph.com　　电子邮箱　xdupfxb001@163.com
经　　销　新华书店
印刷单位　陕西天意印务有限责任公司
版　　次　2012 年 8 月第 1 版　2012 年 8 月第 1 次印刷
开　　本　787 毫米×1092 毫米　1/16　印张　13
字　　数　304 千字
印　　数　1～3000 册
定　　价　20.00 元
ISBN 978－7－5606－2874－5 / TP・1358
XDUP 3166001－1

＊＊＊ 如有印装问题可调换 ＊＊＊
本社图书封面为激光防伪覆膜，谨防盗版。

前　言

本书采用“项目驱动”的编写思路，通过引入 6 个项目，将单片机的主要内容融入到各个项目中。在介绍知识点时，根据知识点的特点，有的采用先引入问题，然后寻找解决问题的方法，有的则先讲解知识点，然后再由易到难，逐步运用知识点去解决问题。本书中所引入的 6 个项目全部在真实硬件电路下制作并调试成功，同时书中还引入了 Proteus 仿真，以加深读者对每个项目的学习和理解，使得即使在没有硬件的情况下，也可以较好地学习和应用单片机。

书中项目一主要介绍 STC89C51RC/RD+系列单片机的硬件结构和能够使单片机正常工作的单片机最小系统的制作与调试方法，并介绍了 Keil 软件和 Proteus 软件的使用方法；项目二主要介绍了 C 语言编程基础以及单片机 I/O 口的使用方法，通过大量的实例讲解了单片机 I/O 的使用方法；项目三主要介绍了单片机显示电路与键盘接口电路以及单片机定时器和中断的使用方法；项目四介绍了单片机 A/D、D/A 电路的原理，以及器件的使用方法，并详细介绍了根据器件时序图编写程序以及控制器件的方法；项目五介绍了串行口的应用；项目六主要介绍了单片机常用外设的控制方法。

在硬件条件较好的情况下，建议采用“边教、边学、边做”的教学模式。在每个项目最后，均列举了器件使用清单和制作注意事项，硬件条件不足的学校建议在计算机室展开教学，通过 Proteus 仿真，模拟真实的硬件电路情况，以使学生系统地掌握单片机应用技术。

本书参考学时如下：

项　目	参考学时 (Proteus 仿真教学)	参考学时 (全程实践教学)
单片机最小系统设计与制作	8	24
霓虹灯控制电路设计与制作	10	24
单片机显示电路与矩阵键盘设计	22	30
单片机的 A/D 和 D/A 电路	10	16
单片机串行口通信	8	10
单片机外设控制	6	10
总计	64	114

由于时间紧迫和编者水平有限，书中错误和不足之处在所难免，欢迎广大读者对本书提出批评和建议。

编　者

2012 年 4 月

前　言

本书采用"项目驱动"的编写思路，通过引入6个项目，将单片机的主要内容融入到各个项目中。在介绍知识点时，根据知识点的特点，有的采用先引入问题，然后寻找解决问题的方法；有的则先讲解知识点，然后由易到难，逐步运用知识点去解决问题。本书中所引入的6个项目全部在真实硬件电路下测试并调试成功。同时书中还引入了Proteus仿真，以加深读者对每个项目的学习和理解，使得即使在没有硬件的情况下，也可以较好地学习和应用单片机。

书中项目一主要介绍STC89C51RC/RD+系列单片机的硬件结构和能够使单片机正常工作的单片机最小系统的制作与调试方法，并介绍了Keil软件和Proteus软件的使用方法。项目二主要介绍了C语言编程基础以及单片机I/O口的使用方法，通过大量的实例讲解了单片机I/O的使用方法。项目三主要介绍了单片机显示电路与键盘接口电路以及单片机定时器和中断的使用方法。项目四介绍了单片机A/D、D/A电路的原理，以及器件的使用方法，并详细介绍了根据器件时序图编写程序以及控制器件的方法。项目五介绍了串行口的应用。项目六主要介绍了单片机常用外设的控制方法。

在硬件条件较好的情况下，建议采用"边教、边学、边做"的教学模式，在每个项目最后，均列写了器件选用清单和制作注意事项。硬件条件不足的学校建议在计算机房进行教学，通过Proteus仿真，模拟真实的硬件电路情况，以使学生系统地掌握单片机应用技术。

本书参考学时如下：

项　目	参考学时（Proteus仿真教学）	参考学时（全部实操教学）
单片机最小系统设计与制作	8	24
流水灯控制电路设计与制作	10	24
单片机显示电路与键盘设计	12	30
单片机的A/D和D/A电路	10	16
单片机串行口通信	8	10
单片机外设控制	6	10
总计	54	114

由于时间紧迫和编者水平有限，书中难免存在不足之处和疏漏，欢迎广大读者对本书提出批评和建议。

编　者

2013年4月

目　　录

项目一 单片机最小系统设计与制作

学习目标

❋ 了解单片机的组成；
❋ 了解单片机的引脚功能；
❋ 掌握单片机最小系统的组成；
❋ 初步掌握 Keil 软件的使用方法；
❋ 初步掌握 Proteus 软件的使用方法，能进行基本仿真操作。

能力目标

能够完成单片机最小系统电路的设计与制作；能利用 Keil 软件进行程序编写；掌握 STC 系列单片机下载程序的方法；能借助 Proteus 仿真软件进行辅助学习。

1.1 初识 STC89C51 单片机

1.1.1 单片机概述

1. 单片机简介

单片机是一种集成电路芯片，通常单片机由 CPU、存储器、I/O 口、定时器/计时器、中断系统等组成。单片机又称单片微型计算机，是典型的嵌入式微控制器，英文缩写为 MCU。

单片机起初被应用在工业控制领域，目前已渗透到我们生活的各个领域，如航空航天，智能仪器仪表控制，网络通讯与数据传输，实时控制，数据采集处理，录像机、摄像机、洗衣机、电磁炉、微波炉的控制等。

2. 单片机类型

8051 单片机最早由 Intel 公司推出，之后，多家公司购买了 8051 的内核，因此，以 8051 为内核的单片机的产量最大，应用最为广泛。其中 Atmel 公司的 AT89S5X 系列单片机和宏晶公司的 STC89C5X 系列单片机，是目前应用较多的两款单片机，特别是 Atmel 公司的 AT89S5X 系列单片机由于推出得较早，因此在高校教学中应用较多。

AVR 单片机也是 Atmel 公司的产品，它是精简指令型单片机。与其他 8 位单片机相比，AVR 单片机有明显速度优势，具备 1 MIPS 的高速运行处理能力，I/O 口功能强大，可输出 40 mA 的电流(单一输出)，作输入时可设置为三态高阻抗输入或带上拉电阻输入，具备

10 mA～20 mA 灌电流的能力，外围电路简单，系统稳定性好。

PIC 单片机是 Microchip 公司的产品，其 CPU 具有分散作用(多任务)功能。它也是一种精简指令型的单片机，指令数量比较少，中档的 PIC 系列有 35 条指令，低档的有 33 条指令。

MSP430 系列单片机是由美国德州仪器公司(TI)于 1996 年推出的一款 16 位超低功耗并具有精简指令集(RISC)的单片机，具有处理能力强、运算速度快、超低功耗、片内资源丰富等优点。目前有 MSP430x1xx 系列、MSP430F2xx 系列、MSP430C3xx 系列、MSP430C4xx 系列、MSP430F5xx 系列，其中 1xx 系列和 4xx 系列目前在高校全国大学生电子设计竞赛中得到广泛应用。

此外，还有 SST、PHILIPS、华邦等多家公司都先后推出了各自的 8051 内核单片机，也各自占有一定的市场。

本书以 STC89C51RC/RD+系列单片机为例，介绍单片机的基础知识及其应用。

1.1.2 性能与特点

STC89C51RC/RD+系列单片机的特点如下：

(1) 是增强型 8051 单片机，有 6 时钟/机器和 12 时钟/机器可选，指令代码完全兼容传统 8051。

(2) 工作电压：3.3 V～5 V(5 V 单片机)/2.0 V～3.8 V(3 V 单片机)。

(3) 工作频率范围：0～40 MHz，相当于普通 8051 的 0～80 MHz，实际工作频率可达 48 MHz。

(4) 用户应用程序空间：4 KB/8 KB/13 KB/16 KB/32 KB/64 KB。

(5) 片上集成 1280 KB 或 512 KB 的 RAM。

(6) 通用 I/O 口(35/39 个)复位后为：P1/P2/P3/P4 是准双向口/弱上拉(普通 8051 传统 I/O 口)；P0 口是开漏输出，作为总线扩展用时不用加上拉电阻，作为 I/O 口用时需加上拉电阻。

(7) 有 ISP(在系统可编程)/ IAP(在应用可编程)功能，无需专用编程器，无需专用仿真器可通过串口(RxD/P3.0，TxD/P3.1)直接下载用户程序，数秒即可完成一片。

(8) 带有 EEPROM。

(9) 有看门狗功能。

(10) 内部集成 MAX810 专用复位电路(HD 版本和 90C 版本)，当外部晶体为 20 M 以下时，可省去外部复位电路。

(11) 共 3 个 16 位定时器/计数器，其中定时器 0 还可当成 2 个 8 位定时器使用。

(12) 外部中断 4 路，下降沿中断或低电平触发中断，Power Down 模式可由外部中断低电平触发中断方式唤醒。

(13) 通用异步串行口(UART)，还可用定时器软件实现多个 UART。

(14) 工作温度范围：−40℃～+85℃(工业级)/0～75℃(商业级)。

(15) 封装：LQFP-44，PDIP-40，PLCC-44，PQFP-44。

1.1.3 内部结构

STC89C51RC/RD+系列单片机中包含中央处理器(CPU)、程序存储器(Flash)、数据存储器(SRAM)、定时/计数器、UART串口、I/O接口、EEPROM、看门狗等模块。STC89C51RC/RD+系列单片机几乎包含了数据采集和控制中所需所有单元模块，可称得上一个片上系统，其内部结构如图1.1所示。

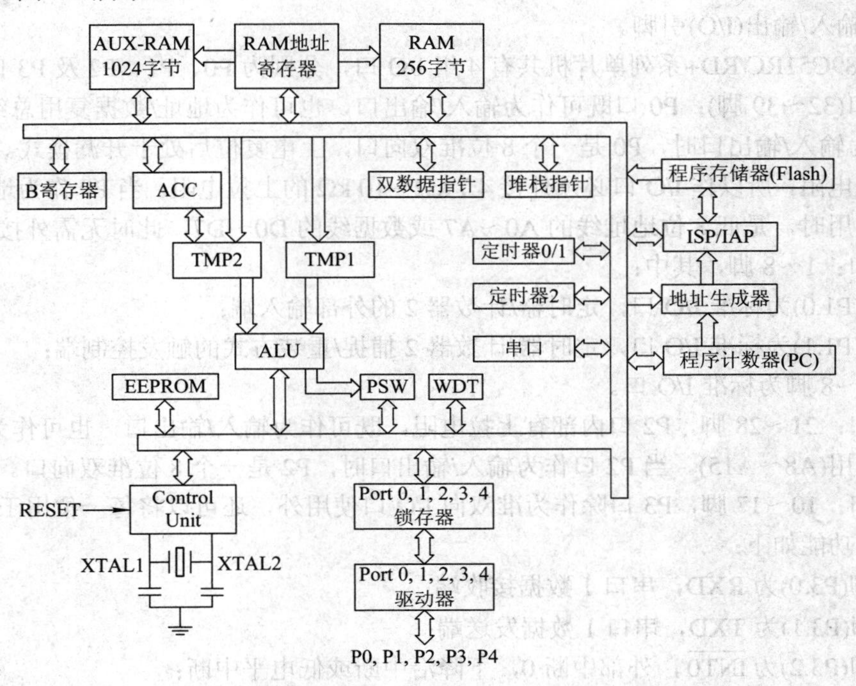

图1.1 STC89C51RC/RD+单片机内部结构框图

1.1.4 引脚

STC89C51RC/RD+系列单片机的引脚如图1.2所示。

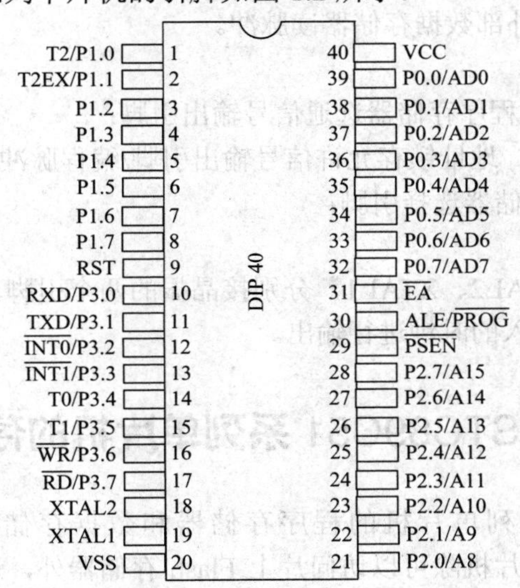

图1.2 (DIP40)STC89C51RC/RD+系列单片机的引脚图

(1) 电源引脚。

VCC(40 脚)：电源正极。

VSS(20 脚)：电源负极。

(2) 输入/输出(I/O)引脚。

STC89C51RC/RD+系列单片机共有 4 组 I/O 口，分别为 P0、P1、P2 及 P3 口。

P0 口(32～39 脚)：P0 口既可作为输入/输出口，也可作为地址/数据复用总线使用。当 P0 口作为输入/输出口时，P0 是一个 8 位准双向口，上电复位后处于开漏模式。P0 口内部没有上拉电阻，所以作 I/O 口必须外接 4.7 kΩ～10 kΩ 的上拉电阻。当 P0 作为地址/数据复用总线使用时，是低 8 位地址线的 A0～A7 或数据线的 D0～D7，此时无需外接上拉电阻。

P1 口：1～8 脚，其中：

1 脚(P1.0)为标准 I/O 口，定时器/计数器 2 的外部输入端；

2 脚(P1.1)为标准 I/O 口，定时器/计数器 2 捕捉/重装方式的触发控制端；

3 脚～8 脚为标准 I/O 口。

P2 口：21～28 脚，P2 口内部有上拉电阻，既可作为输入/输出口，也可作为高 8 位地址总线使用(A8～A15)。当 P2 口作为输入/输出口时，P2 是一个 8 位准双向口。

P3 口：10～17 脚，P3 口除作为准双向 I/O 口使用外，还可以将每一位用于第二功能，其中第二功能如下：

10 脚(P3.0)为 RXD，串口 1 数据接收端；

11 脚(P3.1)为 TXD，串口 1 数据发送端；

12 脚(P3.2)为 $\overline{\text{INT0}}$，外部中断 0，下降沿中断或低电平中断；

13 脚(P3.3)为 $\overline{\text{INT1}}$，外部中断 1，下降沿中断或低电平中断；

14 脚(P3.4)为 T0，定时器/计数器 0 的外部输入端；

15 脚(P3.5)为 T1，定时器/计数器 1 的外部输入端；

16 脚(P3.6)为 $\overline{\text{WR}}$，外部数据存储器写脉冲；

17 脚(P3.7)为 $\overline{\text{RD}}$，外部数据存储器读脉冲。

其他引脚功能如下：

29 脚为 $\overline{\text{PSEN}}$，外部程序存储器选通信号输出引脚；

30 脚为 ALE/$\overline{\text{PROG}}$，地址锁存允许信号输出引脚/编程脉冲输入引脚；

31 脚为 $\overline{\text{EA}}$，内外存储器选择引脚；

9 脚为 RST，复位脚；

18、19 脚分别为 XTAL2、XTAL1，分别接晶振的两个引脚，19 脚是外部时钟源的输入端，18 脚是将 19 脚输入的时钟进行输出。

1.2 STC89C51 系列单片机的存储器

STC89C51RC/RD+系列单片机的程序存储器和数据存储器是各自独立编址的。STC89C51RC/RD+系列单片机除可以访问片上 Flash 存储器外，还可以访问 64 KB 的外部程序存储器。

1.2.1　程序存储器

程序存储器用于存放用户程序、数据和表格等信息。STC89C51RC/RD+系列单片机内部集成了 4 KB～64 KB 的 Flash 程序存储器。STC89C51RC/RD+系列各种型号单片机的片内程序 Flash 存储器的地址如表 1-1 所示。

表 1-1　STC89C51RC/RD+系列各种型号单片机的片内程序 Flash 存储器的地址表

型　号	程序存储器地址
STC89C/LE51RC	0000H～0FFFH(4 KB)
STC89C/LE52RC	0000H～1FFFH(8 KB)
STC89C/LE53RC	0000H～33FFH(13 KB)
STC89C/LE54RD+	0000H～3FFFH(16 KB)
STC89C/LE58RD+	0000H～7FFFH(32 KB)
STC89C/LE510RD+	0000H～9FFFH(40 KB)
STC89C/LE512RD+	0000H～BFFFH(48 KB)
STC89C/LE514RD+	0000H～DFFFH(56 KB)
STC89C/LE516RD+	0000H～FFFFH(64 KB)

单片机复位后，程序计数器(PC)的内容为 0000H，从 0000H 单元开始执行程序。STC89C51RC/RD+单片机利用 $\overline{EA}$ 引脚来确定是访问片内程序存储器还是访问片外程序存储器。当 $\overline{EA}$ 引脚接高电平时，STC89C51RC/RD+单片机首先访问片内程序存储器，当 PC 的内容超过片内程序存储器的地址范围时，系统会自动转到片外程序存储器。

STC89C51 系列单片机的 5 种中断源的中断入口地址规定如下：

外中断 0　　0003H
定时器 T0　　000BH
外中断 1　　0013H
定时器 T1　　001BH
串行口　　0023H

1.2.2　数据存储器

单片机的数据存储器在物理上和逻辑上都分为两个地址空间，即内部数据存储区和外部数据存储区。内部 RAM 有 128 或 256 个字节的用户数据存储空间(不同的型号有分别)，用于存放执行的中间结果和过程数据。普通 89C51 系列单片机的内部 RAM 有 128 字节(89C51)/256 字节(89C52)供用户使用，其中：

(1) 低 128 字节的内部 RAM(地址：00H～7FH)，可直接寻址或间接寻址；

(2) 高 128 字节的内部 RAM(地址：80H～FFH)，只能间接寻址(普通 89C51 没有)。

1.2.3　特殊功能寄存器

特殊功能寄存器(SFR)是用来对片内各功能模块进行管理、控制、监视的控制寄存器和状态寄存器，是一个特殊功能的 RAM 区。STC89C51RC/RD+系列单片机内的特殊功能寄

存器与内部高 128 字节 RAM 共用相同的地址范围，都使用 80H～FFH，但特殊功能寄存器必须用直接寻址指令访问。

1. 程序计数器(PC)

程序计数器在物理上是独立的，不属于 SFR 之列。PC 字长 16 位，是专门用来控制指令执行顺序的寄存器。单片机上电或复位后，PC=0000H，强制单片机从程序的零单元开始执行程序。

2. 累加器(ACC)

累加器是 8051 单片机内部最常用的寄存器，也可写作 A，常用于存放参加算术或逻辑运算的操作数及运算结果。

3. B 寄存器

B 寄存器在乘法和除法运算中须与累加器配合使用。MUL AB 指令把 A 和 B 中的 8 位无符号数相乘，所得的 16 位乘积的低字节存放在 A 中，高字节存放在 B 中。DIV AB 指令用 B 除以 A，整数商存放在 A 中，余数存放在 B 中。B 寄存器还可以用作通用暂存寄存器。

4. 程序状态字寄存器(PSW)

PSW 各标志位见表 1-2。

表 1-2 PSW 各标志位表

地址	位	B7	B6	B5	B4	B3	B2	B1	B0
D0H	位名	CY	AC	F0	RS1	RS0	OV	F1	P

CY：进位位。加法运算中，当最高位即 B7 位有进位，或减法运算中最高位有借位时，CY 为 1，反之为 0。

AC：进位辅助位。加法运算中，当 B3 位有进位，或减法运算中 B3 有借位时，AC 为 1，反之为 0。设置辅助进位标志 AC 的目的是为了便于 BCD 码加法、减法运算的调整。

F0：用户标志位 0。

RS1、RS0：工作寄存器组的选择位，如表 1-3 所示。

表 1-3 工作寄存器组选择表

RS1	RS0	当前使用的工作寄存器组(R0～R7)
0	0	0 组(00H～07H)
0	1	1 组(08H～0FH)
1	0	2 组(10H～17H)
1	1	3 组(18H～1FH)

OV：溢出标志位。

F0：用户标志位 1。

B1：保留位。

P：奇偶标志位。该标志位始终体现累加器 ACC 中 1 的个数的奇偶性。如果累加器 ACC 中 1 的个数为奇数，则 P 置 1；当累加器 ACC 中的个数为偶数(包括 0 个)时，P 位为 0。

5. 堆栈指针(SP)

堆栈指针是一个 8 位专用寄存器。它指示出堆栈顶部在内部 RAM 块中的位置。系统复位后，SP 初始化为 07H，使得堆栈事实上由 08H 单元开始，考虑 08H～1FH 单元分别属于工作寄存器组 1～3，若在程序设计中用到这些区，则最好把 SP 值改变为 80H 或更大的值为宜。STC89C51RC/RD+系列单片机的堆栈是向上生长的，即将数据压入堆栈后，SP 内容增大。

6. 数据指针(DPTR)

数据指针是一个 16 位专用寄存器，由 DPL(低 8 位)和 DPH(高 8 位)组成，其地址是 82H(DPL，低字节)和 83H(DPH，高字节)。DPTR 是传统 8051 机中唯一可以直接进行 16 位操作的寄存器，也可分别对 DPL 和 DPH 按字节进行操作。STC89C51RC/RD+系列单片机有两个 16 位的数据指针 DPRT0 和 DPTR1，这两个数据指针共用同一个地址空间，可通过设置 DPS/AUXR1.0 来选择具体被使用的数据指针。

1.3 单片机最小系统设计与制作

单片机最小系统，也称为最小应用系统，是指用最少的元件组成的可以工作的单片机系统。最小系统一般应该包括：单片机、晶振电路、复位电路。

1.3.1 最小系统的硬件电路

单片机最小系统电路如图 1.3 所示。

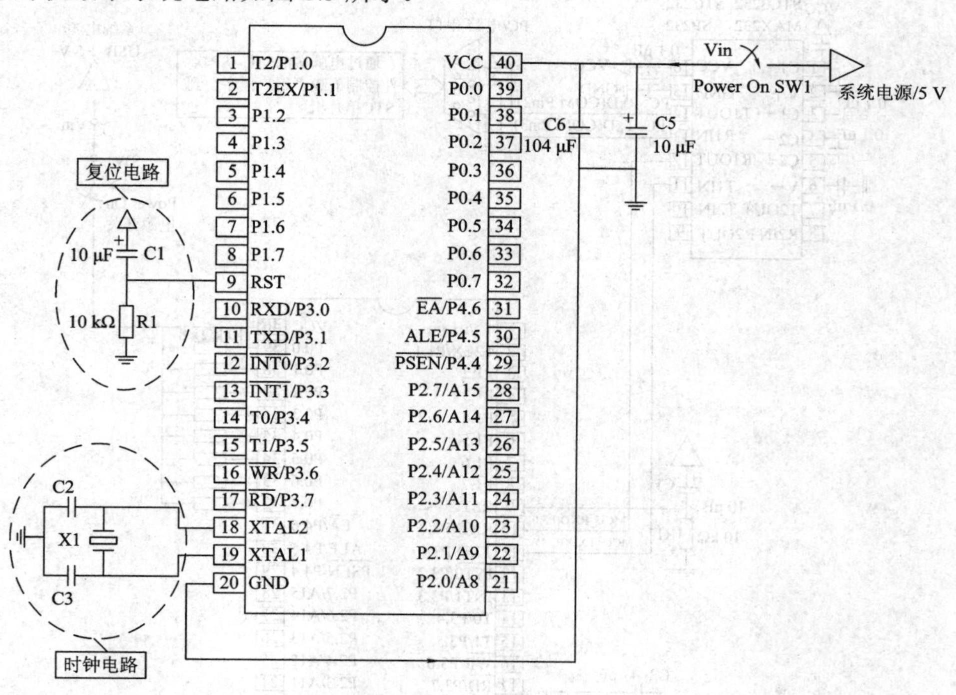

图 1.3　单片机最小系统电路图

1. 时钟电路

时钟电路用于产生单片机工作所必需的时钟控制信号。时钟频率直接影响单片机的速度。时钟电路连接单片机 18 脚和 19 脚，由晶振和无极性电容构成。

XTAL1(19 脚)：芯片内部振荡电路输入端。

XTAL2(18 脚)：芯片内部振荡电路输出端。

一般来说晶振可以在 1.2 MHz～12 MHz 之间任选，或者更高，实际中常选用 11.0592 MHz 的石英晶振，选择 11.0592 MHz 的晶振可以得到精确的通信波特率，在进行串口通信时可靠性高。与晶振连接的两个无极性电容起到频率微调作用，电容通常可以在 22 pF～30 pF 之间选择。

2. 复位电路

当单片机系统在运行中，受到环境干扰出现程序异常的时候，按下复位按钮后，内部的程序自动从头开始执行。

单片机系统常常有上电复位和按钮复位两种方法。图 1.3 中电容与电阻连接点连接单片机 9 脚，构成单片机复位电路，此种接法为上电复位电路即电源接通后单片机复位。单片机在第 9 脚的高电平持续 2 μs 就可以实现复位，因此只要保证电容的充放电时间大于 2 μs 即可实现复位。

图 1.3 所示的电路，是单片机能完成工作的最基本的单元。但是我们要使单片机实现我们的意图(让单片机执行相应的程序)，就需要将所编写的程序代码下载到单片机中，但图 1.3 所示的电路是无法完成程序下载任务的。因此，需要在原电路的基础上，对电路进行扩展，以方便随时将新编写的程序或修改的程序下载到单片机中。扩展电路图如 1.4 所示。

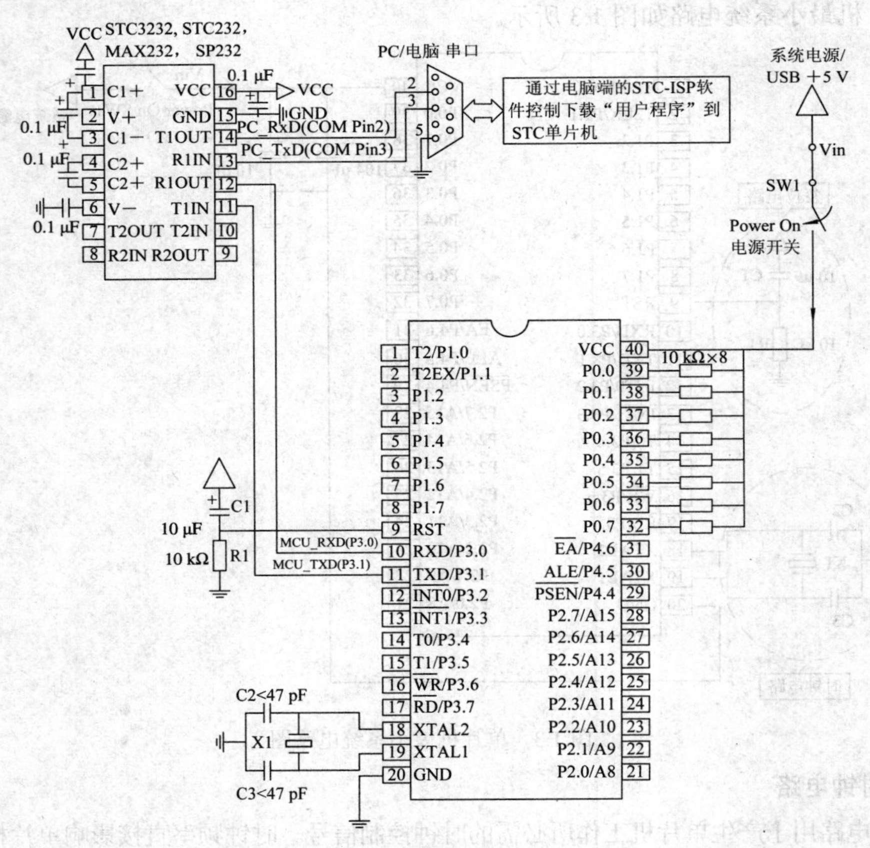

图 1.4　在系统可编程(ISP)典型应用线路图

图 1.4 中加入了 MAX232 芯片，可通过 MAX232 芯片与串口和单片机连接，以上电路可以完成将程序下载到单片机中的任务。

在制作单片机最小系统的过程中，需要准备以下元器件：10 cm × 10 cm 万能板 1 块、DIP40 芯片座 1 个、DIP16 芯片座 1 个、11.0592 MHz 晶振 1 个、27 pF 瓷片电容 2 个(瓷片电容可以考虑换成独石电容)、DB9 串口(DB9-F-弯 90 度)1 个、10 kΩ 电阻 1 个、10 μF 电解电容 1 个、STC89C52 单片机 1 片、104 瓷片电容 4 个、7.5 × 7.5 自锁开关 1 个(做电源开关使用)、MAX232 芯片 1 片、10 kΩ 排阻 1 个(由于 P0 口为漏极开路模式，因此在使用时需要外接上拉电阻)、双排针 1 个(扩展 I/O 引脚使用)、串口线 1 根(台式机电脑带串口，可以使用此口下载程序)或者 USB 转 232 线(笔记本电脑无串口，可使用此线下载程序)。

焊接时应注意：首先确定核心元器件的位置，由于有芯片座，所以先焊接芯片座，等所有电路焊接完成后再安装芯片。另外使用的是万能板，所以在焊接过程中，布局尽量不飞线，也就是按照 Protel 99se 中绘制单面 PCB 的方法一样，所有的线路都在焊接面完成，以加强电路的稳定性。图 1.5 所示为实际布线图。图 1.6 所示为实际布局图。

图 1.5　实际布线图

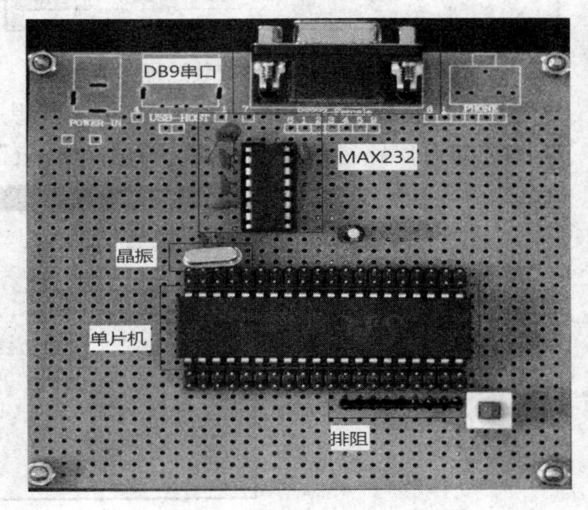

图 1.6　实际布局图

为了检验制作的单片机最小系统能否正常工作，可以另外准备一个发光二极管，将其焊接在单片机任意一个 I/O 引脚上，来检测单片机最小系统能否正常工作。

1.3.2　程序编写与下载

1. 开发环境与程序编写

程序的编写需要在相关的开发环境下进行，编程所使用的语言有汇编语言、C 语言等，本书的所有代码都是以 C 语言进行编写的。C 语言编程使用的编译器为 Cx51，目前使用较多的是 Keil 软件。

Keil C51 是美国 Keil Software 公司出品的 51 系列兼容单片机 C 语言软件开发系统，提供了包括 C 编译器、宏汇编、连接器、库管理和一个功能强大的仿真调试器等在内的完整开发方案，通过一个集成开发环境(μVision)将这些部分组合在一起。下面介绍如何在 Keil 开发环境下编写程序代码(关于 Keil 的详细使用方法，会在后面章节介绍)。

1) 软件的安装

(1) 双击安装文件 C51V818.exe，在弹出的对话框中，单击“Next”按钮，如图 1.7 所示。

(2) 将“I agree to all the terms of the preceding License Agreement”前的单选框选中，然后单击“Next”按钮，如图 1.8 所示。

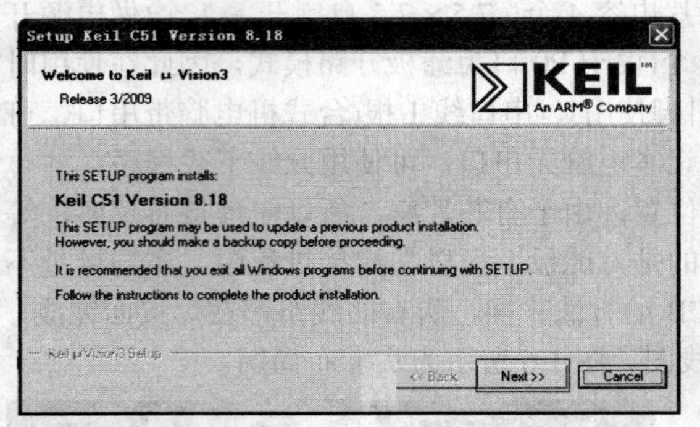

图 1.7　Keil 软件安装过程图 A

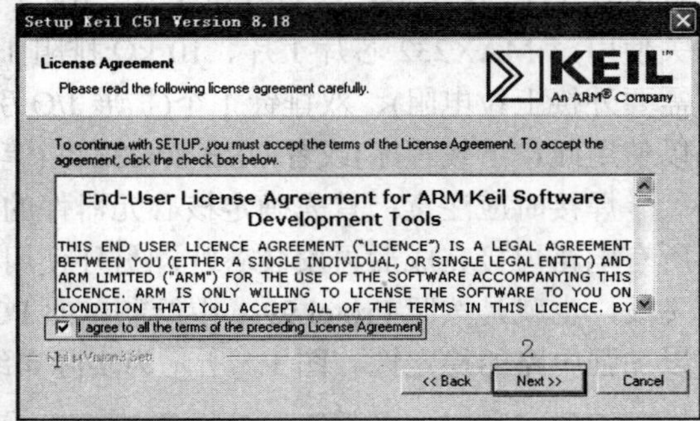

图 1.8　Keil 软件安装过程图 B

(3) 安装程序默认路径为 C:\Keil，若想更改路径，可以点击“Browse”按钮，选择安装路径即可，路径选中完成后，单击“Next”按钮，如图 1.9 所示。

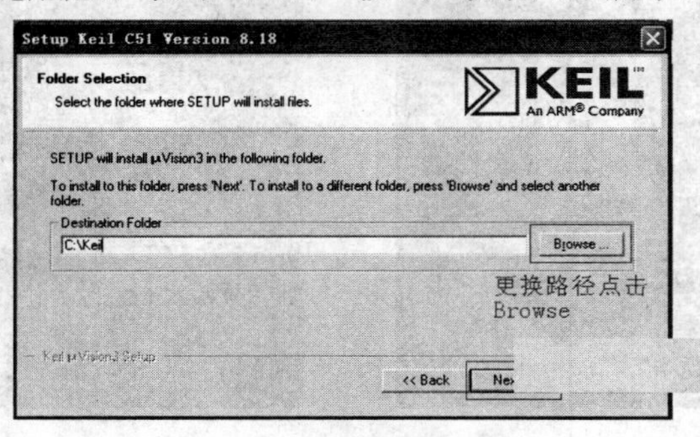

图 1.9　Keil 软件安装过程图 C

(4) 在弹出的对话框中，在“First Name”中输入名字，在“E-mail”中输入邮箱，当然这两项也可以随意填写，不影响安装过程。输入完成后，单击“Next”按钮，程序将进行安装，如图 1.10 和图 1.11 所示。

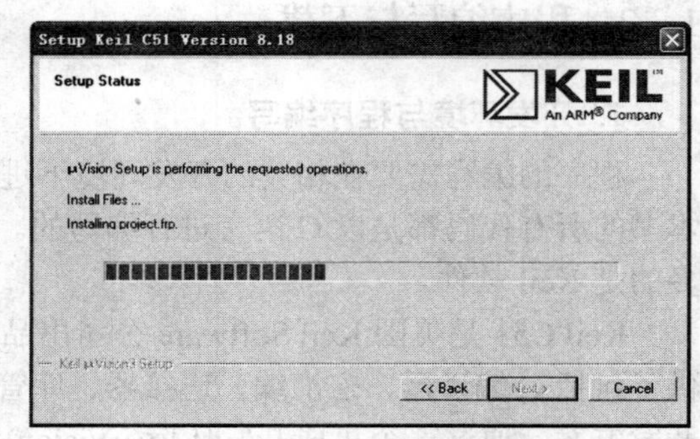

图 1.10　Keil 软件安装过程图 D　　　　图 1.11　Keil 软件安装过程图 E

(5) 待安装完成后，会出现对话框，单击“Finish”按钮完成安装。

2) 软件的使用

第一步：鼠标双击桌面上的 Keil μVision3 软件图标，见图 1.12。

打开后，会弹出图 1.13 所示的界面，如果不是图 1.13 所示的界面，可以用鼠标选择““Project”菜单中的“Close Project”返回到图 1.13 所示的界面。

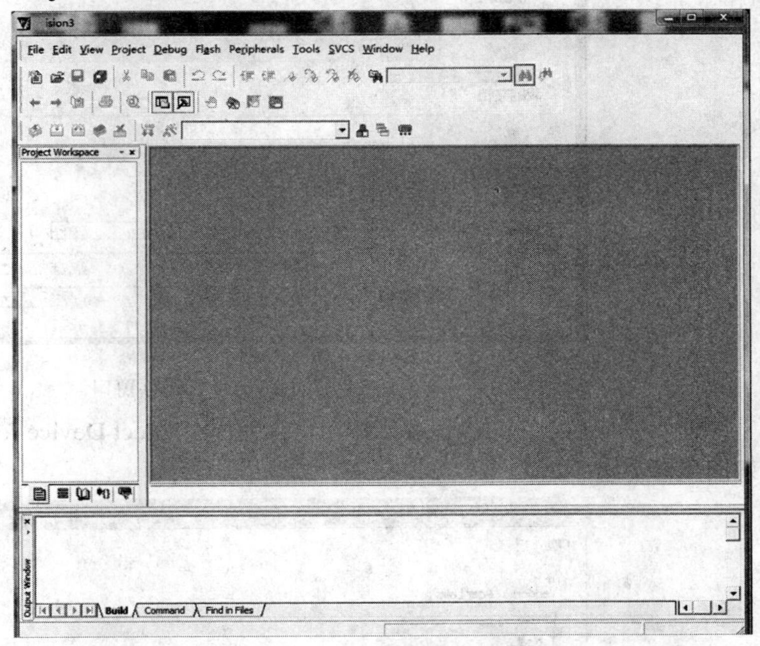

Keil uVision3

图 1.12 Keil μVision3 软件图标 图 1.13 软件初始画面

第二步：建立工程文件。

在项目开发中，只有一个源程序是不行的，还需要选择相应的 CPU 等参数，因此为了管理和使用方便，Keil 使用工程的概念，将所有的参数和文件都集中到一个工程中。

点击“Project”菜单中的“New μVisionProject…”(见图 1.14)，出现一个对话框(见图 1.15)，要求给将要建立的工程起一个名字，你可以输入一个名字(假设输入“项目一”)，不需要输入扩展名(注意选择好保存的路径)。

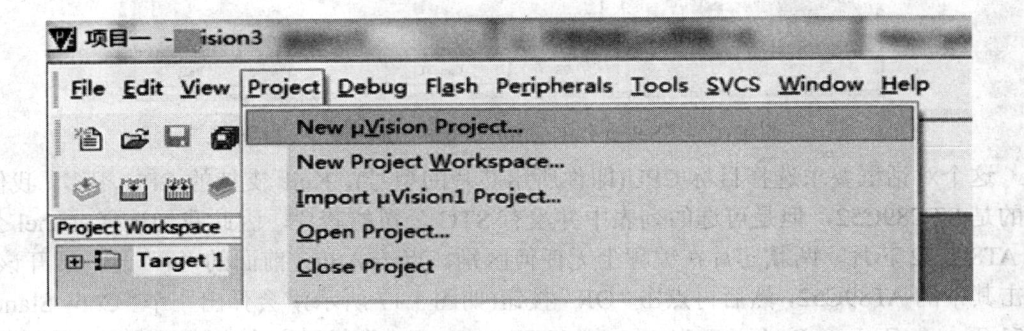

图 1.14 新建项目菜单

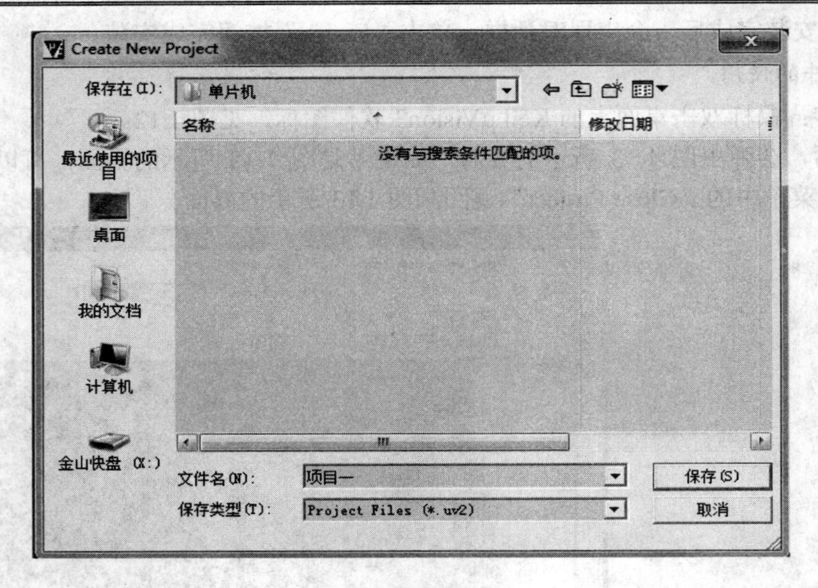

图 1.15　命名保存窗口

输入完成后，单击“保存”按钮，会弹出“Select Device for Target ‘Target1’”对话框，如图 1.16 所示。

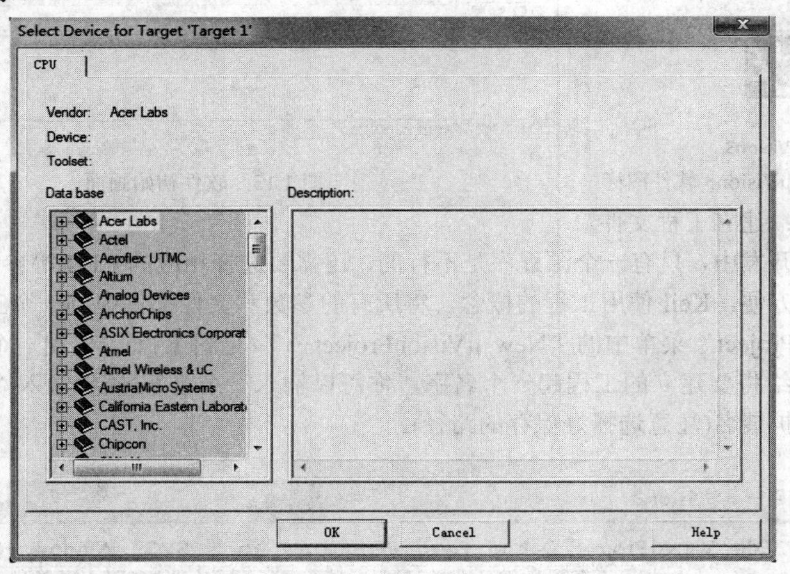

图 1.16　“Select Device for Target ‘Target1’”对话框

这个对话框要求选择目标 CPU(即你所用芯片的型号)，Keil 支持的 CPU 很多，我们使用的是 STC89C52，但是可选的列表中并没有 STC 公司的芯片，因此我们选择 Atmel 公司的 AT89C52 芯片，两款芯片在编程上无任何区别。点击 Atmel 前面的“+”号，展开该层，点击其中的 AT89C52，然后再点击“OK”按钮(如图 1.17 所示)，会弹出一个“Copy Standard 8051 Startup Code to Project Folder and Add File to Project”对话框，点击“否”按钮(见图 1.18)，回到主界面。

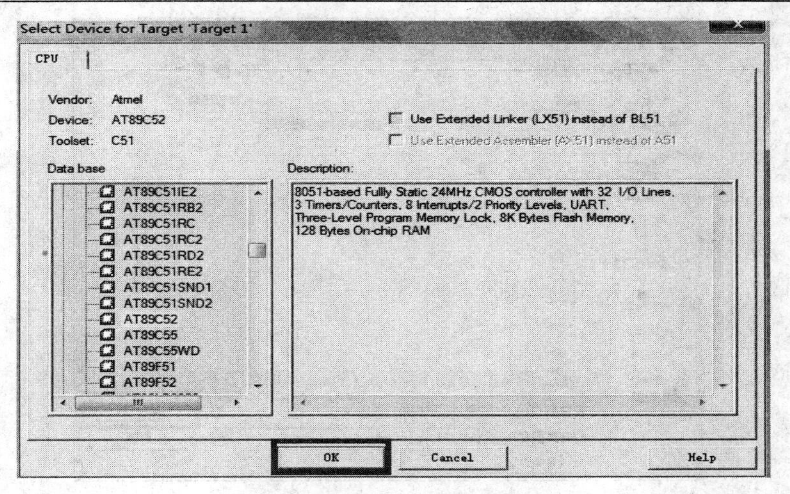

图 1.17　器件选择窗口

此时，在工程窗口的文件页中，出现了“Target 1”，前面有“+”号，点击“+”号展开，可以看到下一层的“Source Group1”，如图 1.19 所示。

图 1.18　添加 Standard 8051 文件询问窗口

图 1.19　工程建立完成后窗口

到此，工程已经建立完成，但现在的工程是一个空的工程，没有任何文件在里面。

第三步：建立源文件，并添加到工程中。

(1) 点击“File”菜单中的“New…”项，如图 1.20 所示。

会弹出 Text1 对话框，如图 1.21 所示。

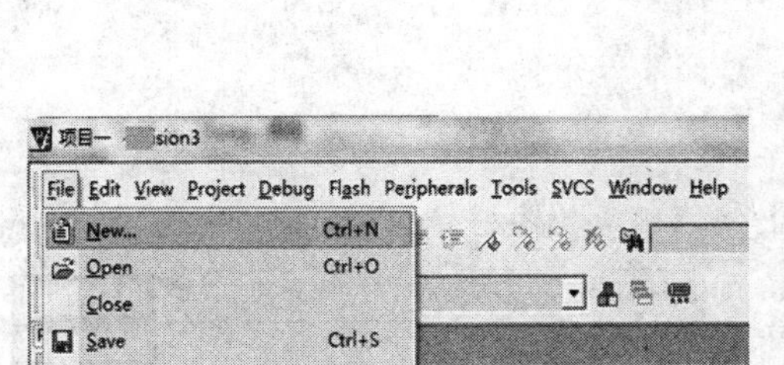

图 1.20　新建文件

图 1.21　新建文件窗口

(2) 单击“File”菜单中的“Save”项后，在弹出的对话框输入要保存的文件名字，后缀名为“.c”，然后单击“保存”按钮(这里输入“单片机最小系统测试.c”)，如图 1.22 所示。保存后新建的文件窗口如图 1.23 所示。

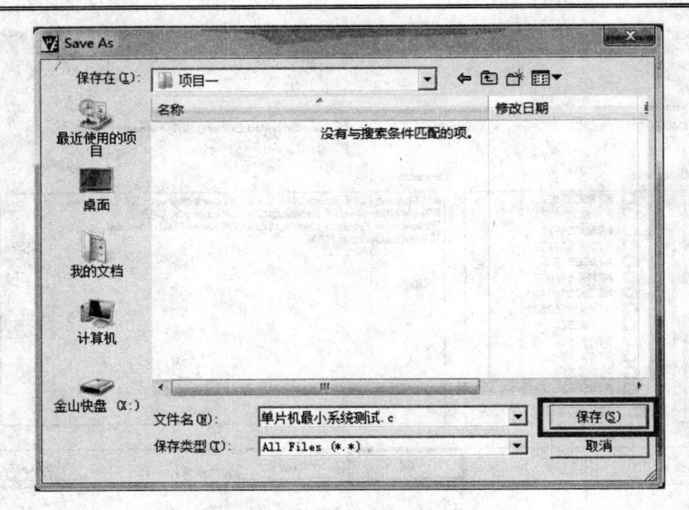

图 1.22　文件保存窗口

图 1.23　文件保存后的窗口

(3) 在如图 1.19 中的"Source Group 1"处，单击右键，选择"Add file to Group 'Source Group1'"(见图 1.24)，会出现一个对话框(见图 1.25)，单击选择"单片机最小系统测试.c"，然后单击"Add"按钮，最后单击"Close"按钮结束。

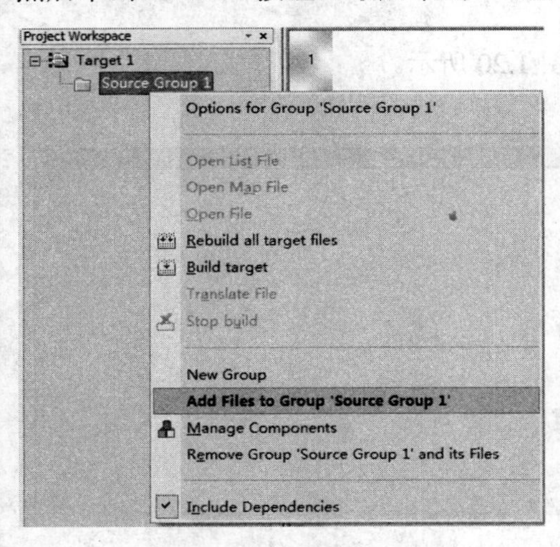

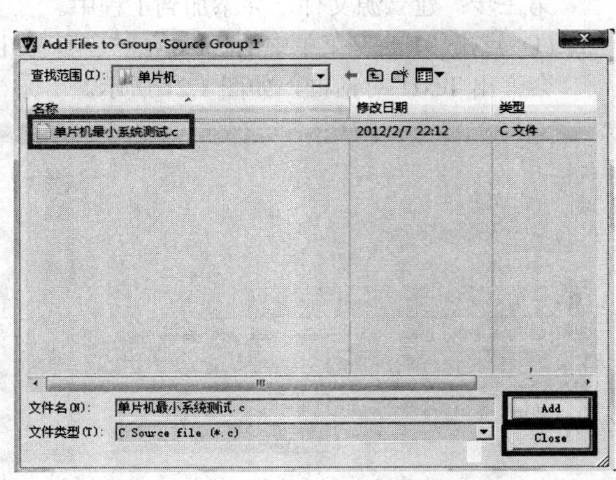

图 1.24　添加文件菜单

图 1.25　添加文件选择窗口

这时，在"Source Group 1"的前面，会出现一个"⊞"号，单击"⊞"号，刚才添加的"单片机最小系统测试.c"就会出现在其下方(如图 1.26 所示)，这时就可以在右边空白处进行编程了(如图 1.27 所示)。

图 1.26　文件添加到工程中后状态

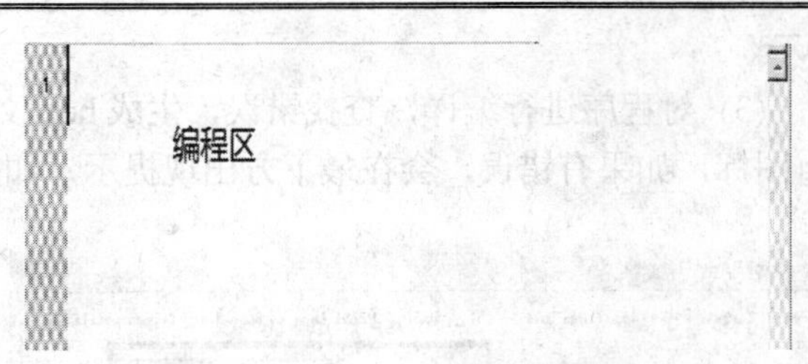

图 1.27　文件添加到工程中后状态

第四步：在编程区输入程序代码。

```
#include <reg52.h>          //头文件
void main()                 //主函数
{
    P1=0x55;                //让 P1 口的第 0、2、4、6 位为高电平“1”，第 1、3、5、7 位
                              为低电平“0”
}
```

第五步：对 Keil 进行设置，生成 hex 文件。

(1) 单击“ ”图标，如图 1.28 所示。单击后会弹出“Options for Target ‘Target1’”对话框，选择“Output”选项卡，如图 1.29 所示。

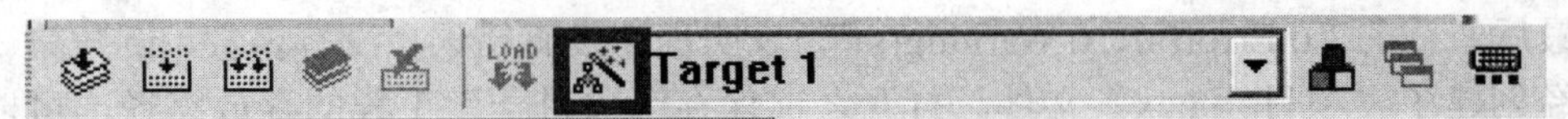

图 1.28　设置按钮

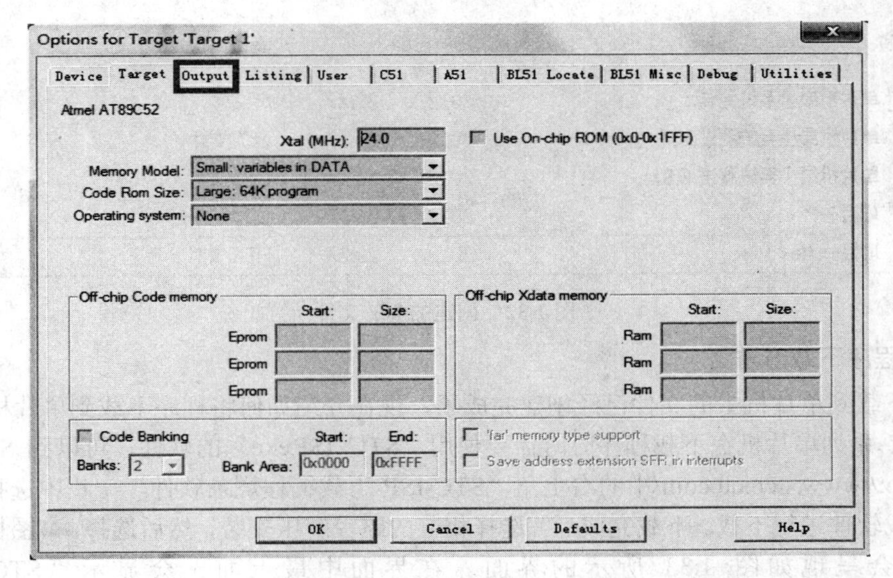

图 1.29　“Options for Target ‘Target1’”对话框

(2) 在“Output”选项卡的“Name of Executable”中可以输入要生成的 hex 文件的名字(也可以不改)，然后将“Create HEX File”前的复选框勾上，单击“OK”按钮，如图 1.30

所示。

(3) 对程序进行编译，查找错误，生成 hex 文件，为下载到单片机中做好准备。首先单击图标，如果有错误，会在最下方出现提示，如果没有错误，就会出现如图 1.31 所示界面。

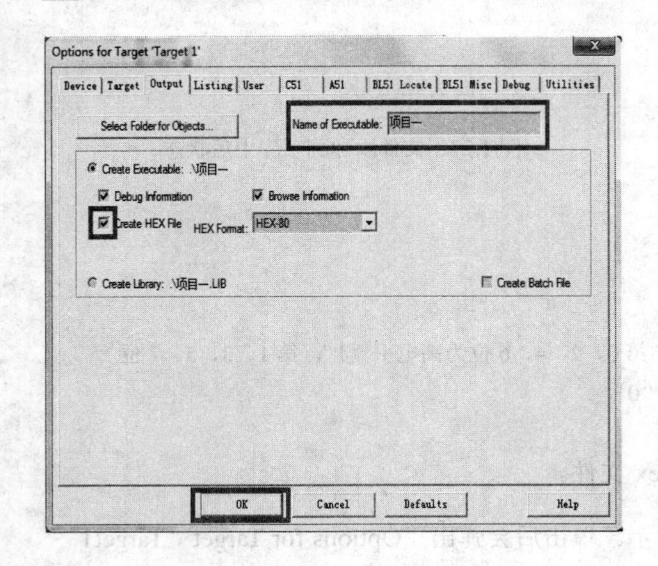

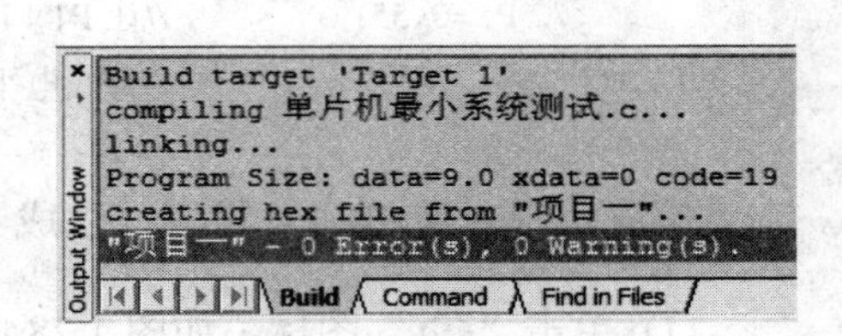

图 1.30　HEX 文件输出设置窗口　　　　图 1.31　输出窗口信息提示

最后一行的“0 Error(s)，0 Warning(s)”，表明程序没有错误，没有警告，倒数第二行表示已经创建了“项目一.hex”文件。打开之前保存“项目一”工程的存放路径，可以看到创建的“项目一.hex”文件，如图 1.32 所示。

名称	修改日期	类型	大小
单片机最小系统测试.c	2012/2/7 23:27	C 文件	1 KB
单片机最小系统测试.LST	2012/2/7 23:27	LST 文件	1 KB
单片机最小系统测试.OBJ	2012/2/7 23:27	OBJ 文件	1 KB
项目一	2012/2/7 23:27	文件	1 KB
项目一.hex	2012/2/7 23:27	HEX 文件	1 KB

图 1.32　创建的 hex 文件

2. 程序下载方法

要下载到单片机中的文件已经创建完成了，现在介绍如何将程序下载到单片机中。

STC 系列单片机在下载程序时时需要使用“STC_ISP.exe”的软件，可以到 STC 官方网站 http://www.stcmcu.com/中的右上角“STC-ISP 下载编程烧录软件”一栏中选择相应版本的下载软件进行下载。下载完成后，选择相应的路径解压安装，然后选择图标双击打开，就会呈现如图 1.33 所示的界面。在界面中最上面，会显示“STC-ISP.exe www.STCMCU.com”的信息，最后的“V4.88”表示的是当前软件的版本，官方网站会不断更新 ISP 软件。

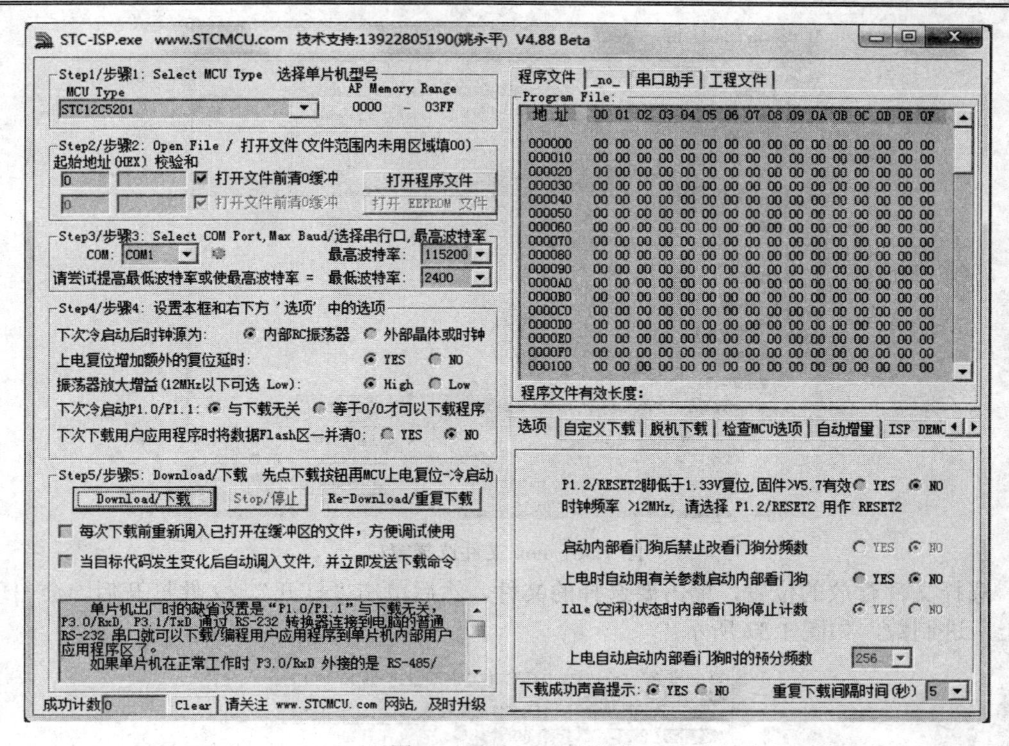

图 1.33　STC-ISP 界面

下载步骤如下：

(1) 双击打开 STC-ISP.exe 软件。(注意：如果是 Windows XP 系统则直接双击打开，如果是 Windows 7 操作系统，在使用的时候，不要双击打开，而是在图标处点击右键，选择“以管理员身份运行”，软件才能正常使用，否则可能无法正常下载程序)

(2) 对 ISP 软件进行设置：

① 单击图 1.34 所示的“倒三角”按钮，选择第一项“89C5XRC/RD+ series”，然后单击前面的“+”，选择所使用的单片机型号，我们选用的是 STC89C52。如果使用的是 STC 其他系列的单片机，则在相应的系列里面进行选择。

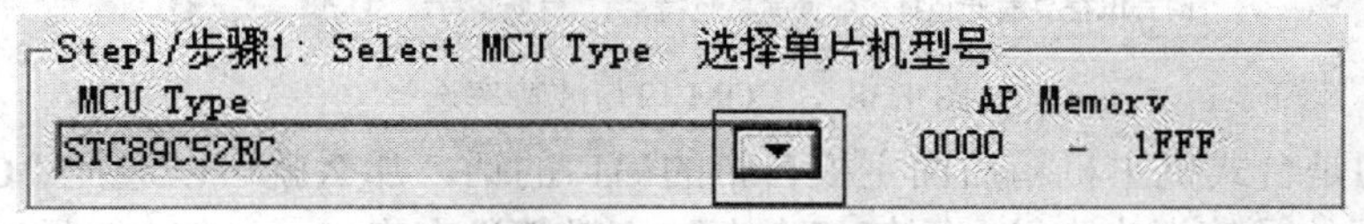

图 1.34　器件选择按钮

② 选择要下载的 hex 文件。单击“OpenFile/打开文件”按钮，如图 1.35 所示。

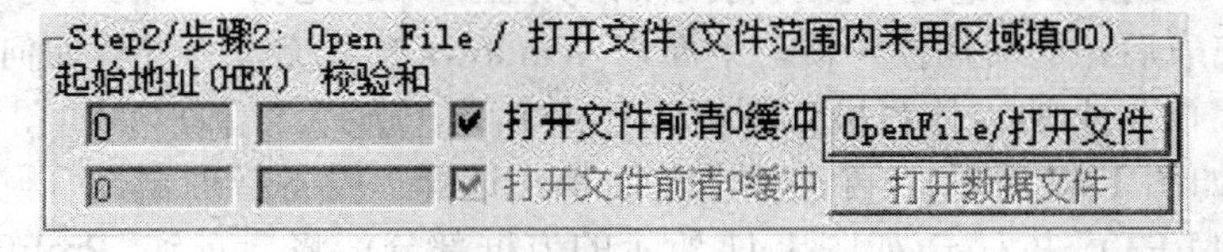

图 1.35　选择 hex 文件按钮

单击完成后会弹出图 1.36 所示对话框。

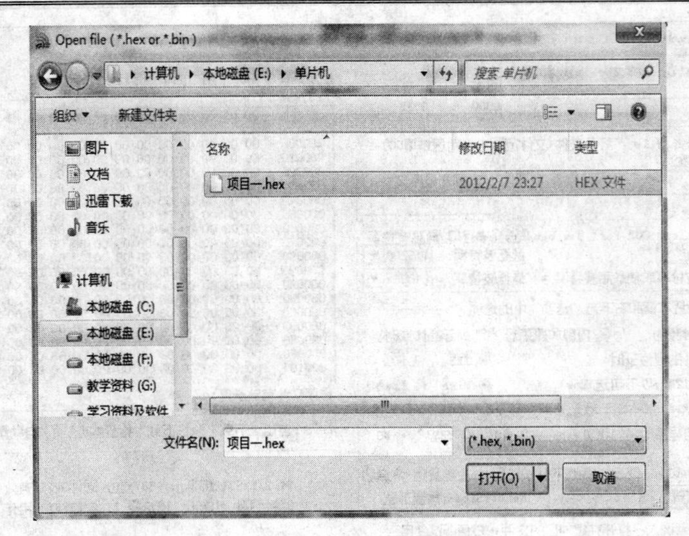

图 1.36　hex 文件选择窗口

选择文件存放的位置，单击要选择的文件，然后单击“打开”。文件打开后，会出现一组十六进制数，如图 1.37 所示。

图 1.37　hex 文件添加后状态

③ 选择相应的串行口和合适的波特率。在“COM”里选择相应的串口号，然后选择相应的波特率。如果是手工焊接的单片机最小系统，建议在“最高波特率”处选择较低的波特率，如 9600，如图 1.38 所示。手工焊接的串口通信电路的性能波动较大，跟焊接的质量有很大的关系，当下载不成功时，可以尝试以更低的波特率进行连接。在“COM”串口号选择时，要根据实际的连接情况来选择。

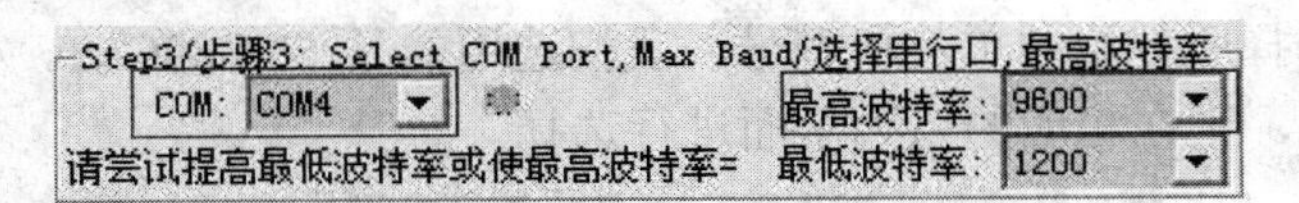

图 1.38　COM 口与波特率选择

如果用的是台式机主机箱后面主板自带的串口的话，那么就可以选择“COM1”。

如果使用的是笔记本电脑，而笔记本电脑一般都没有串口，只有 USB 口，则需要购买一个“USB 转串口”线与自制的单片机最小系统相连。使用 USB 转串口线时，首先将购买的转换线 USB 一端插入到笔记本上，将附带的光盘插入到光驱中，根据提示选择配套的驱动程序，安装完成后，重新插拔一次。下面以 Windows 7 系统为例讲解如何查看串口序号。首先在电脑“桌面”上的“计算机”图标上单击右键，选择“管理”(如图 1.39 所示)，会弹出一个界面(如图 1.40 所示)，再在界面左边单击选择“设备管理器”，再在界面右侧选择“端口(COM 和 LPT)”并双击(如图 1.41 所示的方框部分)，将会看到“Prolific USB-to-Serial Comm Port”一项，在这一项后面会有(COM×)的显示(如图 1.42 所示)，×显示的是阿拉伯数字，数字是几就选择相应的 COM 序号即可。

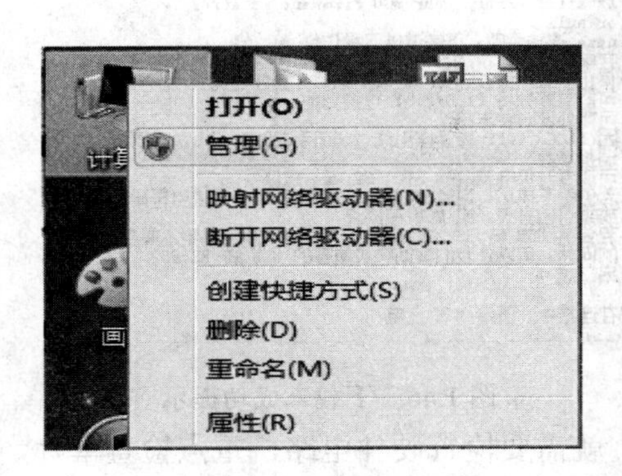

图 1.39　打开计算机管理

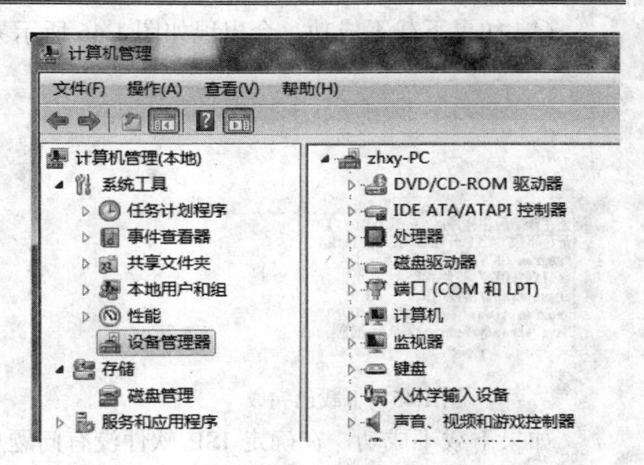

图 1.40　设备管理器窗口

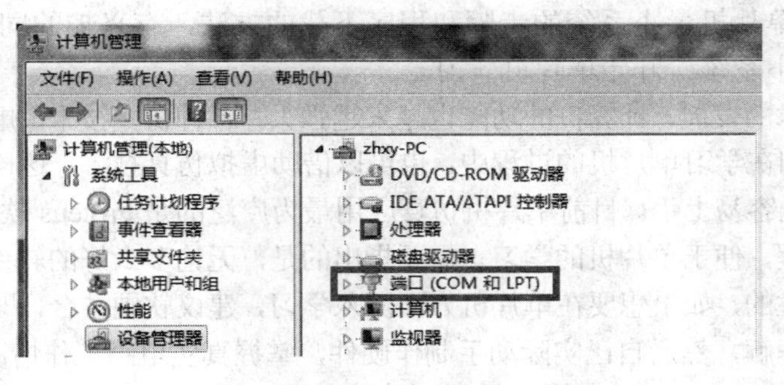

图 1.41　选择窗口

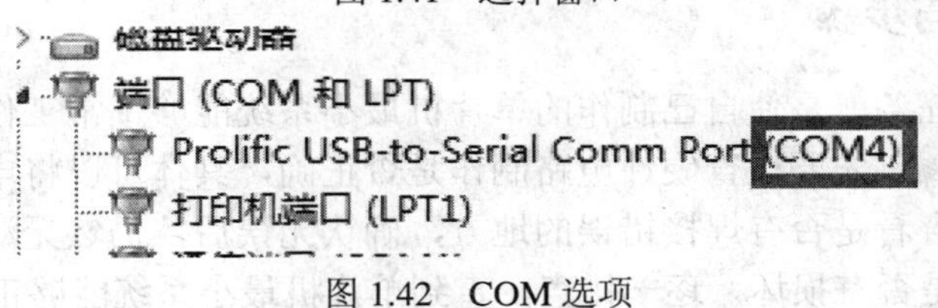

图 1.42　COM 选项

标注位置显示的是 COM4，则在 ISP 软件“COM”处选择 COM4 即可。如果是 Windows XP 系统，查看的方法也是一样的。

(3) 如图 1.43 所示，单击“Download/下载”按钮，然后给制作的单片机最小系统供电。注意先后顺序，先点击 Download，然后供电，顺序不能颠倒，否则会下载出错。

要注意，在 ISP 软件中的“Step4/步骤 4”里面的选项不要修改。点击“Download/下载”按钮后，程序将进行下载，将会出现如图 1.44 所示的界面。

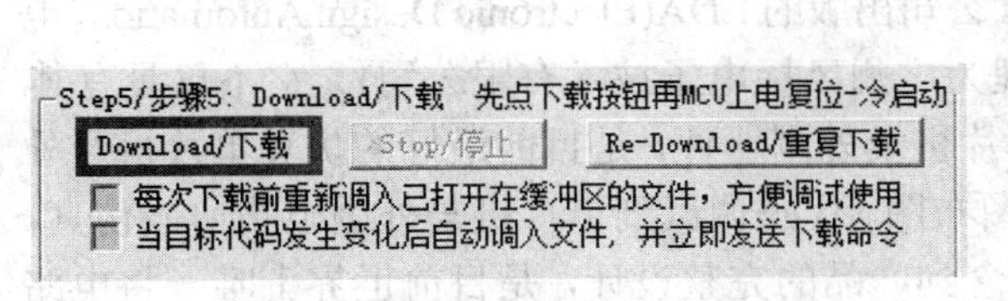

图 1.43　下载按钮

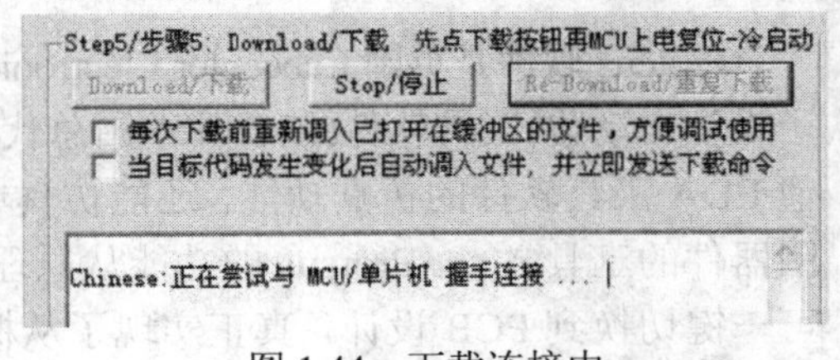

图 1.44　下载连接中

下载成功后将会有提示，如图 1.45 所示。

(4) 如果下载不成功，会出现如图 1.46 所示界面。

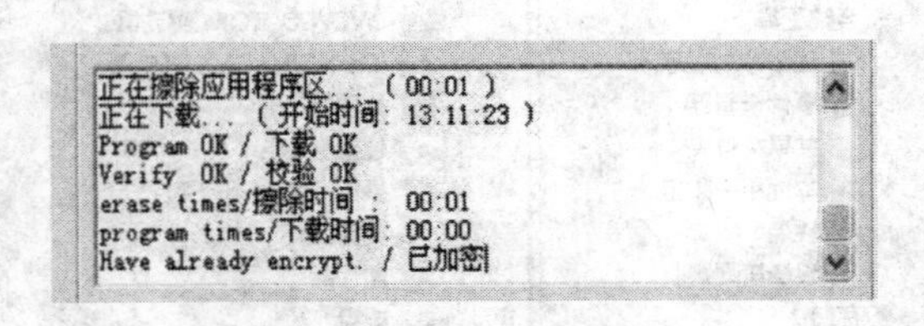

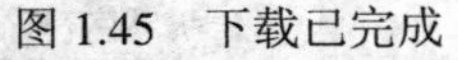
图 1.45 下载已完成

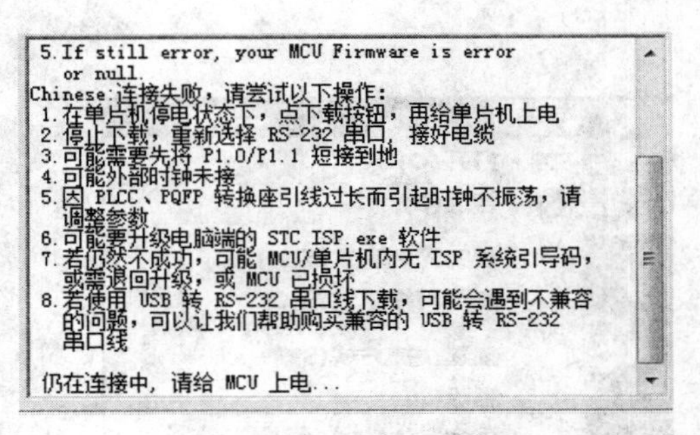

图 1.46 下载未成功提示

如果下载不成功，在确定 ISP 软件没有问题后，就需要检查硬件电路，重点检查单片机时钟电路和 MAX232 电路。

以上是制作单片机最小系统的步骤和程序下载的方法，有兴趣的同学可以自己动手制作一个单片机最小系统，开始单片机学习。

随着电子技术的发展，计算机的功能也越来越强大，各种仿真技术、虚拟技术被广泛应用于各个领域。我们在学习单片机的过程中，也可以借助虚拟仿真技术，这样不但可以节省硬件制作的时间，而且容易上手。目前单片机仿真应用最为广泛的是 Proteus 软件。通过仿真软件，可以加深理解编程，便于单片机的学习。需要指出的是，无论多么好的软件，与硬件相比，还是具有一定差异性的，如果想要在单片机方面深入学习，建议软硬结合，即通过仿真软件学习基础内容，加深理解，然后自己实际动手制作硬件，掌握真实电路工作情况。

1.3.3 调试方法与步骤

本项目主要的任务就是使自己制作的单片机最小系统能够正常工作。因此一旦出现无法下载程序的情况，首先要检查硬件电路制作是否正确，具体可以将电路原理图与实际硬件电路对比检查，查看是否有焊接错误的地方，确认无误后，仍然无法下载程序，则首先考虑电容等小器件是否有损坏，逐一排查，直到单片机最小系统能够正常工作为止。

将“项目一.hex”文件下载到单片机后，可以拿万用表，测试 P1 口的第 0、2、4、6 位是否为高电平(5 V)，P1 口的第 1、3、5、7 位是否为低电平。如果与程序设置一样，说明单片机最小系统工作正常，就可以在最小系统基础上进行其他扩展应用了。

1.4 Proteus 仿真软件

Proteus 软件是英国 Labcenter Electronics 公司出版的 EDA(Electronic Design Automation，电子设计自动化)工具软件(该软件中国总代理为广州风标电子技术有限公司)。它不仅具有其他 EDA 工具软件的仿真功能，还能仿真单片机及外围器件，是目前最好的仿真单片机及外围器件的工具之一。Proteus 的功能从原理图布图、代码调试到单片机与外围电路协同仿真，可一键切换到 PCB 设计，真正实现了从概念到产品的完整设计，是目前世界上唯一将电路仿真软件、PCB 设计软件和虚拟模型仿真软件三合一的设计平台。其处理器模型支持 8051、

HC11、PIC10/12/16/18/24/30/DSPIC33、AVR、ARM、8086 和 MSP430 等，2010 年又增加了 Cortex 和 DSP 系列处理器，并持续增加其他系列处理器模型。在编译方面，它也支持 IAR、Keil 和 MATLAB 等多种编译器，目前最新版本为 Proteus 7.9。

1. 打开 Proteus 软件

Proteus 软件安装好之后，我们可以点击“开始”→“程序”→“Proteus 7 Professional”→“ISIS 7 Professional”(见图 1.47)，会出现 Proteus 界面(本书使用 Proteus 7.7 版本)，如图 1.48 所示。

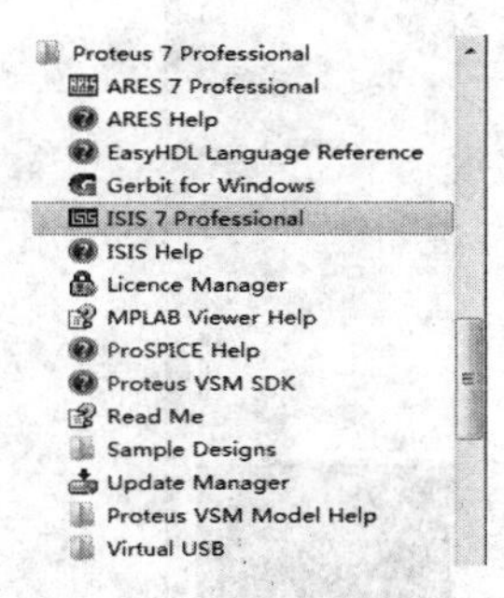

图 1.47　选择 Proteus 软件

图 1.48　Proteus 加载画面

进入 Proteus 后，会出现 Proteus 工作界面，在弹出的对话框中选择“No”，选中“以后不再显示此对话框”，关闭弹出提示。进入 Proteus 软件后，会出现图 1.49 所示工作界面。

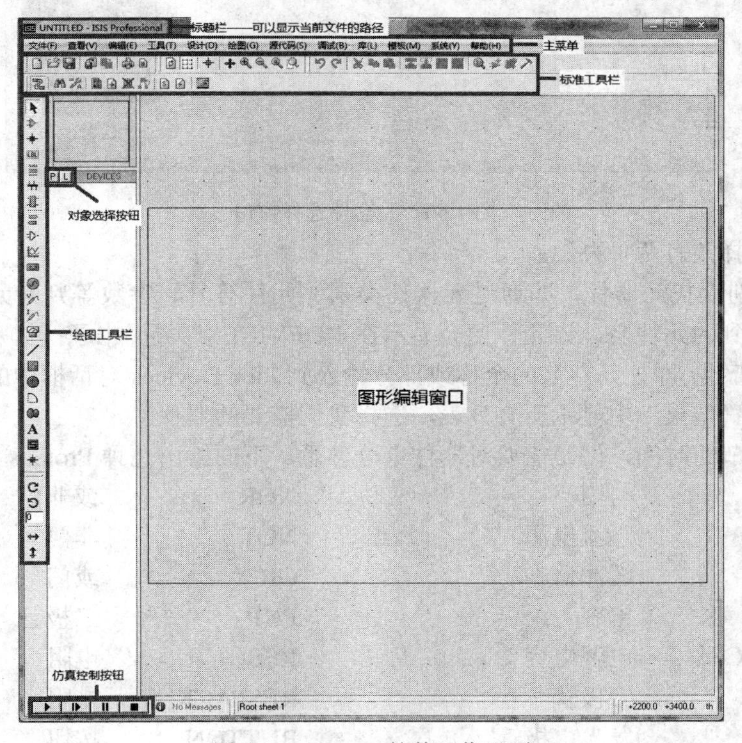

图 1.49　Proteus 软件工作界面

2. Proteus 基本操作

我们以单片机最小系统为例，讲解如何利用进行 Proteus 进行仿真。

1) 选择元器件

在对象选择按钮中选择“P”按钮，弹出“Pick Devices”对话框，如图 1.50 所示。

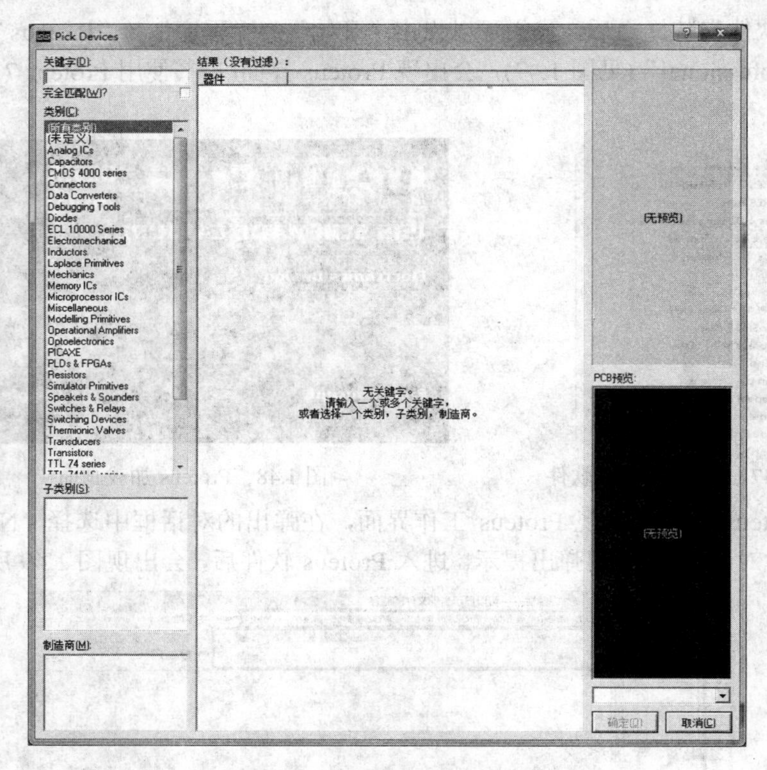

图 1.50 元器件选择窗口

元器件选择共有两种办法：

(1) 按类别查找元器件，即通过元器件类别、元件符号、参数等判断元器件属于哪一大类，双击找到的元件名，该元件便会显示在“DEVICES”界面中了。

(2) 直接查找，即把元件名的全称或部分输入到 Pick Devices 对话框中的“关键字”栏，在中间的查找“结果”中显示所有列表，选择我们需要的器件。

直接查找节约时间，但是需要对器件十分熟悉。下面给出几种 Proteus 常用器件名称：

AND	与门	NOR	或非门
BATTERY	直流电源	NOT	非门
BUFFER	缓冲器	OR	或门
CAP	电容	PNP	三极管
CAP-ELEC	电解电容	RES	电阻
DIODE	二极管	RESPACK	排阻
LED	发光二极管	BUTTON	按钮
NAND	与非门	7SEG	七段数码管

接下来把单片机最小系统所需的元器件选择出来，分别在“Pick Devices”对话框的“关键字”栏中输入各元器件。具体操作如下(输入时不区分大小写)：

① 在“关键字”栏输入 AT89C52，在右侧会出现器件的型号，如图 1.51 所示，在这里提示一下，如果不记得器件的全称，只记得几个字符，也可以输入进去，系统会自动将与输入相匹配的器件选择出来，然后再由用户自行选择。

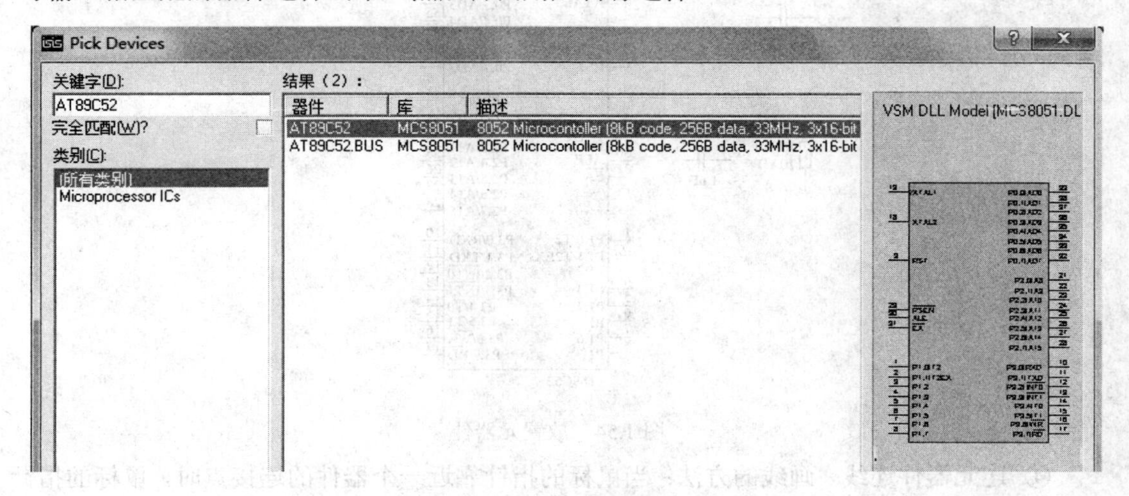

图 1.51　元器件选择

由于 Proteus 元器件库中没有 STC 系列单片机，仿真时可以用 AT 系列替代。

双击所需元件，元件就会出现在“DEVICES”栏中。如图 1.52 所示。

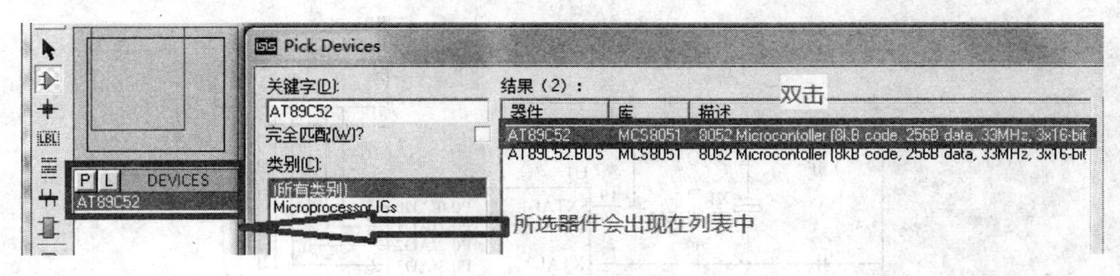

图 1.52　双击添加元器件

② 然后依次输入 CAP、CAP-ELEC、CRYSTAL、RES、RESPACK。选择好之后，所有已选器件都在列表中，如图 1.53 所示。

③ 把元件放置到图形编辑区中。单击需要放置的元器件，放置到图形编辑区中，如图 1.54 所示。

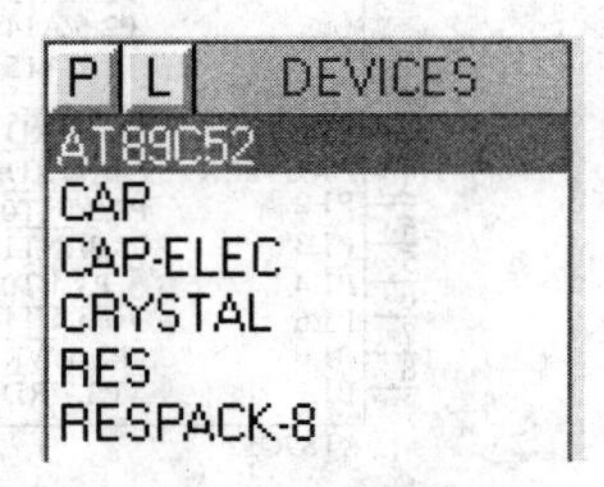

图 1.53　已选取的元器件列表

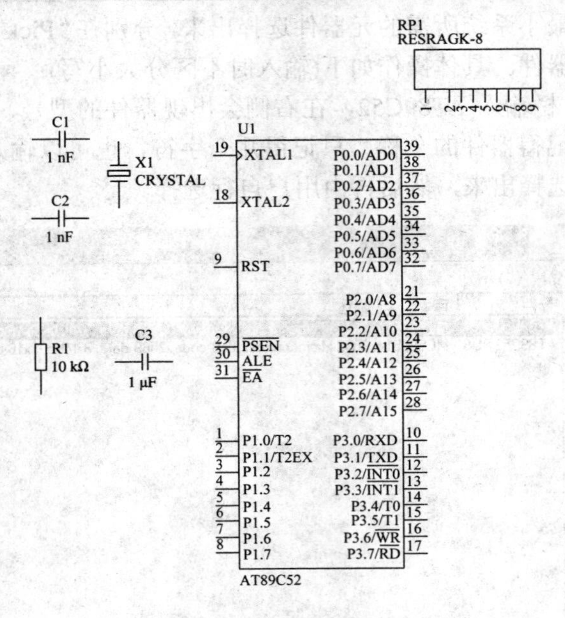

图 1.54　放置元器件

④ 连元器件连线。画线的方法：当鼠标的指针靠近一个器件的连接点时，鼠标的指针就会变为一个绿颜色的小笔，鼠标左键点击元器件的连接点，移动鼠标(不用一直按着左键)就出现连接线。如果想让 Proteus 软件自动定出线路径，只需左击另一个连接点即可。连接后电路如图 1.55 所示。

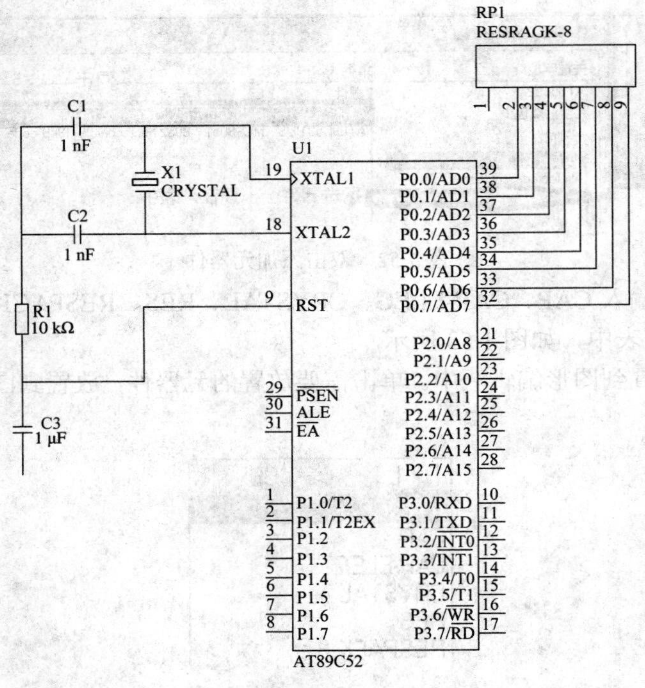

图 1.55　连线后电路

⑤ 放置电源、地，并连接。点击左侧“绘图工具栏”中的“终端模式”。分别选择“POWER”、“GROUND”，如图 1.56 所示。放置到绘图区后与器件连接，连接完成后电路如图 1.57 所示。

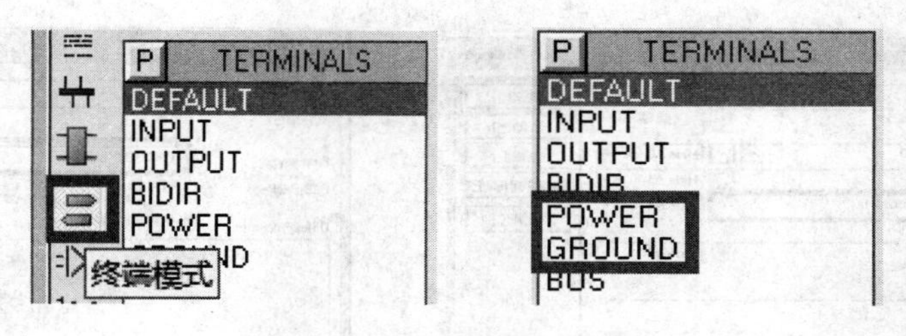

图 1.56　电源和地选取

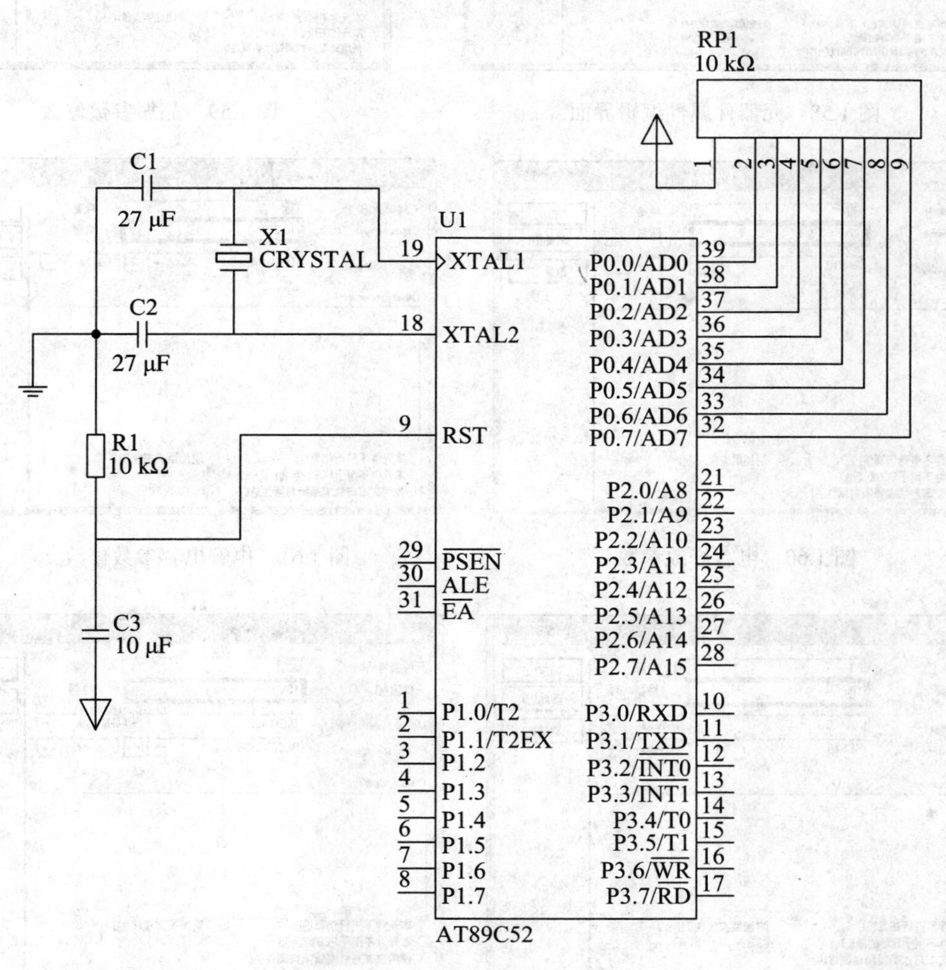

图 1.57　连线完成后的电路

⑥ 编辑元器件属性。双击元器件，在弹出的“编辑元件”对话框中，修改相应参数。

(a) 双击“AT89C52”，在弹出对话框的“Clock Frequency”中，将参数修改为我们实际的单片机晶振频率 11.0592 MHz，修改完成后，单击“确定”按钮退出对话框，如图 1.58

所示。

(b) 用同样的方法，修改电容、晶振、电阻以及排阻的参数，分别如图 1.59～图 1.63 所示。

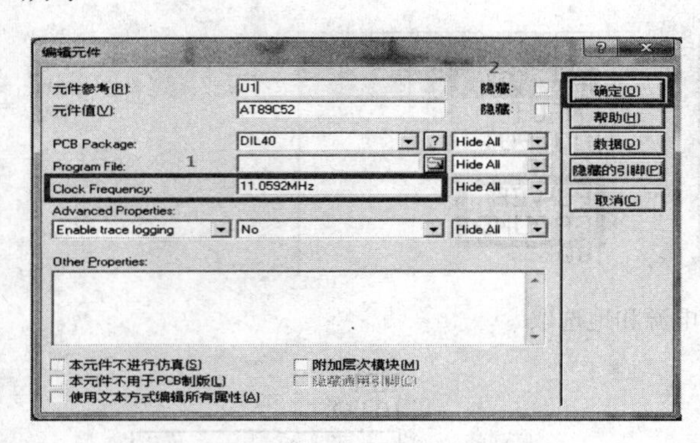

图 1.58　元器件属性编辑界面

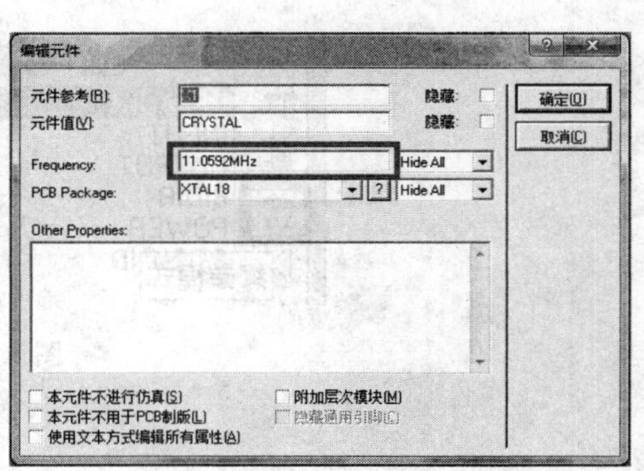

图 1.59　晶振参数修改

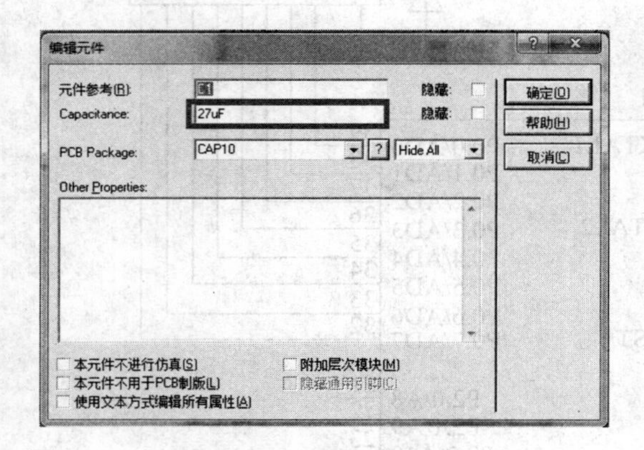

图 1.60　电容修改参数

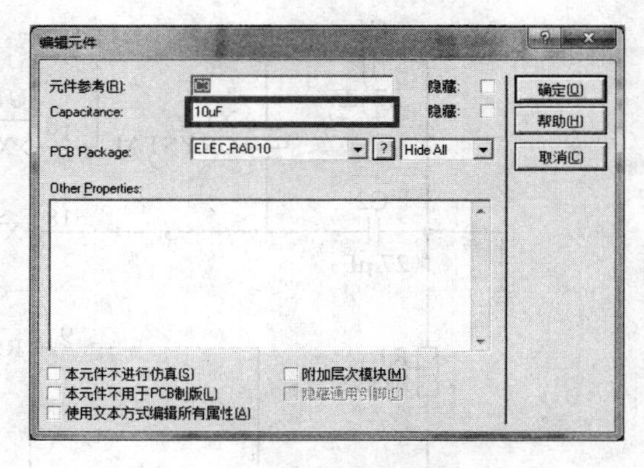

图 1.61　电解电容参数修改

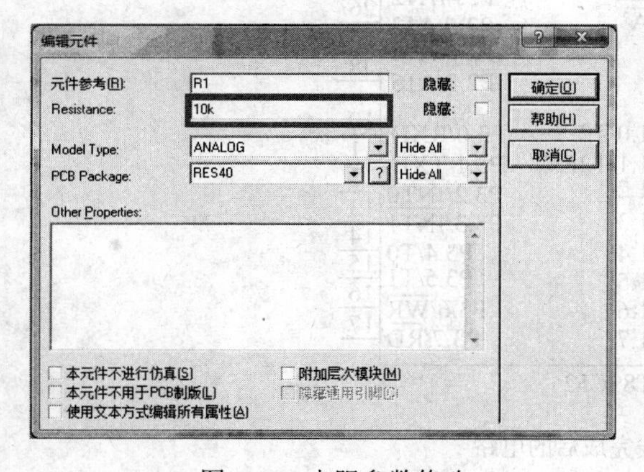

图 1.62　电阻参数修改

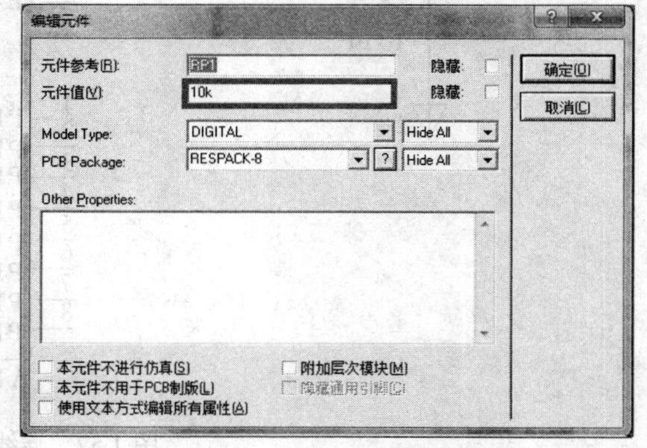

图 1.63　排阻参数修改

说明：电解电容有斜线条的一端为负极，在连接时注意不要接反；“POWER”默认为 5 V。

修改完参数的电路如图 1.64 所示。

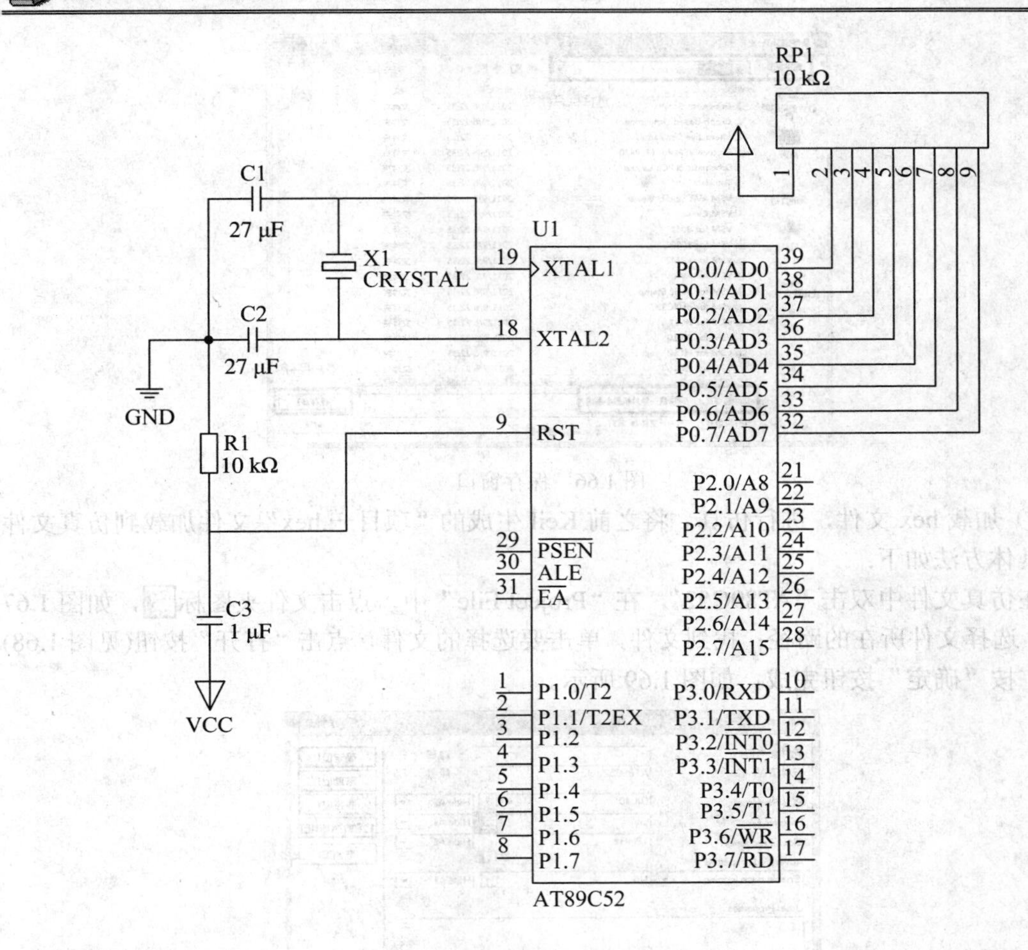

图 1.64 参数修改完成后的电路

至此，利用 Proteus 建立单片机最小系统仿真图就完成了。图画好后，点击“文件”菜单中的“保存设计”，如图 1.65 所示，在弹出的对话框中(如图 1.66 所示。)选择要保存的路径，并在“文件名(N)”处对文件命名，然后单击“保存”按钮。在使用中，可以在最开始时就保存文件，在画图的过程中，养成良好习惯，常点击“保存”按钮，防止因意外而丢失所画的仿真图。

图 1.65 保存文件

图 1.66　保存窗口

⑦ 加载 hex 文件，进行仿真。将之前 Keil 生成的“项目一.hex”文件加载到仿真文件中，具体方法如下：

在仿真文件中双击“AT89C52”，在“Project File”中，点击文件夹图标，如图 1.67 所示，选择文件所在的路径；找到文件，单击要选择的文件，点击“打开”按钮(见图 1.68)之后，按“确定”按钮完成，如图 1.69 所示。

图 1.67　添加文件

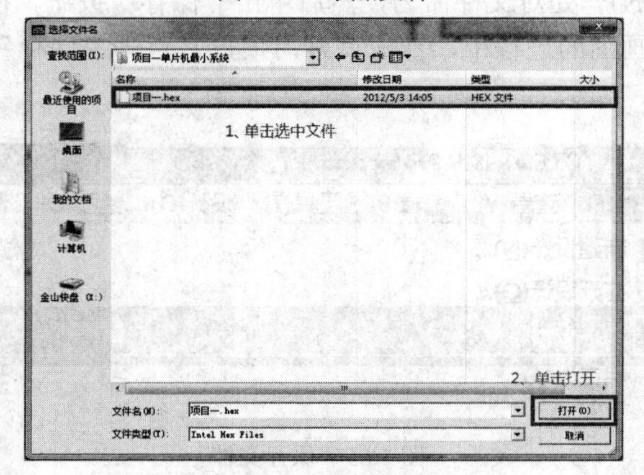

图 1.68　选择添加文件

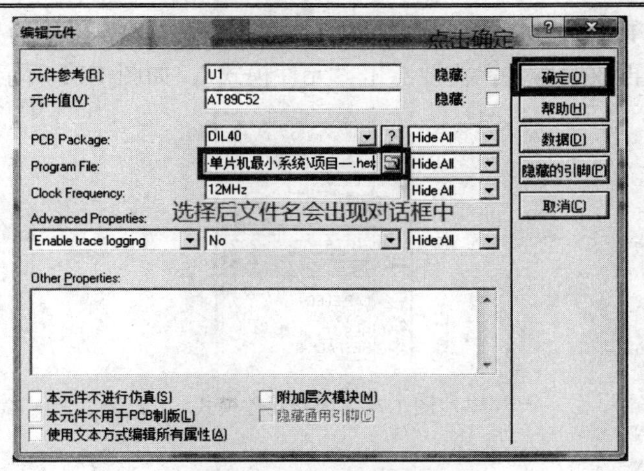

图 1.69　添加文件后状态

在仿真控制按钮中点击第一个 ▶ 按钮。仿真文件就开始运行仿真。仿真后，单片机各引脚会出现红色和蓝色的小方点，红色表示高电平，蓝色表示低电平，如图 1.70 所示。

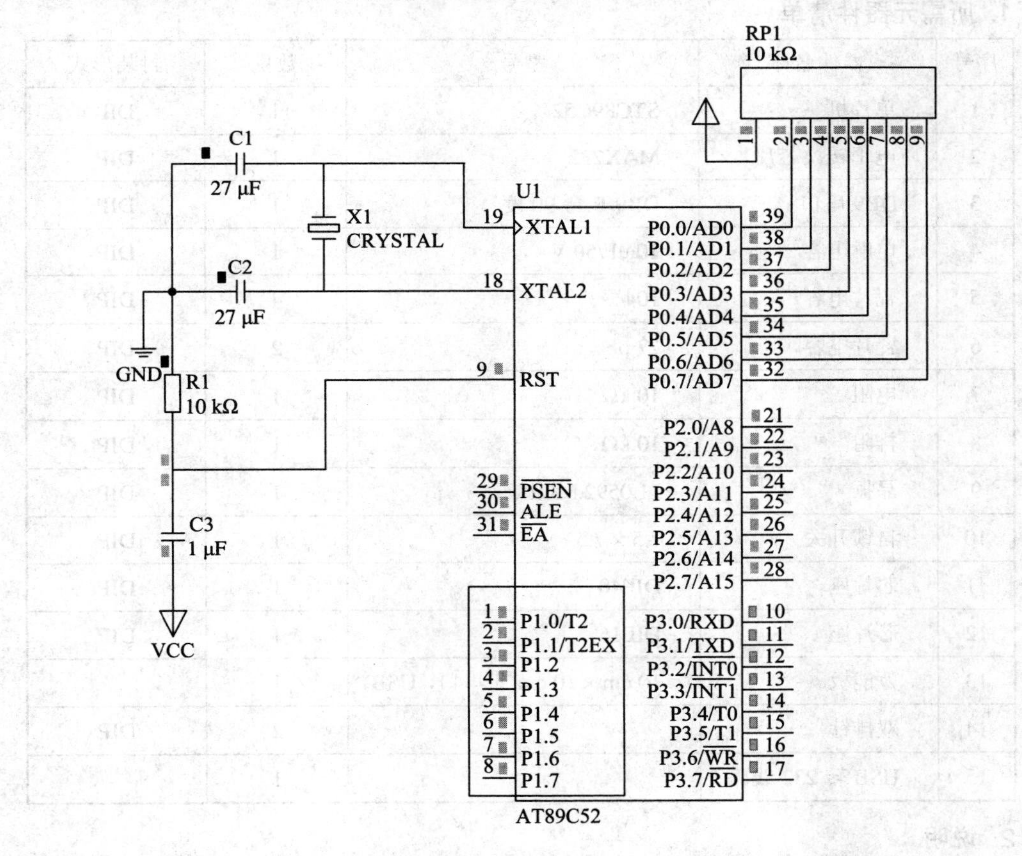

图 1.70　仿真运行的单片机最小系统图

我们之前写的程序 P1=0x55，正好对应着 P1.0、P1.2、P1.4、P1.6 为高电平(红色)，P1.1、P1.3、P1.5、P1.7 为低电平(蓝色)，与图 1.70 正好对应。

以上就是利用 Proteus 进行单片机仿真的步骤和方法。需要说明的是，在放置完电源和地之后，如果还想再放置器件，需要点击“元件模式”，如图 1.71 所示。

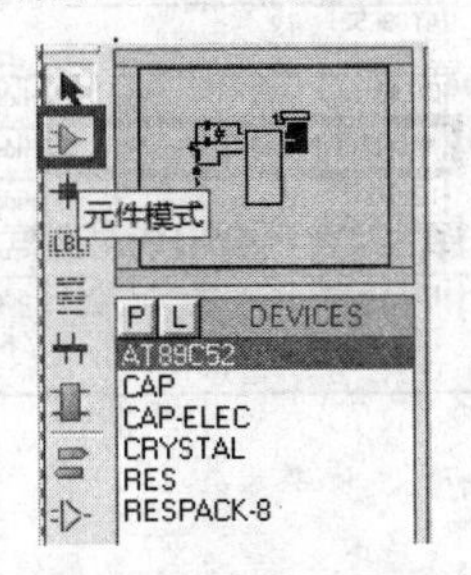

图 1.71　选择元件模式

制作指南 1　单片机最小系统硬件电路制作指南

1. 所需元器件清单

序号	器件名称	型号	数量	封装形式
1	单片机	STC89C52	1	DIP
2	电平转换芯片	MAX232	1	DIP
3	DB9 串口	DB9-F-弯 90 度	1	DIP
4	电解电容	10 μF/50 V	1	DIP
5	瓷片电容	104	4	DIP
6	瓷片电容	27 pF	2	DIP
7	电阻	10 kΩ	1	DIP
8	排阻	10 kΩ	1	DIP
9	晶振	11.0592 MHz	1	DIP
10	自锁开关	7.5 × 7.5	1	DIP
11	芯片座	DIP40	1	DIP
12	芯片座	DIP16	1	DIP
13	万能板	10 cm × 10 cm(带串口，USB)	1	
14	双排针		2	DIP
15	USB 转 232 线		1	

2. 说明

(1) 除以上器件外，还需准备电烙铁、烙铁架、焊锡、细导线、尖嘴钳、斜口钳、螺丝刀等工具进行焊接。

(2) 如果没有电源的供电设备，可以用 USB 为单片机最小系统板进行供电。如果用 USB

供电的话，则需要购买一个 USB 接口以及一根 USB 线。

(3) 单片机最小系统焊接好之后，在下载调试时，可以先降低波特率，待下载程序成功后，再提高波特率。

(4) 在焊接过程中，切记不要焊接时间过长，以免损坏元器件。

(5) 焊接过程中，尽量减少飞线，注意焊接工艺。

(6) 在通电之前，一定要检查电源、地之间是否短路，元器件有无接反的现象。同时要参考原理图，用万用表逐一检查各连线是否连接好。

本章知识总结

(1) STC89C51RC/RD+系列单片机是宏晶科技推出的新一代高速、低功耗、超强抗干扰的单片机，指令代码完全兼容传统 8051 单片机，12 时钟/机器周期和 6 时钟/机器周期可以任意选择，HD 版本和 90C 版本内部集成 MAX810 专用复位电路。

(2) 单片机最小系统是指用最少的元件组成的单片机可以工作的电路。

(3) Proteus 是世界上著名的 EDA 工具，从原理图布图、代码调试到单片机与外围电路协同仿真，一键切换到 PCB 设计，真正实现了从概念到产品的完整设计，是目前世界上唯一将电路仿真软件、PCB 设计软件和虚拟模型仿真软件三合一的设计平台。

(4) Keil 软件提供了包括 C 编译器、宏汇编、连接器、库管理和一个功能强大的仿真调试器等在内的完整开发方案，通过一个集成开发环境(μVision)将这些部分组合在一起。

(5) 利用 STC-ISP 下载程序时，要先点击“下载”后，再送电源。

习　题　1

1.1　单片机的主要特点是什么？

1.2　单片机最小系统由哪几个部分组成？

1.3　如何用单片机 I/O 口控制 LED 的亮灭？电路应如何设计？

1.4　简述 Proteus 仿真软件的使用方法。

1.5　简述 Keil 软件的使用方法。

项目二　霓虹灯控制电路设计与制作

学习目标

❋ 掌握 C 语言基本构成和基本语句的用法；
❋ 掌握 C 语言的数据类型、运算符与表达式；
❋ 掌握 C 语言的 for 语句、if 语句、函数的使用方法；
❋ 掌握单片机 I/O 口的功能和使用方法；
❋ 进一步深入学习 Keil 和 Proteus 软件的使用方法；
❋ 能利用单片机 I/O 口控制 LED 多种变化方式。

能力目标

能够利用在项目一制作完成的单片机最小系统的基础上，利用 C 语言编写程序来控制单片机 I/O 口的输入和输出操作，以实现对 LED 多种方式循环变化的设计与调试；能够自行设计一个简易的霓虹灯控制电路。

2.1 C 语言简介

2.1.1 概述

C 语言是一种计算机程序设计语言，也是目前流行的计算机语言之一。它由美国贝尔实验室的丹尼斯・里奇(D.M.Ritchie)在 ALGOL、BCPL 和 B 语言的基础上发展而来，并于 1972 年推出。1978 年布赖恩・柯尼汉(Brian Kerningham)和丹尼斯・里奇著作的《C 语言程序设计》一书出版后，C 语言很快成了最为流行的语言。C 语言在发展的过程中，产生了多种版本，为了统一其标准，1983 年，美国国家标准局(American National Standards Institute，ANSI）任命了一个技术委员会来定义 C 语言的标准，该委员会于 1989 年批准了一个 C 语言版本，1990 年国际标准组织(International Stardards Organiyation，ISO）接受 ANSI C 为 ISO 的标准(ISO9899—1990)。目前流行的 C 语言编译系统多是以 ANSI C 为基础进行开发的。另外需要注意的是，不同版本的 C 语言编译系统是略有差别的。

C 语言编写程序效率高、移植性好，很适用于结构化程序设计，同时，C 语言的应用范围广，具备很强的数据处理能力，因此在单片机和嵌入式系统开发中得到了广泛的应用。

上面我们所介绍的是在 PC 中使用的标准 C 语言，它与我们在单片机编程中要用的 C51 是有差异的。例如：ANSI C 支持 16 位字符而 C51 不支持 16 位字符，部分的 ANSI C 标准库与C51库不同。C51是由C语言产生的，它与C语言有着完全相同的语法规则，但是C51是一种特殊的C编译器，针对不同的CPU，它们二者有着不同的编译环境，也有各自的特点。

2.1.2 数据类型、运算符与表达式

1. 数据类型

数据类型是用来区分不同的数据的。由于数据在存储时所需要的容量各不相同，不同的数据必须要分配不同大小的内存空间来存储，所以就要将数据划分成不同的数据类型。简单地说，就是根据需求来定义其数据类型，例如在开会的时候，可以根据人数的多少，选择合适的会议室。

在C51中，所有要使用的变量在使用前必须为其定义数据类型。表2-1列出了常用数据类型和所分配的内存字节长度以及数值范围。

表2-1 常用数据类型表

数据类型	长 度	数 值 范 围
unsigned char	单字节	0～255
signed char	单字节	−128～+127
unsigned int	双字节	0～65 535
signed int	双字节	−32 768～+32 767
unsigned long	四字节	0～4 294 967 295
signed long	四字节	−2 147 483 648～+2 147 483 647
Float	四字节	±1.175 494E−38～±3.402 823E+38
bit	位	0或1
sfr	单字节	0～255
sfr16	双字节	0～65 535
sbit	位	0或1

1) char(字符类型)

Char的长度是一个字节，通常用于定义处理字符数据的变量或常量。char分无符号字符类型unsigned char和有符号字符类型 signed char，默认为signed char类型。unsigned char类型用字节中所有的位来表示数值，所能表达的数值范围是0～255。signed char 类型用字节中最高位字节表示数据的符号，“0”表示正数，“1”表示负数，负数用补码表示。所能表示的数值范围是−128～+127。unsigned char常用于处理ASCII字符或小于等于255的整型数。

2) int(整型)

int的长度为两个字节，用于存放一个双字节数据。int分有符号整型signed int和无符号整型unsigned int，默认为signed int 类型。signed int表示的数值范围是−32 768～+32 767，字节中最高位表示数据的符号，“0”表示正数，“1”表示负数。unsigned int表示的数值范围是0～65 535。

3) long(长整型)

long 的长度为四个字节，用于存放一个四字节数据。long 分有符号长整型 signed long 和无符号长整型 unsigned long，默认为 signed long 类型。signed long 表示的数值范围是 –2 147 483 648～+2 147 483 647，字节中最高位表示数据的符号，“0”表示正数，“1”表示负数。unsigned lon 表示的数值范围是 0～4 294 967 295。

4) float(浮点型)

float 在十进制中具有 7 位有效数字，是符合 IEEE-754 标准的单精度浮点型数据，占用四个字节。因浮点数的结构较复杂，故在以后的章节中再做详细的讨论。

5) bit(位标量)

bit 是 C51 编译器的一种扩充数据类型，利用它可定义一个位标量，但不能定义位指针，也不能定义位数组。它的值是一个二进制位，不是 0 就是 1，类似一些高级语言中 Boolean 类型的 True 和 False。

6) sfr(特殊功能寄存器)

sfr 也是一种扩充数据类型，占用一个内存单元，值域为 0～255。利用 sfr 能访问 51 单片机内部的所有特殊功能寄存器。如用 sfr P1 = 0x90 这一句定 P1 为 P1 端口在片内的寄存器(一般用于头文件中)，在程序中可以用 P1 = 255(对 P1 端口的所有引脚置高电平）之类的语句来操作特殊功能寄存器。

7) sfr16(16 位特殊功能寄存器)

sfr16 占用两个内存单元，值域为 0～65 535。sfr16 和 sfr 一样用于操作特殊功能寄存器，所不一样的是 sfr 16 用于操作占两个字节的寄存器，如定时器 T0 和 T1。

8) sbit(可寻址位)

sbit 同样是单片机 C 语言中的一种扩充数据类型，利用它能访问芯片内部 RAM 中的可寻址位或特殊功能寄存器中的可寻址位。

2. 运算符与表达式

完成某种运算的符号称之为运算符。C 语言的运算符有算术运算符、关系运算符和逻辑运算符等。表达式是由运算符及运算对象所组成的式子。

1) 算术运算符

算术运算符有以下几种：

+　加或取正值运算符

–　减或取负值运算符

*　乘运算符

/　除运算符

%　模(取余)运算符

其中“+”、“–”为单目运算符，其余的都是双目运算符。单目指的是对一个操作数进行操作，如–b 是对 b 进行取负操作。而双目是指对两个操作数进行操作。例如：

13/3=4，“/”运算符的结果取整数，因此 13/3 的结果是整数 4；

13%2=1，“%”运算符的结果取余数，因此 13%2 的结果是余数 1，“%”运算符不能用于浮点数。

算术表达式是用算术运算符和括号将运算对象连接起来并符合语法规则的式子。例如：

a*b-(d-e)/f

2) 关系运算符

关系运算符一共有 6 种：

> 大于

< 小于

>= 大于等于

<= 小于等于

== 测试等于

!= 测试不等于

关系运算符中，任何不为 0 的值解为真，否则为假。在使用关系运算符表达式时，如果表达式为真(即表达式成立)，则值为 1，否则，表达式为假，值为 0。例如：

7>5 值为 1

关系表达式是用关系运算符将两个表达式连接起来的式子。例如：

(x=3)<=(y=5)

3) 逻辑运算符

逻辑运算符有三种：

&& 逻辑字，表达式例如：条件式 1&&条件式 2

|| 逻辑或，表达式例如：条件式 1 || 条件式 2

! 逻辑非，表达式例如：!条件式

逻辑运算符是用于求条件式的逻辑值。

逻辑与：当条件式 1 与条件式 2 都为真时，结果为真(非零值)，否则为假(0 值)。逻辑与中，只有条件式 1 为真时，才去判断条件式 2，如果条件式 1 为假，逻辑运算结果就为假。

逻辑或：两个条件式有一个为真时，运算的结果就为真。同样，在运算过程中，只有条件式 1 为假的时候，才去判断条件式 2，否则，运算结果为真。

逻辑非：把运算结果取反。

例如：a = 1，b = 2，c = 3 时，!a 为假，a&&c 为真，b||c 为真。

逻辑表达式的值是一个逻辑量的“真”或“假”。用数值 1 代表“真”，用数值 0 代表“假”，在进行判断“真”、“假”的时候，非 0 的为“真”，0 为假。

例如：a = 5，则!a 的值为 0。因为 a = 5，是一个非 0 的值，所以为“真”，再对它进行非运算，所以结果变为“假”，值为 0。

4) 位运算符

C51 的位运算符与汇编语言的位操作相类似。位运算指的是二进制的运算，位运算一般表达形式如下：

变量 1 位运算符 变量 2

C51 中共有 6 种位运算符：

&　按位与

|　按位或

^　按位异或

～　按位取反

<<左移

>>　右移

例如 X = 0x55 = 01010101B，Y = 0x36 = 00110110B，则：

(1) X & Y

```
 01010101
&00110110
---------
 00010100
```

即两个运算量按位与，只需将运算量转换成相应的二进制数，然后逐位相与，即 0 * 0 = 0，1 * 1 = 1。所以 X & Y = 0x14。

(2) X | Y

```
 01010101
|00110110
---------
 01110111
```

即两个运算量按位或，只需将运算量转换成相应的二进制数，然后逐位相或(加)，即 0 + 0 = 0，1 + 1 = 1。所以 X | Y = 0x77。

(3) X ^ Y

```
 01010101
^00110110
---------
 01100011
```

即两个运算量按位异或，只需将运算量转换成相应的二进制数，然后逐位相异或，即只要相异或的 2 个数不相同，结果就为 1，两数相同，结果为 0。所以 X | Y = 0x63。

(4) “~”是单目运算符，是用来对某个数进行按位取反操作，即 0 变 1，1 变 0，因此 ~X = 0xAA。

```
~01010101
---------
 10101010
```

(5) “<<”左移运算符，是对某个数全部左移若干位，如 X<<2 是表示将 X 中的二进制数左移 2 位，左移之后留下的空位用 0 补齐。

X<<2 = 0 1 0 1 0 1 0 1 0 0

0 1 0 1 0 1 0 1 左移 2 位，则高两位 01 将舍弃，剩下后面 6 位保留，并在低位补 00。所以 X<<2 结果为 0 1 0 1 0 1 0 0 。

(6) “>>”右移运算符，是对某个数全部右移若干位，如 X>>2 是表示将 X 中的二进制数右移 2 位，右移之后留下的空位用 0 补齐。

X>>2 = 0 0 0 1 0 1 0 1 0 1

0 1 0 1 0 1 0 1 右移 2 位，则低两位 01 将舍弃，剩下 6 位保留，并在高位补 00。所以 X>>2 结果为 0 0 0 1 0 1 0 1。

2.2　STC89C51RC/RD+系列单片机的 I/O 口结构

STC89C51RC/RD+系列单片机所有 I/O 口均(新增 P4 口)有 3 种工作类型：准双向口/弱上拉(标准 8051 输出模式)、仅为输入(高阻)或开漏输出功能。STC89C51RC/RD+系列单片机的 P1/P2/P3/P4 上电复位后为准双向口/弱上拉(传统 8051 的 I/O 口)模式，P0 口上电复位后是开漏输出模式。P0 口作为总线扩展用时，不用加上拉电阻，作为 I/O 口用时，需加 4.1 kΩ～10 kΩ 上拉电阻。

STC89C51RC/RD+的 5 V 单片机的 P0 口的灌电流最大为 12 mA，其他 I/O 口的灌电流最大为 6 mA。

2.2.1　准双向口输出配置

准双向口输出类型可用作输出和输入功能而不需重新配置口线输出状态。这是因为当口线输出为 1 时驱动能力很弱，允许外部装置将其拉低。当引脚输出为低时，它的驱动能力很强，可吸收相当大的电流。准双向口有 3 个上拉晶体管以适应不同的需要。准双向口输出如图 2.1 所示。

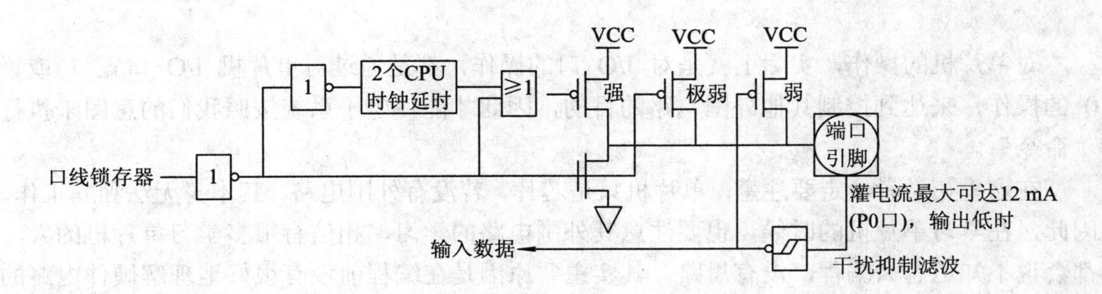

图 2.1　准双向口输出

在 3 个上拉晶体管中，有 1 个上拉晶体管称为弱上拉，当口线锁存器为 1 且引脚本身也为 1 时打开。此上拉提供基本驱动电流使准双向口输出为 1。如果一个引脚输出为 1 而由外部装置下拉到低时，弱上拉关闭而极弱上拉维持开状态，为了把这个引脚强拉为低，外部装置必须有足够的灌电流能力使引脚上的电压降到门槛电压以下。

第 2 个上拉晶体管，称为极弱上拉，当口线锁存器为 1 时打开。当引脚悬空时，这个极弱的上拉源产生很弱的上拉电流将引脚上拉为高电平。

第 3 个上拉晶体管称为强上拉。当口线锁存器由 0 到 1 跳变时，这个上拉用来加快准双向口由逻辑 0 到逻辑 1 转换。当发生这种情况时，强上拉打开约 2 个时钟以使引脚能够

迅速地上拉到高电平。

2.2.2 开漏输出配置

P0 口上电复位后处于开漏模式，当 P0 管脚作 I/O 口时，需外加 4.7～10 kΩ 的上拉电阻，当 P0 管脚作为地址/数据复用总线使用时，不用外加上拉电阻。

当口线锁存器为 0 时，开漏输出关闭所有上拉晶体管。当作为一个逻辑输出时，这种配置方式必须有外部上拉，一般通过电阻外接到 VCC。如果外部有上拉电阻，开漏的 I/O 口还可读外部状态，即此时被配置为开漏模式的 I/O 口还可作为输入 I/O 口。这种方式的下拉与准双向口相同。开漏输出配置如图 2.2 所示。开漏端口带有一个干扰抑制电路。

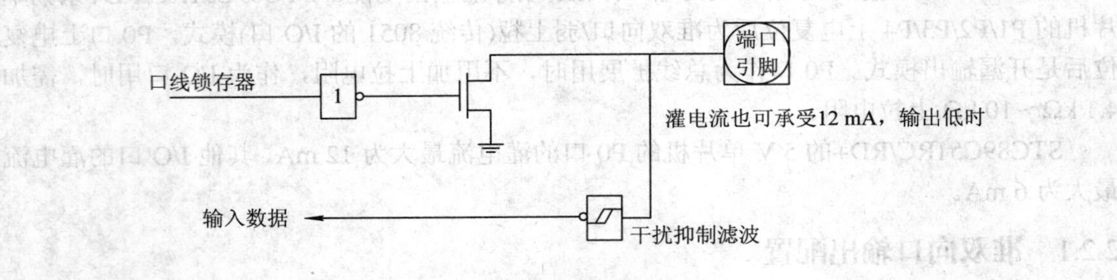

图 2.2 开漏输出

2.3 单片机 I/O 口应用举例

对单片机的操作，实际上就是对 I/O 口的操作，都是通过对单片机 I/O 口置 1 或置 0 的操作，来达到控制其他外围电路的目的，因此才能使电子系统按照我们的意图来执行“命令”。

在这里初学者一定要注意，单片机只是芯片，若没有外围电路，其本身无法独立工作。因此，在学习单片机的时候，也要注意其外围电路的学习，相信有很多学习单片机的人，都会说不知道怎么编程，没有思路，其实主要原因是在编程前没有很好地理解硬件电路的原理，而把心思都放在了如何编程上面了。所以，进行编程之前，先别急着直接去编程，先了解硬件电路的原理，然后再考虑编程问题，换句话说，理解硬件电路的原理，是单片机编程的前提条件。

【例 2.1】 试用单片机点亮一个发光二极管(LED)。

解析：

(1) 硬件电路。在项目一中，我们已经学习了单片机最小系统，因此无论用单片机控制什么，都不可能缺少单片机最小系统电路，然后才是被控制对象。根据题目要求，我们只需单片机最小系统电路，外加一个发光二极管和一个限流电阻，就可以设计出满足题目要求的硬件电路。硬件电路如图 2.3 所示。

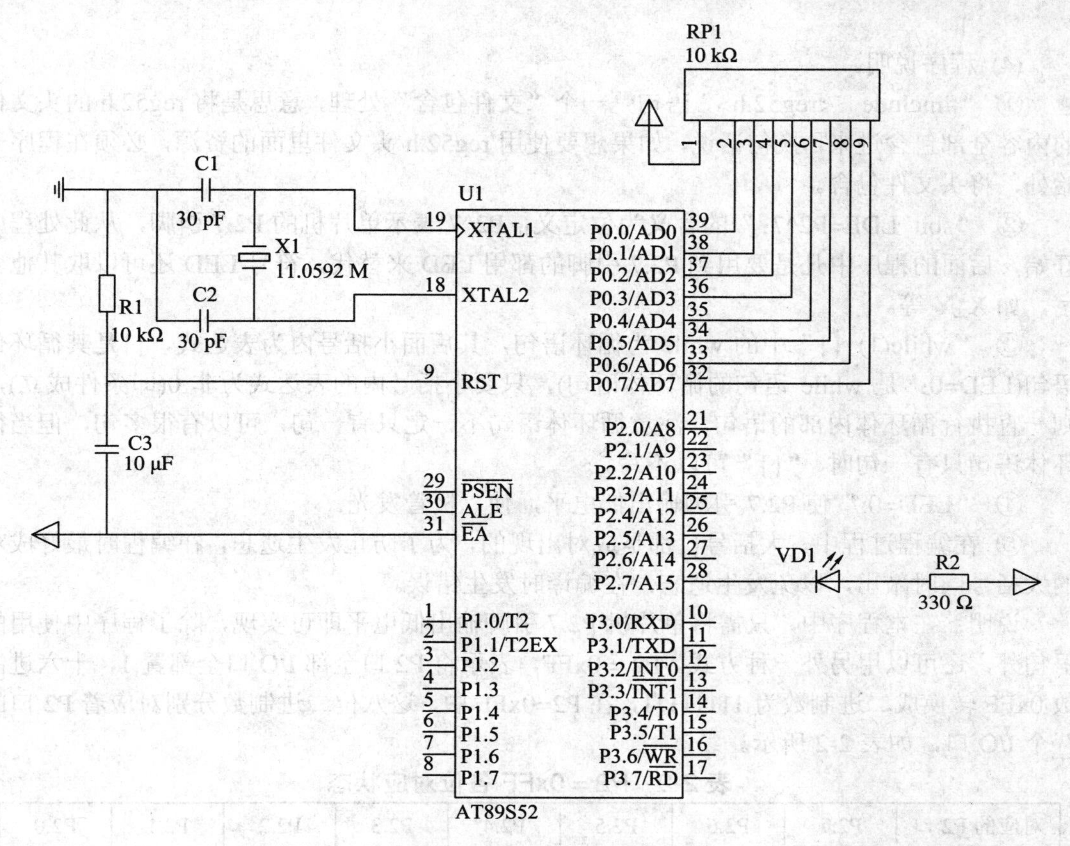

图 2.3 点亮发光二极管电路

(2) 原理分析。在图 2.3 中，单片机左面的 C1、C2、X1、R1、C3 构成了单片机的时钟电路和复位电路。我们在项目一已经做了详细的介绍，与单片机 P0 口相连的是上拉电阻，因为 P0 口与 P1～P3 口有所区别，P0 口是漏极开路输出，所以在 I/O 口使用时，必须要接上拉电阻。VD1、R2 是本例的控制元件，VD1 的阴极连接到了单片机的 P2.7 引脚，VD1 的阳极通过 R2 连接电源，R2 是限流电阻，可以通过调整 R2 的大小来控制 VD1 的亮暗。我们通过电子技术基础课程的学习，很容易就可以得到结论，要想使 VD1 亮，与 VD1 阴极相连的 P2.7 就必须输出低电平，如果输出的是高电平，那么 VD1 就不会亮。所以在编写程序时，只需让 P2.7 输出低电平即可。

(3) 程序代码。

```
#include   <reg52.h>                    //加载 reg52.h 头文件
sbit LDE=P2^7;                          //定义位变量 LED
void main(void)                         //主函数，程序是在这里运行的
{
  while(1)                              //进入死循环
  {
    LED=0;                              //LDE 亮
  }
```

```
}
```

(4) 程序说明。

① “#include　<reg52.h>”语句是一个“文件包含”处理，意思是将 reg52.h 的头文件的内容全部包含进来，换句话说，如果想要使用 reg52.h 头文件里面的资源，必须在程序开始处，将头文件包含。

② “sbit LDE=P2^7；”的含义为位定义，P2^7 表示单片机的 P2.7 引脚，从此处程序开始，后面的程序中凡是要用到 P2.7 引脚的都用 LED 来替代，符号 LED 还可以取其他名字，如 X_Y 等。

③ “while(1) {}”中的 while 为循环语句，其后面小括号内为表达式，{}是其循环体语句(LED=0；是 while 语句的循环体语句)，只要小括号内的表达式为非 0(即条件成立)，则一直执行循环体内部的语句。注意循环体语句不一定只有一句，可以有很多句，但当循环体语句只有一句时，“{}”可以不写。

④ “LED=0;”使 P2.7 引脚输出低电平，使二极管发光。

⑤ 在编程过程中，大括号{}都是成对出现的，为了防止发生遗忘，在编程时最好成对的大括号同时敲出，以免发生遗忘，在编译时发生错误。

说明：在本程序中，只需将单片机 P2.7 引脚输出低电平即可实现，除了程序中使用的语句外，还可以用另外一种方式。P2 = 0xFF，表示将 P2 口全部 I/O 口全部置 1，十六进制数 0xFF 转换成二进制数为 11111111，在 P2=0xFF 中，这八位二进制数分别对应着 P2 口的八个 I/O 口，如表 2-2 所示。

表 2-2　P2 = 0xFF 各位对应状态

对应的 P2 口	P2.7	P2.6	P2.5	P2.4	P2.3	P2.2	P2.1	P2.0
0xFF 二进制数	1	1	1	1	1	1	1	1

从表中可知，在例 2.1 中，想让 P2.7 为 0，对应的二进制数就为 01111111，与其对应的十六进制数就为 0X7F。因此例 1 的程序也可以修改为

```
#include  <reg52.h>                    //加载 reg52.h 头文件
void main(void)                        //主函数，程序是在这里运行的
{
  while(1)                             //进入死循环
  {
    P2=0x7F;                           //LDE 亮
  }
}
```

【例 2.2】 控制 1 个 LED 闪烁，LED 亮 500 ms、熄 500 ms 循环。

解析：

(1) 硬件电路。由于题目要求仍然是控制 1 个 LED 闪烁，只是在显示方式上变为 1 亮 1 熄，因此电路原理图可以和例 2.1 使用相同的电路。

(2) 原理分析。要想使 D1 亮、灭各 500 ms，只需要使单片机 P2.7 口循环输出 500 ms

低电平、500 ms 高电平即可实现。

(3) 程序流程。程序流程见图 2.4 所示。

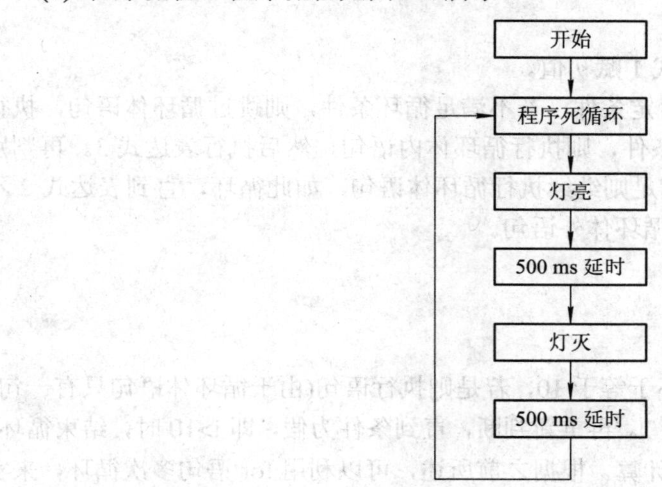

图 2.4 流程图

(4) 程序代码。程序中让 LED 亮、灭，我们根据例 2.1 就可以知道，只需将单片机 P2.7 置 0 然后再让 P2.7 置 1 即可。难点在于如何让 LED 灯亮的时间保持 500 ms，以及在灯灭的时候保持 500 ms，当然这两个 500 ms 可以使用同样的程序。

```
#include  <reg52.h>                    //加载 reg52.h 头文件
sbit LDE=P2^7;                         //定义位变量 LED
void main(void)                        //主函数，程序是在这里运行的
{
  while(1)                             //进入死循环
  {
    LED=0;                             //LDE 亮
    500ms 延时;                        //延时
    LED=1;                             //LDE 灭
    500ms 延时;                        //延时
  }
}
```

下面介绍延时(软件延时)程序是如何编写的。

软件延时的基本原理就是让单片机执行一些空指令来达到延时目的，因为单片机在执行每一条程序时都需要时间，我们只需要知道单片机每执行一条指令所需要的时间，就可以较容易地实现延时。软件延时一般应用在对延时要求不高的场合中，对于要求延时准确的应用场合，可使用定时器。

在写延时程序时，通常使用循环语句来编写延时程序，例如 for 语句、while 语句，但大多以 for 语句为主。

(1) for 语句的使用方法。

① for 语句形式如下：

```
for(表达式 1;表达式 2;表达式 3)
  {循环体语句}
```

② for 语句执行过程如下：

(a) 先执行表达式 1，对表达式 1 赋初值。

(b) 判断表达式 2 是否满足给定条件，若不满足循环条件，则跳过循环体语句，执行 for 语句下面的语句；若满足循环条件，则执行循环体内语句，然后执行表达式 3。再判别表达式 2 是否满足循环条件，若满足则继续执行循环体语句，如此循环，直到表达式 2 不满足条件，就终止 for 循环，执行循环体外语句。

③ 应用举例。

```
for(i=1; i<=10; i++)
sum=sum+i;
```

先给 i 赋初值 1，判断 i 是否小于等于 10，若是则执行语句(由于循环体语句只有一句，因此“{}”可以省略)，之后值增加 1。再重新判断，直到条件为假，即 i>10 时，结束循环。

(2) 延时程序的写法及时间的计算。根据之前所述，可以利用 for 语句多次循环，来实现延时的目的。

```
for(i=0;i<125;i++)
  for(j=0;j<125;j++)
```

程序说明：语句中使用了 for 语句的嵌套(for 语句中又包含了 for 语句)，第一个 for 语句一共执行 125 次，而第二个 for 语句与第一个 for 语句的执行次数不一样，如果没有第一个 for 语句，第二个 for 语句同样执行 125 次，但是在上面程序写法中，当第一个 for 语句执行 1 次时，第二个 for 语句就要执行 125 次，也就是说第一个 for 语句每执行 1 次，第二个 for 语句就要执行 125 次，因此程序一共将执行 $125 \times 125 = 15\,625$ 次。如果我们知道了语句执行 1 次所需的时间，那么就会知道这段程序运行所需的时间，也就可以通过调整执行次数，来得到我们需要延时时间。在实际调试中，我们可以借助 Keil 软件来观察程序的执行时间，具体方法如下：

(a) 打开 Keil 软件，新建一个工程并添加一个 C 文件(步骤在项目一中有介绍)。

(b) 在编程区输入例 2.2 的程序代码，500 ms 延时的程序，我们就暂时用以下语句来替代。

```
for(i=0;i<125;i++)
  for(j=0;j<125;j++)
```

需要注意的是，在程序中由于 for 语句中使用了变量 i 和 j，因此在程序中要对两个变量进行定义。程序代码如下：

```
#include  <reg52.h>
sbit LED=P2^7;
void main(void)
{
  unsigned int i,j;
  while(1)
  {
```

```
        LED=0;
        for(i=0;i<125;i++)
            for(j=0;j<125;j++);
        LED=1;
        for(i=0;i<125;i++)
            for(j=0;j<125;j++);
    }
}
```

注意：此时的程序代码中的 for 语句的执行时间是未知的。

(c) 点击按钮，再单击，对程序进行编译。

(d) 单击按钮，会弹出对话框，将红色框的晶振参数 24.0 修改为我们所使用的 11.0592，如图 2.5 所示。然后单击“Output”选项卡，选中“Create HEX File”项，如图 2.6 所示，选择后单击“OK”按钮，返回程序界面。

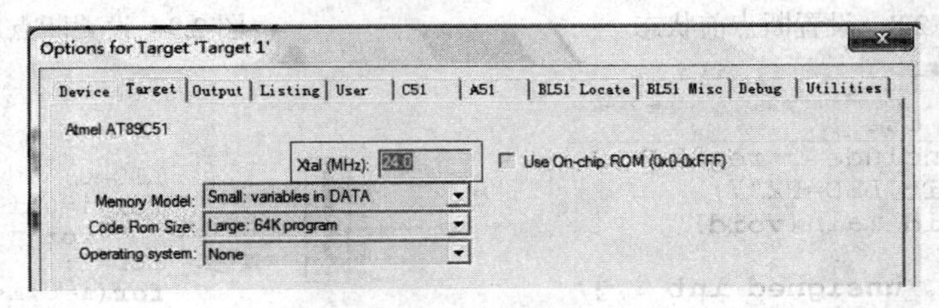

图 2.5　晶振参数修改窗口

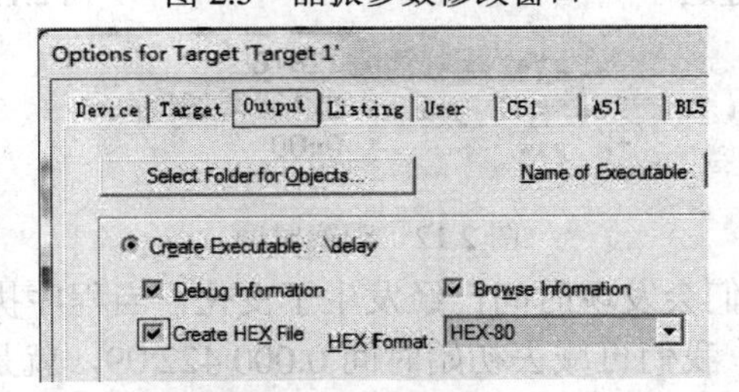

图 2.6　输出文件设置窗口

(e) 单击按钮，将会进入到调试界面，如图 2.7 所示。

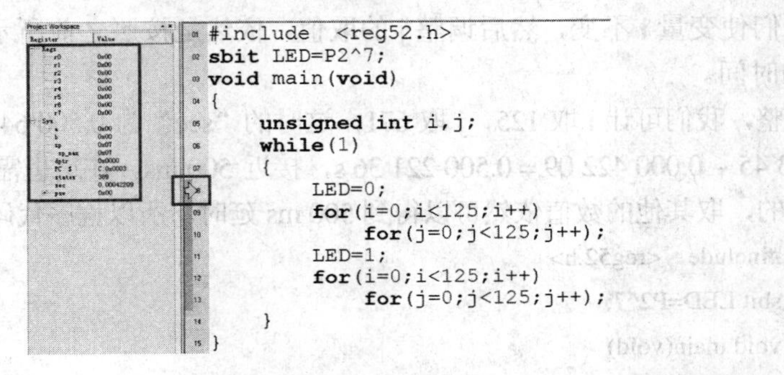

图 2.7　程序调试界面

注意图中左边所框部分的变化，进入调试界面后，有一项“sec”，表示程序执行时间。

箭头表示程序执行到哪里。那么现在“sec”中的 0.00042209，表示的是程序执行到“LED=0”时，所用的时间。

(f) 观察两个 for 语句的执行时间，即程序执行到“LED=1;”时，“sec”显示的时间再减去初始时间，就是 for 语句延时的时间。进入调试界面后，我们按“F10”(F10 为单步执行)键就可以让程序执行下一步，但是两个 for 语句执行次数较多，单步执行很慢，所以可以在语句“LED=1;”加入断点(将鼠标移至“LED=1;”前，并双击左键，会发现语句前出现红色的标识，如图 2.8 和图 2.9 所示)，然后单击左上方按钮，如图 2.10 所示，会发现箭头就停在了所设置的断点处，如图 2.11 所示，这时再观察“sec”项，上面的时间就已经发生了变化，如图 2.12 所示。

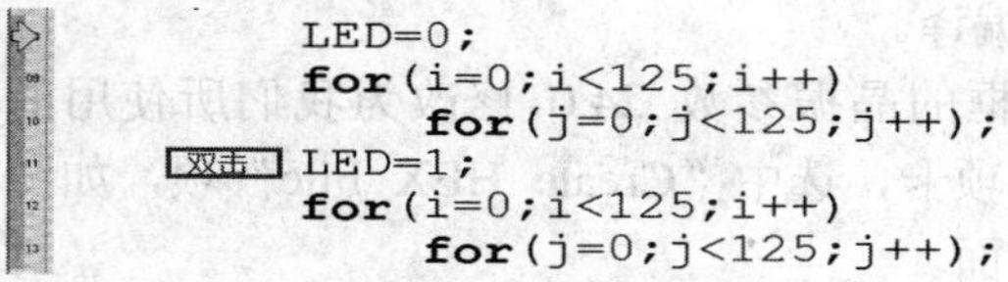

图 2.8　设置断点前状态

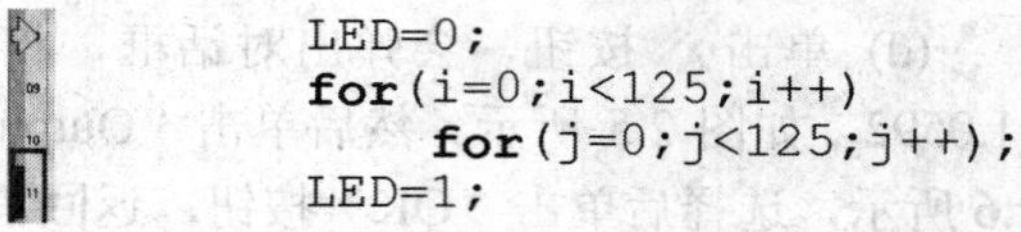

图 2.9　设置断点后状态

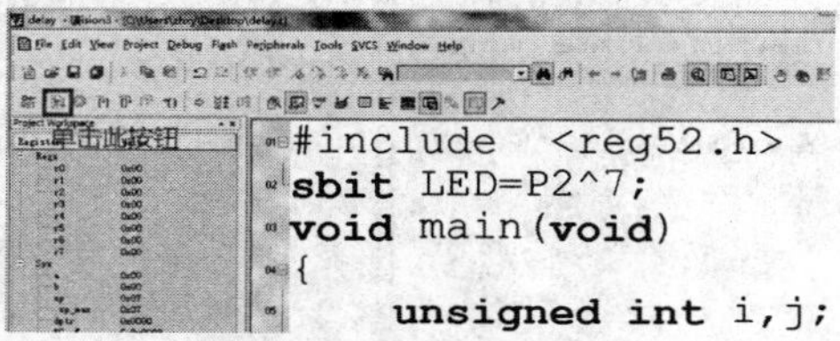

图 2.10　单击全速运行

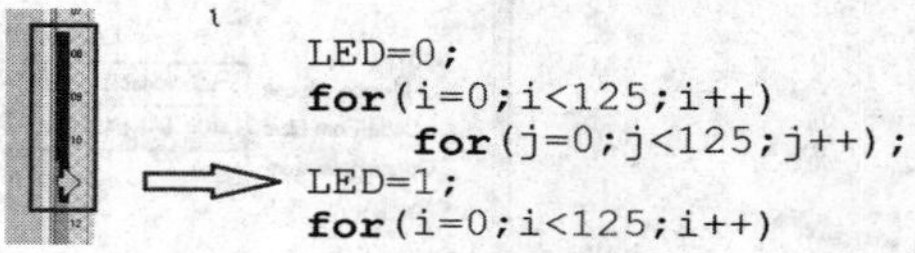

图 2.11　执行到断点处

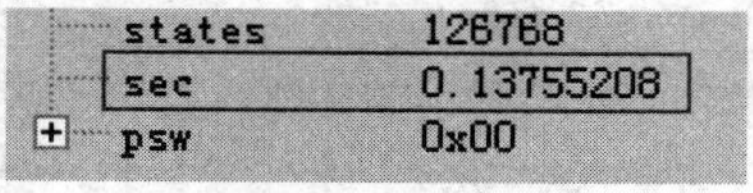

图 2.12　观察时间

通过刚才的操作，我们会发现时间已经发生了变化，当程序执行到“LED=1;”时，所用的时间为 0.137 552 08，我们再减去初始时间 0.000 422 09，就是 for 语句所延时的时间，即 0.137 552 08 − 0.000 422 09 = 0.137 129 99 s，初始时间较短，可以忽略。由此可知，当 2 个 for 语句都为 125 时，只能延时 0.137 129 99 s，所以我们还需要调整 i 和 j 的取值，通常情况下，我们使变量 i 不变，然后调整 j 的取值，依然是按照之前所示的步骤，直到调整到我们所需的时间。

通过调整，我们可让 i 取 125，j 取 671，这时的“sec”为 0.500 643 45，再减去初始时间即 0.500 643 45 − 0.000 422 09 = 0.500 221 36 s，接近 500 ms。在这里需要说明的是，i 和 j 的值不是唯一的，取其他的数值依然可以得到 500 ms 延时。所以程序代码就可以修改为

```
#include   <reg52.h>
sbit LED=P2^7;
void main(void)
{
  unsigned int i,j;
```

```
        while(1)
        {
          LED=0;
          for(i=0;i<125;i++)
              for(j=0;j<671;j++);
          LED=1;
          for(i=0;i<125;i++)
              for(j=0;j<671;j++);
        }
    }
```

(g) 将生成的 HEX 文件，加载到例 2.1 所用的仿真文件中，我们就可以看到，二极管一闪一闪的发光了。

【知识补充】

在例 2.2 的程序中，用 for 语句构成的延时，一般会以函数调用的形式出现在程序中，这样会使程序更加简洁，减少重复编写程序的工作。例 2.2 的程序可改写为

```
#include    <reg52.h>
sbit LED=P2^7;
void delay()
{    unsigned int i,j;
     for(i=0;i<125;i++)
         for(j=0;j<671;j++);
}
void main(void)
{
     while(1)
     {
         LED=0;
         delay();
         LED=1;
         delay();
     }
}
```

程序说明：程序执行的顺序依然是从“LED=0;”开始，但是当执行到“delay();”时，程序下一步将跳转到“void delay()”处，直到执行完“void delay()”内容的语句后，才跳转回“void main(void)”中，执行“LED=1;”语句。这样的程序写法，使主函数变得结构简单，减少了重复编写语句的工作。程序执行过程如图 2.13 所示。

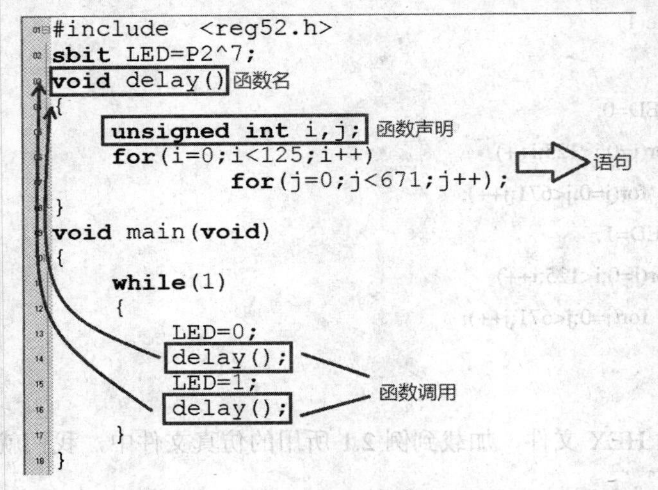

图 2.13 例 2.2 程序改进后的执行过程

程序中的函数可分为有参函数和无参函数，在上面程序中的函数属于无参函数。

(1) 无参函数定义形式如下：

```
[函数类型] 函数名()
{
    [声明部分]
    [语句]
}
```

说明：函数名前的函数类型，跟定义变量时是一样的，可以是 int、char 等类型，函数类型也可以缺省，缺省默认为 int 型；在程序中，void delay()中的 void 表示函数不返回值，“delay”就是函数名，函数名在命名时，其规则与标识符规则一致；声明部分和语句也叫函数体，由声明部分和语句构成，声明部分是定义在本函数中所使用的变量进行声明，语句也叫执行部分，由若干条语句构成。

(2) 有参函数定义形式如下：

```
[函数类型] 函数名(形参列表)
{
    [声明部分]
    [语句]
}
```

有关有参函数的具体应用，将在后面再进行介绍。

【例 2.3】 试用单片机 P2 口，设计一个控制 8 位 LED 依次点亮(第 1 个 LED 亮，第 2 个 LED 亮的同时第 1 个 LED 灭，即每次只有一个 LED 亮)且时间间隔为 500 ms 的电路，并编写程序。

方案一：

(1) 硬件电路。由 P2 口控制 8 位 LED 循环点亮，电路上只需在例 2.1 电路图的基础上，再加上 7 位 LED 即可，如图 2.14 所示。

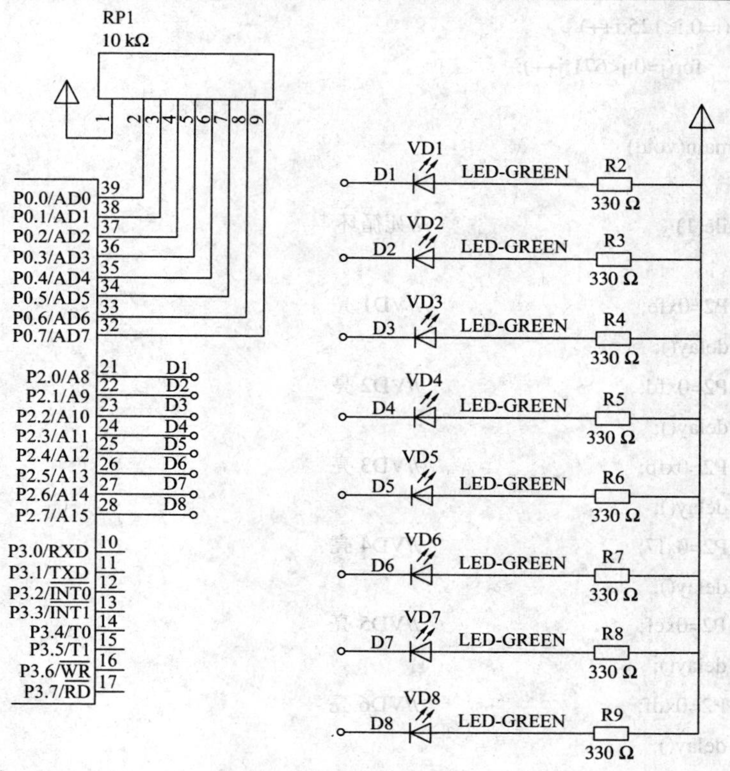

图 2.14 方案一电路原理图

(2) 原理分析。题目要求是使 8 位 LED 循环点亮，我们只需要使每次只有一个 LED 亮即可，时间间隔为 500 ms。由于 LED 的阴极接到单片机 P2 口，所以只有在 P2 口输出低电平 0 时，LED 才能发光。

(3) 程序流程如下：

第一步：VD1 亮，延时 500 ms，即 P2 = 0xfe;

第二步：VD2 亮，延时 500 ms，即 P2 = 0xfd;

第三步：VD3 亮，延时 500 ms，即 P2 = 0xfb;

第四步：VD4 亮，延时 500 ms，即 P2 = 0xf7;

第五步：VD5 亮，延时 500 ms，即 P2 = 0xef;

第六步：VD6 亮，延时 500 ms，即 P2 = 0xdf;

第七步：VD7 亮，延时 500 ms，即 P2 = 0xbf;

第八步：VD8 亮，延时 500 ms，即 P2 = 0x7f;

返回第一步，重复执行。

(4) 程序代码如下：

```
#include <reg52.h>
/*500ms 延时*/
void delay()
{
  unsigned int i,j;
```

```
    for(i=0;i<125;i++)
        for(j=0;j<671;j++);
}
void main(void)
{
    while(1)                    //死循环
    {
        P2=0xfe;                //VD1 亮
        delay();
        P2=0xfd;                //VD2 亮
        delay();
        P2=0xfb;                //VD3 亮
        delay();
        P2=0xf7;                //VD4 亮
        delay();
        P2=0xef;                //VD5 亮
        delay();
        P2=0xdf;                //VD6 亮
        delay();
        P2=0xbf;                //VD7 亮
        delay();
        P2=0x7f;                //VD8 亮
        delay();
    }
}
```

该程序较长，能不能对程序进行优化，使程序看着更加简洁？答案是肯定的。首先，通过观察可以发现，程序是执行 8 次之后(VD1～VD8 逐个点亮)，再次循环，因此可以利用一个循环语句来控制其次数。其次，通过对 P2 口数据的观察，会发现规律如表 2-3 所示。

表 2-3　例 2.3 方案一规律表

P2 口 数据	P2.7 D8	P2.6 D7	P2.5 D6	P2.4 D5	P2.3 D4	P2.2 D3	P2.1 D2	P2.0 D1
VD1 亮 0xfe	1	1	1	1	1	1	1	0
VD2 亮 0xfd	1	1	1	1	1	1	0	1
VD3 亮 0xfb	1	1	1	1	1	0	1	1
VD4 亮 0xf7	1	1	1	1	0	1	1	1
VD5 亮 0xef	1	1	1	0	1	1	1	1
VD6 亮 0xdf	1	1	0	1	1	1	1	1
VD7 亮 0xbf	1	0	1	1	1	1	1	1
VD8 亮 0x7f	0	1	1	1	1	1	1	1

由表可见，哪个LED发光，与之对应的I/O口就为低电平，由于是依次点亮，相当于“0”，因此从P2.0左移至P2.7，就可以实现题目要求。前面学习过左移、右移运算符，可以用在本例，但值得考虑的一个问题是，当P2 = 0xfe时，如果有语句“P2 = P2<<1;”，那么P2会为什么？显然P2 = 0xfc，即P2.0和P2.1都为低电平，这样会使2个LED都发光，所以直接用左移，是没有办法达到要求的。但是，如果令“P2 = 0x01；P2 = P2<<1；”，那么P2 = 0x02，我们会发现，“1”是可以逐个左移的，它与想要0左移，正好是相反的，因此就可以借助一个中间变量，将“1”左移的结果取反，再送到P2就可以了，即设中间变量为temp：

```
temp=0x01;
P2=~temp;            //temp=0x01 取反为“P2=temp=0xfe;”D1 灯亮
temp=temp << 1;      //请注意，虽然在上条语句中有~temp，但是 temp 的值并没有发生改变，
                     temp 左移 1 位之后“temp=0x02;”
P2=~temp;            //0x02 取反，即 0xfd，D2 灯亮
```

以此类推，所以程序可以优化为

```
#include <reg52.h>
void delay()
{
        unsigned int i,j;
        for(i=0;i<125;i++)
            for(j=0;j<671;j++);
}
void main(void)
{
        unsigned char w,temp;
        while(1)
        {
            temp=0x01;
            for(w=0;w<8;w++)        //控制循环次数
            {
                P2=~temp;
                delay();
                temp=temp<<1;
            }
        }
}
```

在这里肯定会有同学问，为什么非要用LED的阴极接在单片机的I/O引脚上，而不是将LED的阳极接到单片机的I/O引脚上，这样编程时，就不用像上面一样，借助中间变量实现LED依次点亮了，程序就更简单了？其原因就在于单片机I/O口驱动能力有限，没有办法驱动电流较大的器件，因此，如果想要用单片机I/O口直接去驱动器件，就必须借助

其他器件增大其驱动能力，才能达到要求。下面介绍单片机直接驱动 LED 的方法。

方案二：

(1) 硬件电路。利用单片机 I/O 口直接驱动 LED 或者其他器件，需要借助驱动能力较大的器件，如 74LS245、74HC573 等。

74LS245 是 8 路同相三态双向数据总线驱动芯片，可双向传输数据，它还具有双向三态功能，既可以输出，也可以输入数据。当片选端/CE 低电平有效时，DIR=“0”，信号由 B 向 A 传输(接收)；DIR=“1”，信号由 A 向 B 传输(发送)。当 CE 为高电平时，A、B 均为高阻态。

74LS245 的内部结构如图 2.15 所示。

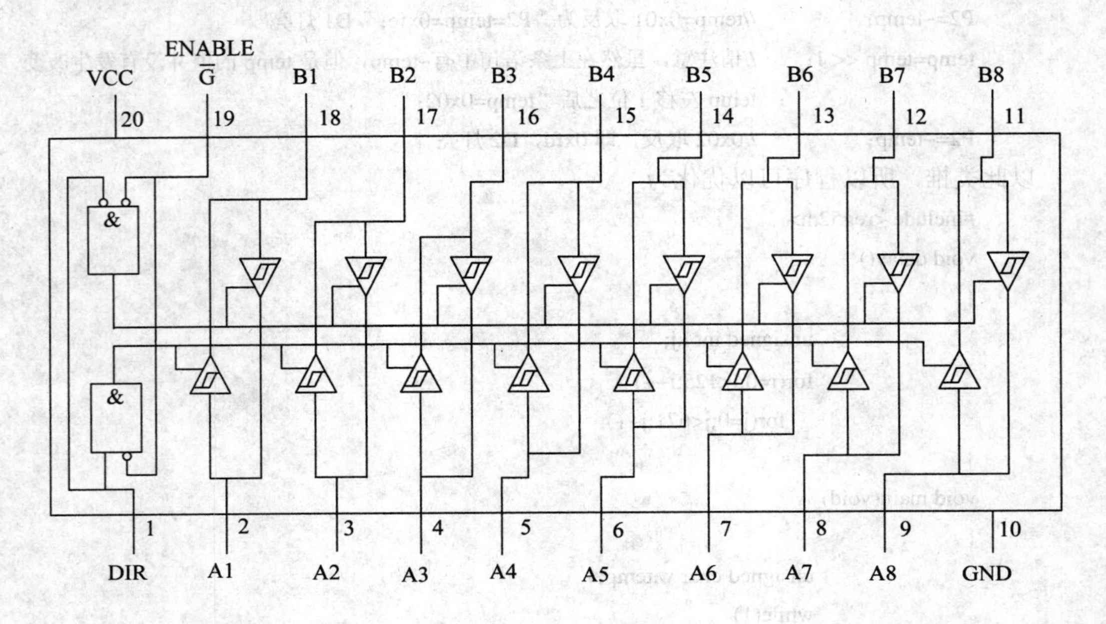

图 2.15 74LS245 内部结构

74LS245 的功能如表 2-4 所示。

表 2-4 74LS245 功能表

三态允许端 $\overline{G}$	方向控制端 DIR	传送方向
L	L	B data to A bus
L	H	A data to B bus
H	X	Isolation

74HC573 是 8 路三态同相锁存器，当锁存使能端 LE 为高时，输出数据与输入数据相等。当锁存使能变低时，无论输入数据如何变化，将不会影响输出数据，输出数据将保持原来状态不变。74HC573 的逻辑框图如图 2.16 所示，功能如表 2-5 所示。

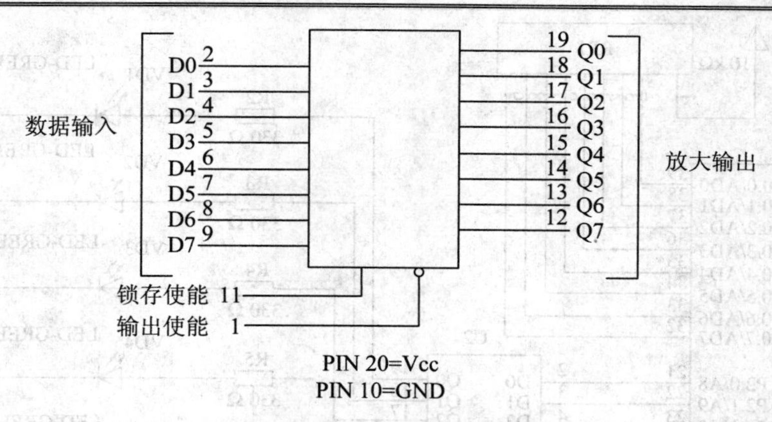

图 2.16 74HC573 逻辑框图

表 2-5 74HC573 功能表

输入			输出
输出使能	锁存使能	数据输入 D	放大输出 Q
L	H	H	H
L	H	L	L
L	L	X	无变化
H	X	X	Z

从 74HC573 功能表可以看出，74HC573 可以输出高电平、低电平、保持和高阻四种状态，但是需要对“输出使能”和“锁存使能”进行控制。

① 74HC573 要想输出高电平，需满足输出使能=L，锁存使能=H，D(输入数据)=H 的条件。

② 74HC573 要想输出低电平，需满足输出使能=L，锁存使能=H，D(输入数据)=L 的条件。

③ 74HC573 要想保持输出状态不变，需满足输出使能=L，锁存使能=L，D(输入数据)=X(任意)的条件。

④ 74HC573 要想输出高阻，需满足输出使能=H，锁存使能=X，D(输入数据)=X(任意)的条件。

通过以上分析可知：

当满足输出使能=L，锁存使能=H 条件时，输出与输入相同，即直通状态；

当满足输出使能=L，锁存使能=L 条件时，无论输入信号是高电平还是低电平，输出都保持不变；

当满足输出使能=H 条件时，输出就为高阻状态。

由于只需单片机输出数据，因此只需使用 74HC573 即可，如果需要将数据读回，则可以使用 74LS245。因此，方案二的电路原理如图 2.17 所示。

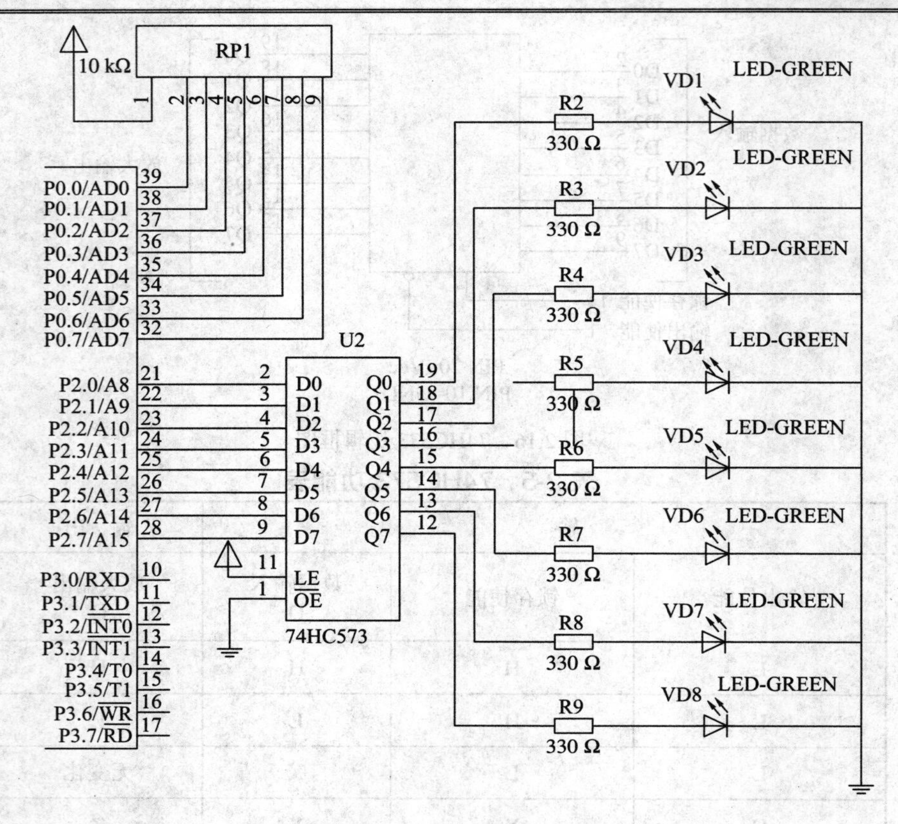

图 2.17　方案二电路原理图

由于只需使单片机 I/O 口输出高低电平就可以达到题目要求，所以 74HC573 只需接到直通状态即可，即 LE 为高，$\overline{\text{OE}}$ 为低。

(2) 原理分析。题目要求是使 8 位 LED 循环点亮，即只需要使每次只有一个 LED 亮即可，时间间隔为 500ms。由于 LED 的阳极通过 74HC573 极接到单片机 P2 口，所以只要在 P2 口输出高电平 1 时，LED 就能发光。

(3) 程序流程如下：

第一步：VD1 亮，延时 500 ms，即 P2 = 0x01；

第二步：VD2 亮，延时 500 ms，即 P2 = 0x02；

第三步：VD3 亮，延时 500 ms，即 P2 = 0x04；

第四步：VD4 亮，延时 500 ms，即 P2 = 0x08；

第五步：VD5 亮，延时 500 ms，即 P2 = 0x10；

第六步：VD6 亮，延时 500 ms，即 P2 = 0x20；

第七步：VD7 亮，延时 500 ms，即 P2 = 0x40；

第八步：VD8 亮，延时 500 ms，即 P2 = 0x80；

然后返回第一步，重复执行。

(4) 程序代码如下：

```
#include <reg52.h>
void delay()
```

```
{
unsigned int i,j;
for(i=0;i<125;i++)
    for(j=0;j<671;j++);
}
void main(void)
{
unsigned char w,temp;
while(1)
{
  temp=0x01;
  for(w=0;w<8;w++)                    //控制循环次数
  {
    P2=temp;
    delay();
    temp=temp<<1;
  }
}
}
```

【例 2.4】 在例 2.3 方案二电路的基础上，试编写 2 位 LED 循环往复点亮，即 2 个 LED 循环点亮(状态如表 2-6 所示)的程序，时间间隔 500 ms。

表 2-6　2 位 LED 循环状态表

P2.7 D7	P2.6 D6	P2.5 D5	P2.4 D4	P2.3 D3	P2.2 D2	P2.1 D1	P2.0 D0
0	0	0	0	0	0	1	1
0	0	0	0	0	1	1	0
0	0	0	0	1	1	0	0
0	0	0	1	1	0	0	0
0	0	1	1	0	0	0	0
0	1	1	0	0	0	0	0
1	1	0	0	0	0	0	0
0	1	1	0	0	0	0	0
0	0	1	1	0	0	0	0
0	0	0	1	1	0	0	0
0	0	0	0	1	1	0	0
0	0	0	0	0	1	1	0
0	0	0	0	0	0	1	1

解析：

(1) 原理分析。

结合例 2.3 方案二电路，通过状态表可知，每次有 2 个 LED 发光，并依次左移，待 P2.7 和 P2.6 所控制的 LED 亮时，则依次右移，直到恢复到初始状态(P2.0 和 P2.1 为“1”)完成一次执行。因此在程序中需要对左移或右移的次数进行控制。

(2) 程序代码如下：

```
#include <reg52.h>
void delay()
{
  unsigned int i,j;
  for(i=0;i<125;i++)
      for(j=0;j<671;j++);
}
void main(void)
{
  unsigned char w;
  while(1)
  {
     P2=0x03;
     delay();
     /*控制左移次数*/
for(w=0;w<6;w++)
     {
       P2=P2<<1;
       delay();
     }
     /*控制右移次数，比上一个 for 少一次，是因为如果右移 6 次后，P2 的值为 0x03，再执行
       while 死循环中的 P2=0x03，将会执行两次，在实验现象中有一个明显的停顿*/
for(w=0;w<5;w++)
{
       P2=P2>>1;
       delay();
     }
  }
}
```

【例 2.5】 通过开关，控制 8 位 LED 循环速度。开关每变换一次，LED 速度与之发生改变，当开关置于 P1.0 时，速度为 800 ms；当开关置于 P1.1 时，速度为 500 ms；当开关置于 P1.2 时，速度为 300 ms；当开关置于 P1.3 时，速度为 100 ms。实验现象同例 2.4。

解析：

(1) 硬件电路。由于用开关控制 LED 的速度，所以需要在 P1.0～P1.3 处加入开关，其他电路图可以借鉴图 2.17。因此，硬件电路如图 2.18 所示。

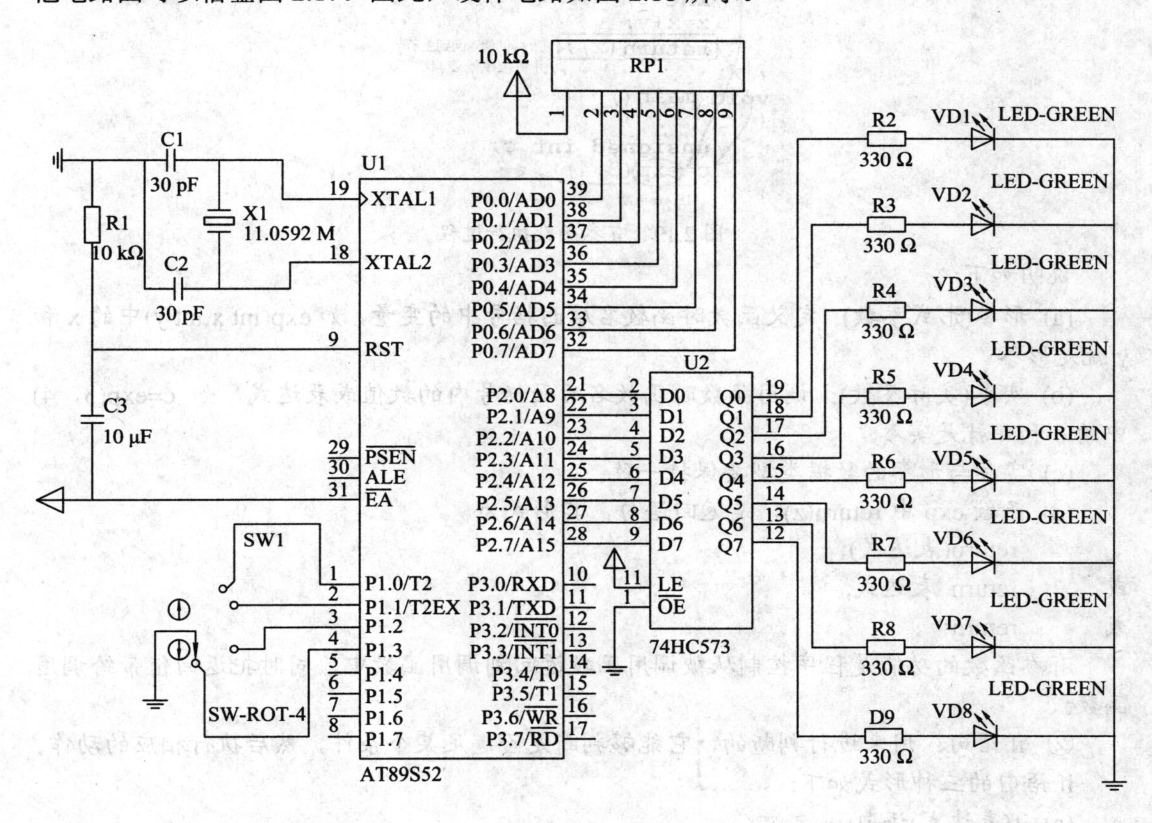

图 2.18　开关控制 LED 循环速度原理图

(2) 原理分析。从题目要求可知，其实验现象与例 2.4 一致，只是在开关处于不同位置时，执行的速度不同而已，其程序代码可以部分使用例 2.4 程序，再配上不同延时函数即可。按照之前我们所学习的延时函数的编写，在本程序中，就需要 4 个延时函数，比较繁琐，那么我们能不能只写一个延时函数，而使它的延时时间根据需要而改变呢？那么如何判断开关是处于哪个位置呢？答案就是我们只需要编写一个带参数的延时函数和一个判断开关位置的语句即可实现知识引入。

【知识引入】

① 有参函数定义形式：

```
[函数类型] 函数名(形参列表)
{
    [声明部分]
    [语句]
}
```

有参函数执行过程如图 2.19 所示。

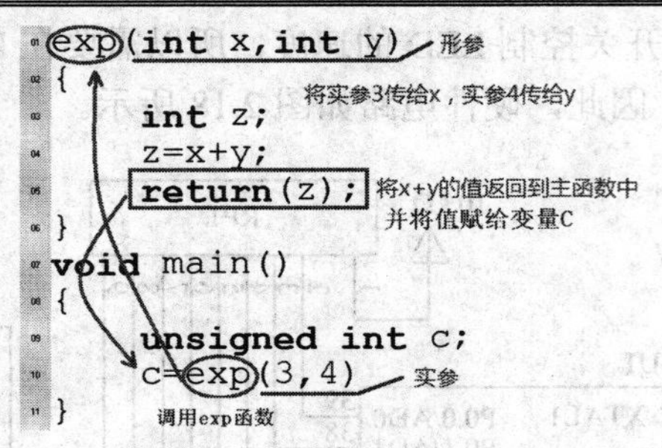

图 2.19　有参函数执行过程

说明如下：

(a) 形参(形式参数)：定义函数时函数名后面括号中的变量，如 exp(int x,int y)中的 x 和 y 就是形参。

(b) 实参(实际参数)：调用函数时函数名后面括号内的数值或表达式，如 c=exp(3，4)中的 3 和 4 就是实参。

(c) 实参与形参的数据类型要保持一致。

(d) 函数 exp 中 return(z)，是返回语句，其形式为

　　return(表达式);

或　return 表达式;

或　return;

有参函数的功能是程序控制从被调用函数返回到调用函数中，同时把返回值带给调用函数。

② if 语句：用来进行判断的，它能够判断是否满足某个条件，然后执行相应的动作。

if 语句的三种形式如下：

(a) if(表达式)语句

如：

```
if(x>y) printf("%d",x);  //只要 x>y 成立，就执行 printf 语句，否则就不执行
```

(b) if(表达式)语句 1 else 语句 2

如：

```
if(x>y)x-y;
else x+y;
//如果 x>y 成立，就执行 x-y；否则就执行 x+y(包括 x<y 和 x=y)
```

(c) if(表达式 1)语句 1

　　else if(表达式 2)语句 2

　　else if(表达式 3)语句 3

　　…

　　else if(表达式 m)语句 m

　　else 语句 n

如：

```
if (result==10)
{printf("Right!!!");}
```

```
else if (result<10)
  {printf("Smaller");}
else if (result>10)
  {printf("Bigger");}
else
  {printf("Wrong");}
//如果 result==10 成立，就执行其后面的语句，执行完成后跳出 if 语句，后面的都不执行，如
  果不成立，则顺序进行判断，如果所有的条件都不成立，就执行最后一条语句
```

在本程序中，由于需要 4 种不同的延时时间，因此可采用编写一个带参数的时间函数的方法，通过改变实参值的大小，来改变总的延时时间。这里编写一个执行 1 次延时时间为 10 ms 的函数，这样如果需要 100 ms，就让实参为 10，300 ms 就让实参为 30，即实参参数等于想要延时的时间除以基本时间(10 ms)。通过之前讲述的方法，可以得到以下程序：

```
void delay_10ms(unsigned int z)
{   unsigned int x,y;
    for(x=z;x>0;x--)
        for(y=1150;y>0;y--);
}
```

通过 Keil 软件的观察可知，当 z=1 时，延时函数 delay)10 ms 延时时间为 10 ms。

(3) 程序代码如下：

```
#include <reg52.h>
sbit s1=P1^0;
sbit s2=P1^1;
sbit s3=P1^2;
sbit s4=P1^3;
void delay_10ms(unsigned int z)          //10 ms 延时函数
{
   unsigned int x,y;
   for(x=z;x>0;x--)
       for(y=1150;y>0;y--);
}
void main()
{
   unsigned char w;
   while(1)
   {
       //判断 P2.0 是否为 0，如果是则延时 800 ms
       if(s1==0)
       {
```

```
        P2=0x03;
        delay_10ms(80);
        for(w=0;w<6;w++)
        {   P2=P2<<1;
            delay_10ms(80);
        }
        for(w=0;w<5;w++)
        {   P2=P2>>1;
            delay_10ms(80);
        }
    }
//判断 P2.1 是否为 0，如果是则延时 500 ms
    if(s2==0)
    {  P2=0x03;
       delay_10ms(50);
       for(w=0;w<6;w++)
       {
           P2=P2<<1;
           delay_10ms(50);
       }
       for(w=0;w<5;w++)
       {
           P2=P2>>1;
           delay_10ms(50);
       }
    }
//判断 P2.2 是否为 0，如果是则延时 300 ms
    if(s3==0)
    {
       P2=0x03;
       delay_10ms(30);
       for(w=0;w<6;w++)
       {
           P2=P2<<1;
           delay_10ms(30);
       }
       for(w=0;w<5;w++)
       {
           P2=P2>>1;
```

```
            delay_10ms(30);
        }
    }
    //判断 P2.3 是否为 0，如果是则延时 100 ms
    if(s4==0)
    {
        P2=0x03;
        delay_10ms(10);
        for(w=0;w<6;w++)
        {
            P2=P2<<1;
            delay_10ms(10);
        }
        for(w=0;w<5;w++)
        {
            P2=P2>>1;
            delay_10ms(10);
        }
    }
  }
}
```

(4) 程序说明如下：

① “=”和“==”的区别：“=”是赋值，例如“a=3;”，意思是将 3 赋给变量 a；“==”是判断左右是否相等，例如：“a==3;”，意思是判断变量 a 是否等于 3。所以在上述程序中，判断 P2.0～P2.3 是否为 0，不能用“=”，应该用“==”。

② 在编写带参数 10 ms 延时函数时，应该反复多次观察，特别是带参数进行验证，有时确定 10 ms 延时后，当代入参数后(特别是大参数)，有较大的误差，应尽量避免这种情况的出现。

③ 在使用 Keil 软件进行观察时，如果关闭后再打开软件，需要对晶振频率重新设置，否则延时时间不准确。

【硬件知识补充：发光二极管与限流电阻】

发光二极管(Light-Emitting Diode)简写为 LED，其两根引线中较长的一根为正极，应接电源正极，有的发光二极管的两根引线一样长，但管壳上有一凸起的小舌，靠近小舌的引线是正极。

发光二极管的反向击穿电压约 5 V。它的正向伏安特性曲线很陡，使用时必须串联限流电阻以控制通过管子的电流。限流电阻 R 可用下式计算：

$$R = (VCC - VD)/IF$$

其中，VCC 为电源电压；VD 为二极管正向压降；IF 为流过二极管的电流。

发光二极管正向压降约为 1.6 V～2.1 V，而发光二极管正向工作电流为 5～20 mA。

因此，在单片机电路中，我们用的电源电压为 5 V，发光二极管正向压降我们取 2 V，工作电流取 10 mA，就可以计算出我们所需要的限流电阻，即

$$R = (5 - 2)/10 = 300\ \Omega$$

实际应用中，可以选择阻值比计算值略大一些的电阻。同时需要注意的是，颜色不同，发光二极管的参数有所区别。

扩展：在例 2.4 电路的基础上，你能不能自己设计出其他样式 LED 的变化呢？

2.4 Keil 软件简介

在前面的章节中，我们已经介绍了 Keil 软件工程的建立与基本设置、编译链接等基本使用方法，下面介绍一下 Keil 软件的其他一些常用方法，方便调试。

1. 常用工具栏

菜单栏提供了项目操作、编辑操作、编译调试以及帮助等各种常用操作，见图 2.20。

File Edit View Project Debug Flash Peripherals Tools SVCS Window Help

图 2.20　菜单栏

文件操作工具栏如图 2.21 所示。

图 2.21　文件操作工具栏

编译工具栏提供编译项目和文件的各种操作，如图 2.22 所示。

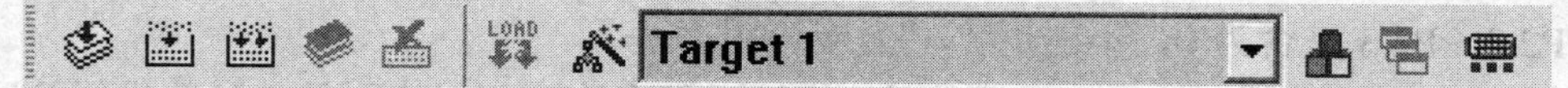

图 2.22　编译工具栏

调试工具栏提供项目仿真和调试过程中经常使用的命令，如图 2.23 所示。

图 2.23　调试工具栏

2. 常用快捷键

1) 文件操作

文件操作的快捷键如下：

(1) Ctrl + O：打开已经存在的文件；

(2) Ctrl + N：创建新文件；

(3) Ctrl + S：保存当前文件。

2) 源代码编辑

源代码编辑的快捷键如下：

(1) Ctrl + Z：取消上次操作；

(2) Ctrl +Shift + Z：重复上次操作；

(3) Ctrl + X：剪切所选文本；

(4) Ctrl + Y：剪切当前行的所有文本；

(5) Ctrl + C：复制所选文本；

(6) Ctrl +V：粘贴；

(7) Ctrl + F2：设置/取消当前行的标签；

(8) F2：移动光标到下一个标签处；

(9) Shift + F2：移动光标到上一个标签处；

(10) Ctrl + F：在当前文件中查找文本。

3) 调试

调试程序时会用到如下一些快捷键：

(1) Ctrl + F5：开始/停止调试模式；

(2) F5：运行程序，直到遇到一个中断；

(3) Fll：单步执行程序，遇到子程序则进入；

(4) FlO：单步执行程序，跳过子程序；

(5) Ctrl + Fll：执行到当前函数的结束；

(6) ESC：停止程序运行。

3. 常用调试命令

进入调试状态后，就会出现调试工具栏，见图 2.24。

图 2.24　调试工具栏

图中从左到右分别是复位、全速运行、暂停、单步、过程单步、执行完当前子程序、运行到当前行、下一状态、打开跟踪、观察跟踪、反汇编窗口、观察窗口、代码作用范围分析、1＃串行窗口、内存窗口、性能分析、工具按钮等命令，其中前 7 项较为常用。

为了检测程序是否正确，我们通常使用单步执行，来进行观察。在调试命令中，有单步和过程单步 2 个，单步执行的快捷键为 F11，执行程序过程中遇到函数时，执行函数内部的语句，而过程单步遇到函数时，是将函数作为一个语句来全速执行的，在具体调试时要注意，在调试过程中，灵活使用几个调试命令，以提高效率。

4. 程序调试窗口

在调试时 Keil 有多个窗口，主要有输出窗口(Output Windows，如图 2.25 所示)、存储器窗口(Memory Window，如图 2.26 所示)、观察窗口(Watch&Call Statck Windows，如图 2.27 所示)、反汇编窗口(Dissambly Window)和串行窗口(Serial Window)等。进入调试模式后，可以通过菜单 View 下的相应命令打开或关闭这些窗口。

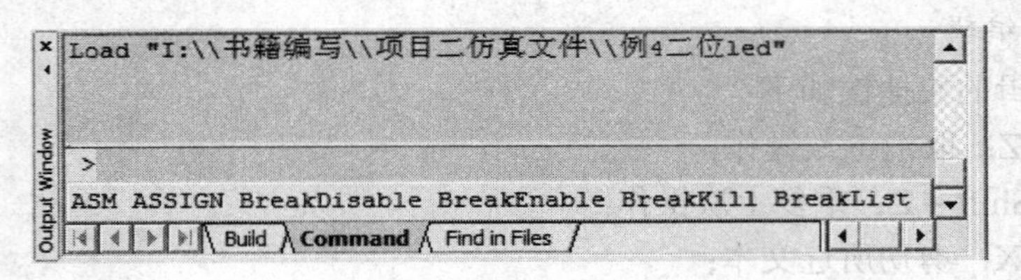

图 2.25　输出窗口

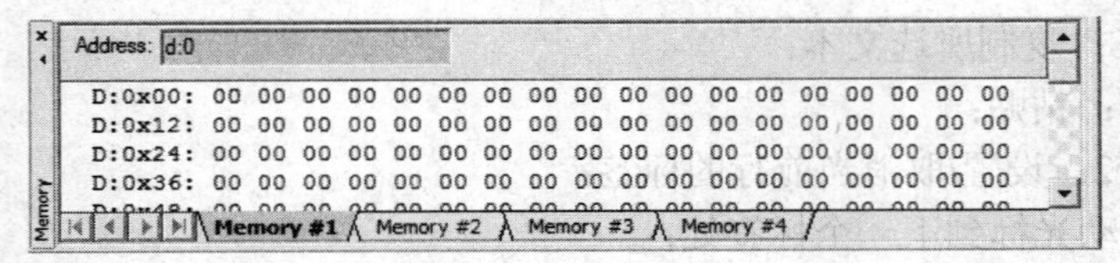

图 2.26　存储器窗口

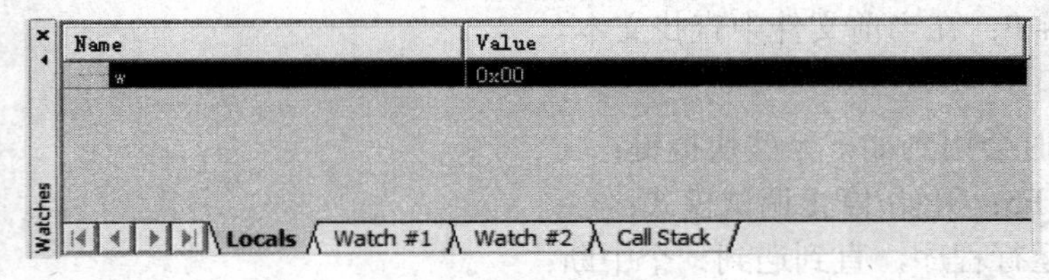

图 2.27　观察窗口

5. 辅助工具

Keil 软件提供了一些外围接口对话框，使我们在调试时，能够较直观地观察单片机中并行口、中断、定时器等常用外设的使用情况。选择 Peripherals 菜单中的 Interrupt(中断，如图 2.28 所示)、I/O Ports(并行 I/O 口，如图 2.29 所示)、Serial(串行口，如图 2.30 所示)、Timer(定时/计数器，如图 2.31 所示)这四个外围接口对话框，就可以观察外围设备的运行情况。

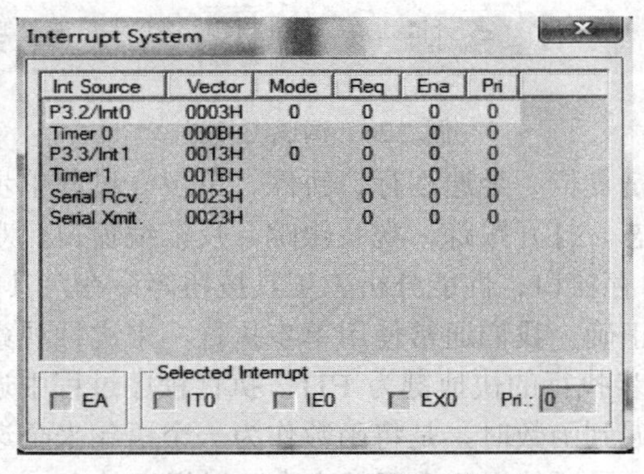

图 2.28　Interrupt(中断)对话框

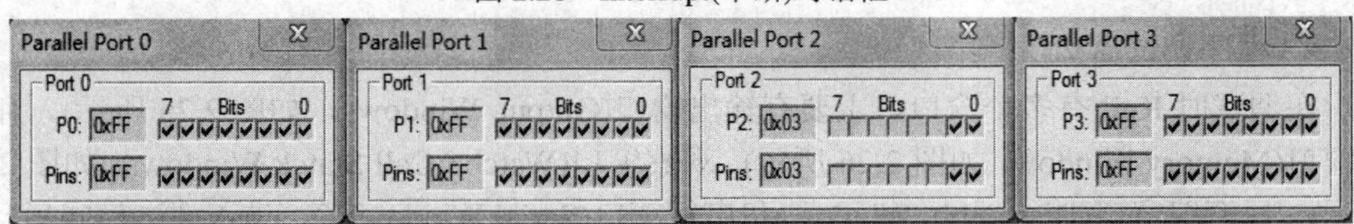

图 2.29　I/O Ports(并行 I/O 口)对话框

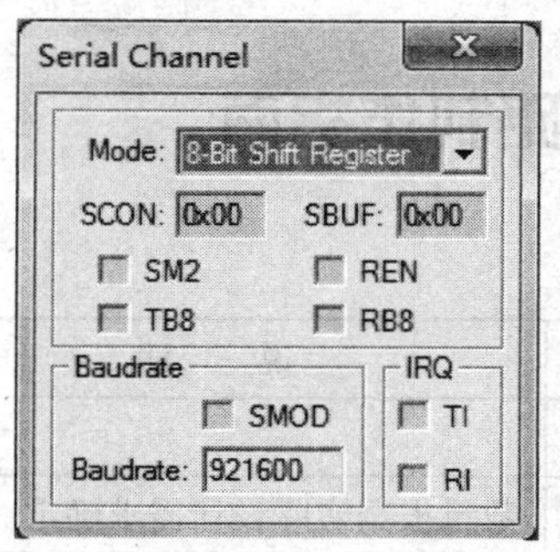

图 2.30 Serial(串行口)对话框

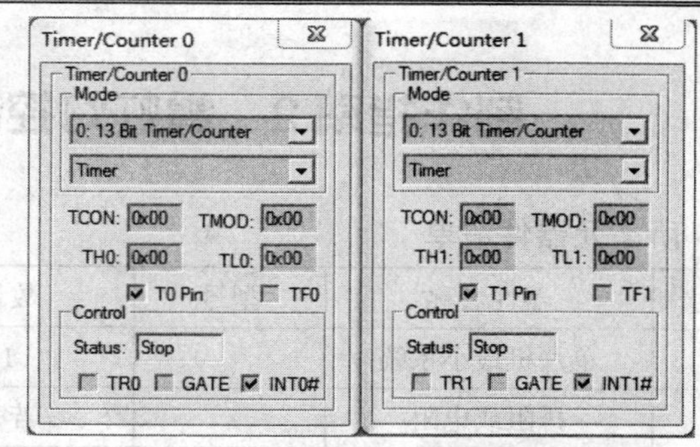

图 2.31 Timer(定时/计数器)对话框

2.5 霓虹灯控制电路的设计与制作

在前面的例子中，我们介绍了几种利用单片机 I/O 口控制 LED 的方法，可以简单地模拟出我们日常看到的霓虹灯的变换样式。在本项目中，请同学自行设计一个霓虹灯控制电路(也可以是各种各样的图形)，制作并调试成功。发挥你的想象力，做出第一个用单片机控制的作品吧！学生作品参见图 2.32 和图 2.33。

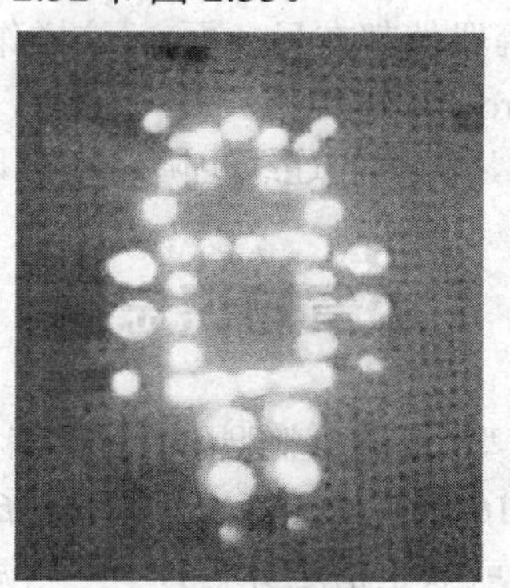

图 2.32 学生作品一

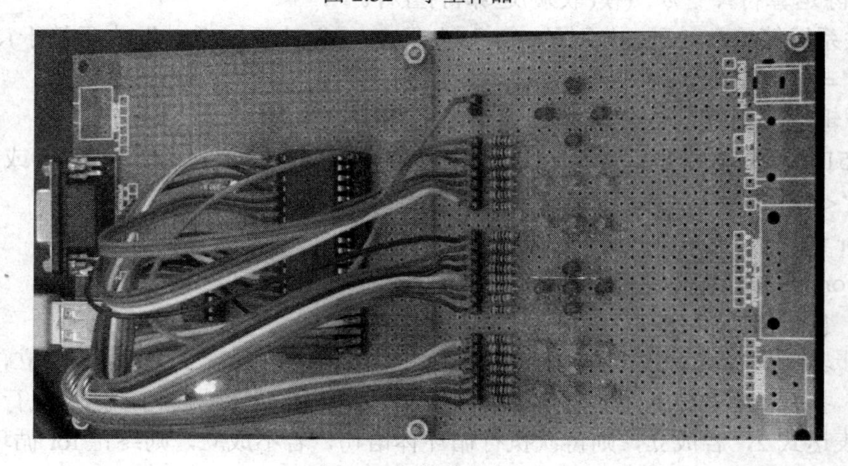

图 2.33 学生作品二

制作指南 2 霓虹灯控制电路制作指南

1. 所需元器件清单

序号	器件名称	型号	数量	说 明
1	单片机最小系统		1	
2	排阻或电阻		若干	数量根据实际设计需求确定
3	发光二极管	3 mm	若干	颜色、数量根据实际设计需求确定
4	万能板		1	规格根据实际设计需求确定
5	杜邦线		若干	数量根据实际设计需求确定

2. 说明

(1) 除以上器件外，还需准备电烙铁、烙铁架、焊锡、细导线、尖嘴钳、斜口钳、螺丝刀等工具进行焊接。

(2) 设计好霓虹灯的图形之后，注意走线的位置，接插口等可考虑放在万能板的下方(即图形一面只有图形，限流电阻等器件都在另一面)，这样作品比较美观。

(3) 实际制作前，可先用 Proteus 进行仿真。

(4) 当显示的图形较复杂时，相应的连线也随之增加，要注意单片机 I/O 口的分配。

本章知识总结

(1) C51 的数据类型有字符型(char)、整型(int)、长整型(long int)、浮点型(float)、位标量(bit)、特殊功能寄存器(sfr)、16 位特殊功能寄存器(sfr16)、可寻址位(sbit)。

(2) 算术运算符有“+”(加或取正值运算符)、“-”(减或取负值运算符)、“*”(乘运算符)、“/”(除运算符)、“%”(模(取余)运算符)五种。

(3) 关系运算符有 6 种，分别是：“>”(大于)、“<”(小于)、“>=”(大于等于)、“<=”(小于等于)、“==”(测试等于)、“!=”(测试不等于)。

(4) 逻辑运算符有三种：“&&”(逻辑与)、“||”(逻辑或)、“!”(逻辑非)。

(5) C51 中共有 6 种位运算符：“&”(按位与)、“|”(按位或)、“^”(按位异或)、“~”(按位取反)、“<<”(左移)、“>>”(右移)。

(6) for 语句形式：

```
for(表达式 1;表达式 2;表达式 3)
    {循环体语句}
```

执行步骤：执行表达式 1，对表达式 1 赋初值；判断表达式 2，如果不成立，则跳过循环体语句，执行 for 语句下面的语句，如果成立，则执行循环体语句，然后执行表达式 3；再次判断表达式 2，若成立，则再次执行循环体语句，若不成立，则终止 for 循环，执行循环体外语句。

(7) 无参函数定义形式。

```
[函数类型] 函数名()
{
  [声明部分]
  [语句]
}
```

(8) 有参函数定义形式。

```
[函数类型] 函数名(形参列表)
{
  [声明部分]
  [语句]
}
```

(9) “=”和“==”的区别：“=”是赋值，例如“a=3;”是将 3 赋给变量“a”；“==”是判断左右是否相等。

(10) 单片机 I/O 驱动能力较弱，为了提高其驱动能力，可以通过使用相应的芯片来提高其驱动能力。

(11) 刚开始编程时，一定要搞清楚硬件电路的工作原理，这样有助于理清编程思路。

习　题　2

2.1　为什么在单片机 P0 口作输出时要接上拉电阻？

2.2　设计用一个按钮控制 8 位 LED 循环点亮的速度，起始时以 1 s 的速度循环点亮，每按 1 次按钮速度增加 200 ms，当 8 位 LED 以 200 ms 的速度循环点亮时，再按按钮返回到初始 1 s 的速度循环点亮，并在 Proteus 仿真中实现。

2.3　由于单片机 I/O 口驱动能力较弱，因此用来驱动 LED 时，除了使用驱动芯片外，还可以用什么方法来解决？

2.4　试利用软件延时的方法编写一个 1 ms 的带参数的延时函数。

项目三 单片机显示电路与矩阵键盘设计

学习目标

- 了解单片机中断的概念并掌握单片机中断的用法；
- 了解单片机定时器的概念并掌握单片机定时器的用法；
- 掌握数码管静态显示的原理，能进行电路设计与程序设计；
- 掌握数码管动态显示的原理，能进行电路设计与程序设计；
- 掌握按键消抖的方法；
- 掌握矩阵键盘电路的设计与编程方法；
- 了解 LCD 的原理及使用方法。

能力目标

能够完成单片机数码管显示电路与矩阵键盘电路的设计与编程；在编写程序过程中，能够熟练地应用单片机中断与定时器；在电路或程序出现问题时，能够解决软硬件问题。

3.1 中断系统

这里主要介绍 51 子系列单片机的中断源和中断系统结构。

3.1.1 中断的概念

在程序运行过程中， 由于某种原因引起的紧急事件向 CPU 发出请求处理信号，要求 CPU 去处理这个紧急事件，CPU 在允许的情况下将会响应处理信号，停止正在执行的程序，而去执行相应的处理程序，处理结束后，再继续执行中止了的程序，这样的过程称为中断。中断处理过程如图 3.1 所示。

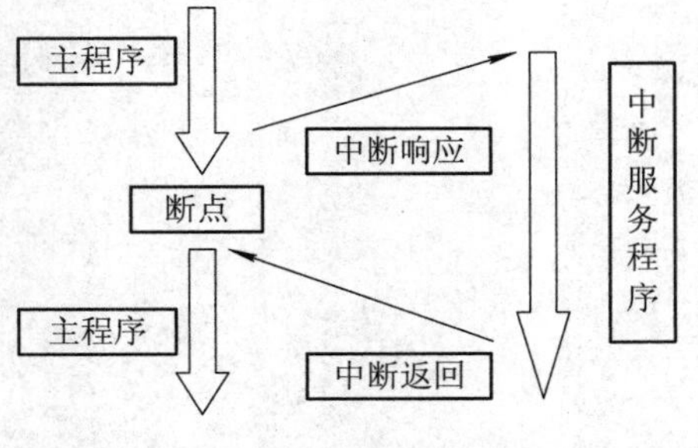

图 3.1 中断处理过程

关于中断的几个术语：

(1) 主程序：CPU 正常情况下运行的程序。

(2) 中断源：向 CPU 提出中断申请的设备。

(3) 中断请求：由中断源向 CPU 所发出的请求中断的信号。

(4) 中断响应：CPU 在满足条件情况下接受中断申请，终止现行程序执行转而为申请中断的对象服务。

(5) 中断服务程序：为服务对象服务的程序。

(6) 断点：现行程序被中断的地址。

(7) 中断返回：中断服务程序结束后返回到原来程序。

利用中断可以实行分时操作，提高 CPU 效率。在实时系统中，参数和信息实时地反馈给 CPU，可根据实际情况实现实时处理。另外，进行故障处理如掉电等也可向 CPU 发出中断请求，由 CPU 进行相应的处理。

3.1.2 MCS-51 单片机的中断系统

MCS-51 单片机的中断系统提供了 5 个中断源，而 STC89C51RC/RD+系列单片机一共提供了 8 个中断源。

1. 中断源

MCS-51 单片机中断系统提供的 5 个中断源可以分为三类。

1) 外部中断

(1) $\overline{INT0}$：外部中断 0 请求，由 $\overline{INT0}$ 引脚(P3.2)输入，低电平/下降沿有效，中断请求标志为 IE0。

(2) $\overline{INT1}$：外部中断 1 请求，由 $\overline{INT1}$ 引脚(P3.3)输入，低电平/下降沿有效，中断请求标志为 IE1。

2) 定时器溢出中断

(1) 定时器/计数器 T0：溢出中断请求，中断请求标志为 TF0。

(2) 定时器/计数器 T1：溢出中断请求，中断请求标志为 TF1。

3) 串行口中断

串行口中断请求：当串行口完成一帧数据的发送或接收时，便请求中断，中断标志为 TI 或 RI。

MCS-51 系列单片机的中断结构如图 3.2 所示。

2. 中断相关的寄存器

MCS-51 中断系统是在 4 个特殊功能寄存器控制下工作的，通过对这 4 个特殊功能寄存器的各位进行置位(置 1)或复位(置 0)操作，可实现各种中断控制功能。这 4 个特殊功能寄存器分别是定时/计数器控制寄存器(TCON)、串行口中断控制寄存器(SCON)、中断允许控制寄存器(IE)和中断优先级控制寄存器(IP)。

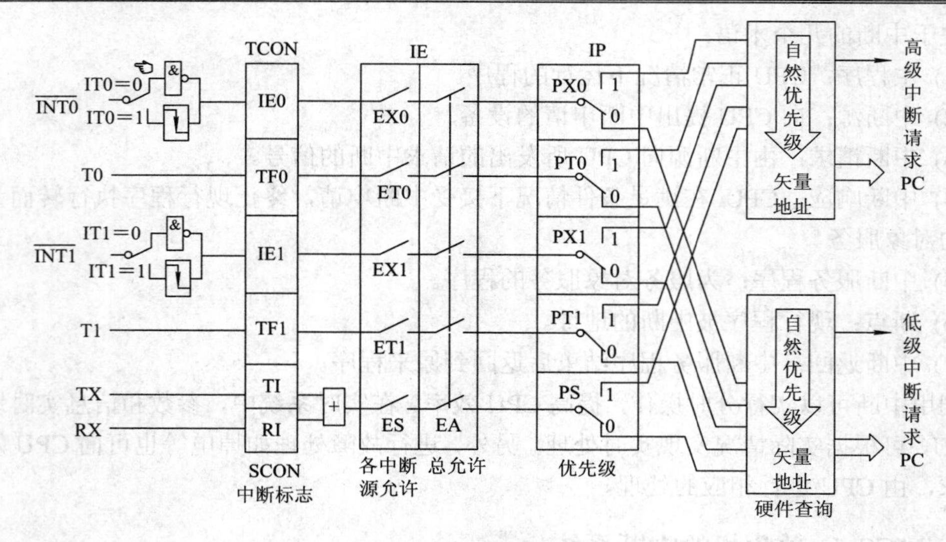

图 3.2　中断结构图

1) 定时/计数器控制寄存器(TCON)

TCON 为定时/计数器控制寄存器，其字节地址为 88H，可位寻址，位地址范围为 88H～8FH。它除控制定时/计数器 T0 和 T1 的溢出中断外，还控制外部中断的触发方式和锁存外部中断请求标志位。

TCON 的格式如下：

位地址	8FH	8EH	8DH	8CH	8BH	8AH	89H	88H
位定义	TF1	TR1	TF0	TR0	IE1	IT1	IE0	IT0

TCON 各位功能说明：

(1) IT0：外部中断 0 的中断触发方式选择位，当 IT0 位为 0 时，外部中断 0 为电平触发，低电平有效；

当 IT0 位为 1 时，外部中断 0 为边沿触发，下降沿有效。

(2) IE0：外部中断 0 的中断请求标志位，当 IE0 位为 1 时，表示外部中断 0 正在向 CPU 请求中断，且当 CPU 响应该中断时由硬件自动对 IE0 进行清零(边沿触发方式时)。

(3) IT1：外部中断 1 的中断触发方式选择位，功能与 IT0 的相同。

(4) IEl：外部中断 1 的中断请求标志位，功能与 IE0 的相同。

(5) TR0：定时器/计数器 T0 的启动标志位，当 TR0 位为 0 时，不允许 T0 计数工作；当 TRO 位为 1 时，允许 T0 定时或计数工作。

(6) TF0：定时器/计数器 T0 的溢出中断请求标志位。在定时器/计数器 T0 被允许计数后，从初值开始加 1 计数，当产生计数溢出时由硬件自动将 TF0 位置为 1，通过 TF0 位向 CPU 申请中断，一直保持到 CPU 响应该中断后才由硬件自动将 TF0 位清零。当 TF0 位为 0 时，表示 T0 未计数或计数未产生溢出。当 T0 工作在不允许中断时，TF0 标志可供程序查询。

(7) TR1：定时器/计数器 T1 的启动标志位，功能与 TR0 的相同。

(8) TF1：定时器/计数器 T1 的溢出中断请求标志位。功能与 TF0 的相同。

2) 串行口中断控制寄存器(SCON)

SCON 为串行口中断控制寄存器，字节地址为 98H，也可以进行位寻址。串口的接收和发送数据中断请求标志位(R1、TI)被锁存在串行口中断控制寄存器 SCON 中。

SCON 的格式如下：

位地址	9FH	9EH	9DH	9CH	9BH	9AH	99H	98H
位定义	SM1	SM0	SM2	REN	TB8	RB8	TI	RI

中断标志位功能说明：

(1) TI：串行口发送中断请求标志位。

CPU 将一个数据写入发送缓冲器 SBUF 时，就启动发送，每发送完一帧串行数据后，硬件置位 TI。但 CPU 响应中断时，并不清除 TI 中断标志，必须在中断服务程序中由软件对 TI 清零。

(2) RI：串行口接收中断请求标志位。

在串行口允许接收时，每接收完一帧数据，由硬件自动将 RI 位置为 1。CPU 响应中断时，并不清除 RI 中断标志，也必须在中断服务程序中由软件对 TI 标志清零。

3) 中断允许控制寄存器(IE)

MCS-51 对中断源的开放或屏蔽是由中断允许寄存器 IE 控制的，IE 的字节地址为 0A8H，可以按位寻址，当单片机复位时，IE 被清为 0。通过对 IE 的各位置 1 或清 0 操作，实现开放或屏蔽某个中断源是否允许中断。

IE 的格式如下：

位地址	AFH	AEH	ADH	ACH	ABH	AAH	A9H	A8H
位定义	EA			ES	ET1	EX1	ET0	EX0

(1) EA：总中断允许控制位，当 EA = 0 时，屏蔽所有的中断；当 EA = 1 时，开放所有的中断。

需要注意的是，即使 EA = 1，但是每个中断源是允许还是被禁止，还需要有每个中断源的中断允许位确定。

(2) ES：串行口中断允许控制位，当 ES = 0 时，屏蔽串行口中断；当 ES = 1 且 EA = 1 时，开放串行口中断。

(3) ET1：定时/计数器 T1 的中断允许控制位，当 ET1 = 0 时，屏蔽 T1 的溢出中断；当 ET1 = 1 且 EA = 1 时，开放 T1 的溢出中断。

(4) EX1：外部中断 1 的中断允许控制位，当 EX1 = 0 时，屏蔽外部中断 1 的中断；当 EX1 = 1 且 EA = 1 时，开放外部中断 1 的中断。

(5) ET0：定时/计数器 T0 的中断允许控制位，功能与 ET1 的相同。

(6) EX0：外部中断 0 的中断允许控制位，功能与 EX1 的相同。

MCS-51 复位以后，IE 被清零，所有的中断请求被禁止。如要开放中断，只需将相应的中断允许位置 1 即可。例如：

```
EA=1; //开放总中断
```

EX0=1; //开外部中断 0

4) 中断优先级控制寄存器(IP)

MCS-51 单片机有两个中断优先级，分别为高级优先级和低级优先级，可以由软件进行设定。

IP 的格式如下：

位地址				BC	BB	BA	B9	R8
位定义				PS	PT1	PX1	PT0	PX0

(1) PS：串行口中断优先级控制位，PS = 1，设定串行口为高优先级；PS = 0，设定串行口为低优先级。

(2) PT1：定时器 T1 中断优先级控制位，PT1 = 1，设定 T1 为高优先级；PT1 = 0，设定 T1 为低优先级。

(3) PX1：外部中断 1 中断优先级控制位，PX1 = 1，设定外部中断 1 为高优先级；PX1 = 0，设定外部中断 1 为低优先级。

(4) PT0：定时器 T0 中断优先级控制位，PT0 = 1，设定 T0 为高优先级；PT0 = 0，设定 T0 为低优先级。

(5) PX0：外部中断 0 中断优先级控制位，PX0 = 1，设定外部中断 0 为高优先级；PX0 = 0，设定外部中断 0 为低优先级。

系统复位后，IP 低 5 位全部清零，所有中断源均设定为低优先级中断，当 CPU 同时收到几个同一优先级的中断请求时，哪一个中断请求能优先得到响应，取决于内部查询次序。首先响应优先级较高的中断源的中断请求，排列如下：

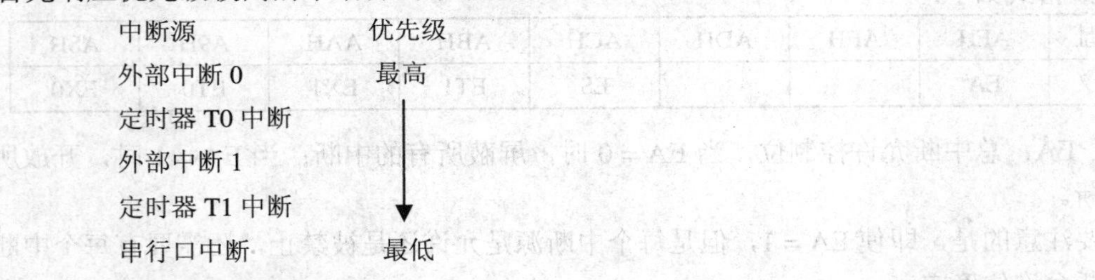

3. C 语言中断服务函数

中断服务函数的定义形式如下：

函数类型　函数名 (形式参数)[interrupt n] [using m]

n：中断源的编号，5 个中断源的编号如表 3-1 所示。

表 3-1　中断源的编号

中断编号	中 断 源
0	外部中断 0
1	定时/计数器 0 溢出中断
2	外部中断 1
3	定时/计数器 1 溢出中断
4	串行口中断

m：寄存器组号，取值范围为 0～3。在单片机中一共有 4 组 R0～R7 的寄存器，中断的产生可以通过设置切换寄存器组实现。使用 C 语言编程时，内存是由编译器分配的，在编程时，寄存器组号可以不写。

例如，定时/计数器 0 溢出函数：

```
void  time0(void)  interrupt  1
```

例如，外部中断 0 函数：

```
void  intersvrl(void)  interrupt  0
```

4. 外部中断应用举例

【例 3.1】 试根据图 3.3 编写程序，以完成如下任务。由 P2 口控制的 8 位 LED(第一排 8 位 LED，A1～A8)以 500 ms 亮、500 ms 灭的频率闪烁，按一下按键由 P0 口控制的 8 位 LED(第二排 8 位 LED，A9～A16)亮，再按一下则由 P0 口控制的 8 位 LED(第二排 8 位 LED，A9～A16)灭。初始时，P2 口控制的 LED 状态为全灭。

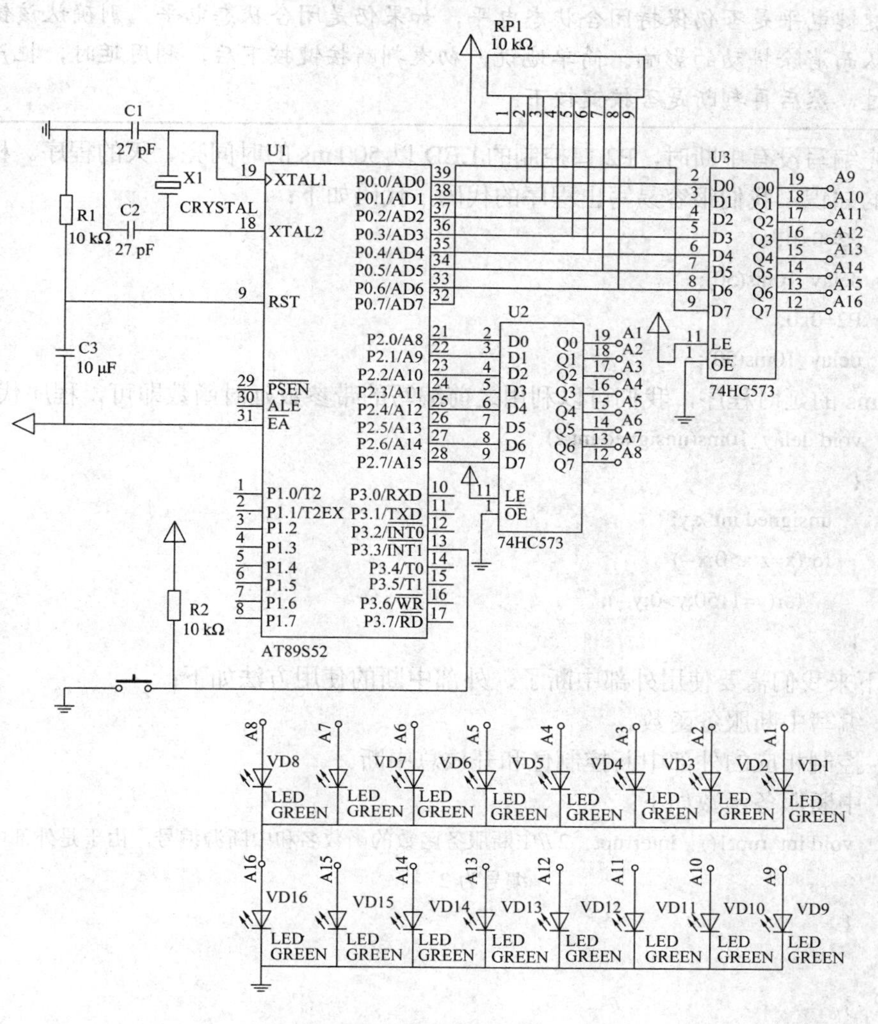

图 3.3　例 3.1 原理图

解析：

图中按键连接到了 P3.3 也就是外部中断 1 端，因此程序中需要使用中断函数，而从题目要求可知，中断需要完成的就是每当按下按键后，使 P0 口控制的 LED 的状态就变化一次，而没有中断请求时，程序就正常执行 P2 口控制的 LED 完成 500 ms 亮、500 ms 灭的程序。

【知识引入：按键的消抖】

按键在按下或释放的瞬间，由于机械弹性作用的影响，会产生一段时间的触点机械抖动，然后触点才能稳定下来，如果不加消抖，在程序中会误判断按键按下多次，所以在使用按键时，需要对按键进行消抖。抖动的时间约持续 10 ms。

按键的消抖可以采用硬件消抖，也可以采用软件消抖，大多数情况下，一般采用软件消抖的方法。

软件消抖采取的措施是在检测到有按键按下时，执行一个 10 ms 的延时程序，然后再确认按键键电平是否仍保持闭合状态电平，如果仍是闭合状态电平，则确认该键处于闭合状态，从而消除抖动的影响。简单地说，初次判断按键按下后，利用延时，把产生抖动的时间渡过，然后再判断是否按键按下。

首先编写没有中断时，P2 口控制的 LED 以 500 ms 的时间亮、灭的程序。根据前面我们讲授的知识，我们很容易写出程序的代码，代码如下：

```
P2=0xff;
delay_10ms(50);
P2=0x0;
delay_10ms(50);
```

10 ms 的延时程序，我们可以利用之前编写的带参数延时函数即可，程序代码如下：

```
void delay_10ms(unsigned int z)
{
    unsigned int x,y;
    for(x=z;x>0;x--)
        for(y=1150;y>0;y--);
}
```

接下来我们需要使用外部中断了，外部中断的使用方法如下：

(1) 编写中断服务函数。

(2) 控制相应的外部中断控制位和开放总中断。

(1) 中断服务函数如下：

```
void int_rupt1()   interrupt   2 //中断服务函数的函数名和中断源编号，由于是外部中断 1，所以
                                   编号为 2
{


}
```

在中断服务函数中，需要完成的功能是 P0 口控制的 LED，按键每按下一次，状态改

变一次，因此在函数中，需要判断按键是否按下。通过电路图我们可以得知，当按键按下后，P3.3 必然为低电平 0，所以判断按键是否按下可以使用以下语句：

```
sbit key=P3^3;
if(key==0)            //初次判断按键是否按下
delay_10ms(1);        //延时 10ms 去抖
if(key==0)            //再次判断按键是否按下，如果确认按下，既可以执行相应的语句
```

同样，判断按键是否释放也是同样的原理，语句如下：

```
while(!key);          //判断按键是否释放
delay_10ms(1);        //延时 10ms 消抖
while(!key);          //再次判断按键是否释放
```

语句“while(!key);”是判断按键是否释放，由于按下时，key 值为 0，因此释放时，key 值应为 1。当按键按下时，key=0，执行语句“while(!key);”时，!key=1，因此 while 语句成立，所以执行空语句，直到 key=1 时，说明按键释放，!key=0，while 语句不成立，执行 10 ms 延时去抖，然后再次判断按键是否释放。

(2) 控制相应的外部中断控制位。要使用外部中断 1，就需要打开外部中断 1 控制位。要使用中断，就需要对中断允许控制寄存器(IE)进行操作。前面介绍过，外部中断 1 的中断允许控制位为 EX1，当 EX1 = 1 且 EA = 1 时，开放外部中断 1 的中断，同时需要对中断源的出发方式进行设置，因此可以用以下语句：

```
EX1=1;       //开外部中断 1
IT1=1;       //下降沿触发
EA=1;        //开总中断
```

综上所述，程序代码如下：

```
#include<reg52.h>
sbit key=P3^3;
unsigned char x=0x0;                  //定义中间变量
/*10ms 延时程序*/
void delay_10ms(unsigned int z)
{
    unsigned int x,y;
    for(x=z;x>0;x--)
        for(y=1150;y>0;y--);
}
/*中断服务函数*/
void int_rupt1() interrupt 2
{
    if(key==0)
    {
       delay_10ms(1);
```

```
            if(key==0)
            {
                x=~x;                     //将 x 值取反
                P0=x;
                while(!key);
                delay_10ms(1);
                while(!key);
            }
        }
    }
void main()
{
        EX1=1;                            //开外部中断 1
        IT1=1;                            //下降沿触发
        EA=1;                             //开总中断
        P0=0;                             //将 P0 口置 0，使其控制的 LED 灭

    while(1)
    {
        P2=0xff;
        delay_10ms(50);
        P2=0x0;
        delay_10ms(50);
    }
}
```

3.2　STC89C51RC/RD+系列单片机的定时器

STC89C51RC/RD+系列单片机的定时器 0 和定时器 1，与传统 8051 的定时器完全兼容，当定时器 1 作为波特率发生器时，定时器 0 可以当两个 8 位定时器用。

单片机内部设有两个 16 位的可编程定时器/计数器，简称定时器 0(T0)和定时器 1(T1)。16 位的定时器/计数器实质上是一个加 1 计数器，可实现定时和计数两种功能，其功能由软件控制和切换。定时器/计数器属于硬件定时和计数，是单片机中效率高且工作灵活的部件。

(1) 定时功能。计数器的加 1 信号由振荡器的 12 分频信号产生，每过一个机器周期，计数器加 1，直至计数器溢出，即对机器周期数进行统计。因此，计数器每加 1 就代表 1 个机器周期。

定时器的定时时间与系统的时钟频率有关。一个机器周期等于 12 个时钟期，所以计数频率应为系统时钟频率的 1/12(机器周期)。如晶振频率是 12 MHz，则机器周期为 1 μs。通过改变定时器的定时初值，并适当选择定时器的长度，以调整定时时间的长短。

(2) 计数功能。计数是对单片机外部事件进行计数，为了与请求中断的外部事件区分开，称这种外部事件为外部计数事件。外部计数事件由脉冲引入，单片机的 P3.4 和 P3.5 为外部计数脉冲输入端。

3.2.1 定时器的相关寄存器

1. 模式寄存器(TMOD)

TMOD 是 Timer Mode 的缩写，(地址为 89H)作用是设置 T0、T1 的工作方式。低 4 位用于控制 T0，高 4 位用于控制 T1。各位功能如表 3-2 所示。TMOD 的格式如下：

D7	D6	D5	D4	D3	D2	D1	D0
GATE	$C/\overline{T}$	M1	M0	GATE	$C/\overline{T}$	M1	M0
T1				T0			

表 3-2　TMOD 各位功能表

位数	位标记	描　述
D7	GATE	T1 门控位： GATE=0: 软件启动定时器，用指令使 TCON 中的 TR1 置 1 即可启动定时器 1； GATE=1：软件和硬件共同启动定时器；用指令使 TCON 中的 TR1 置 1，只有外部中断 INT0 引脚输入高电平时，才能启动定时器 1
D6	C/T1	C/T1=0 时，以定时器方式工作； C/T1=1 时，以计数器方式工作
D5	M1	T1 模式选择位： M1　M0　模式 0　0　0：13 位定时器/计数器 1　1　1：16 位定时器/计数器 0　1　2：8 位自动装载定时器/计数器(TL1)溢出时从 TH1 重装 1　1　3：无中断计数器
D4	M0	
D3	GATE	T0 门控位： GATE=0: 软件启动定时器，用指令使 TCON 中的 TR0 置 1 即可启动定时器 0； GATE=1：软件和硬件共同启动定时器；用指令使 TCON 中的 TR1 置 1，只有外部中断 INT0 引脚输入高电平时，才能启动定时器 1
D2	C/T0	C/T0=0 时，以定时器方式工作； C/T0=1 时，以计数器方式工作
D1	M1	T0 模式选择位 M1　M0　模式 0　0　0：13 位定时器/计数器 1　1　1：16 位定时器/计数器 0　1　2：8 位自动装载定时器/计数器(TL0)溢出时从 TH0 重装 1　1　3：无中断计数器
D0	M0	

2. 模式控制寄存器(TCON)

TCON 是 Timer Control 的缩写，用于控制定时器(Timer)的启动和停止，并指示 Timer 是否溢出。TCON 各位功能如表 3-3 所示。TCON 在特殊功能寄存器的地址是 88H，格式如下：

D7	D6	D5	D4	D3	D2	D1	D0
TF1	TR1	TF0	TR2	IE1	IT1	IE0	IT0

表 3-3　TCON 各位功能表

位数	位标记	描　述
D7	TF1	定时器/计数器 T1 溢出标志。T1 被允许计数以后，从初值开始加 1 计数。当最高位产生溢出时由硬件置 1，向 CPU 请求中断，一直保持到 CPU 响应中断时，才由硬件清零(TF1 也可由程序查询清零)
D6	TR1	定时器 T1 的运行控制位。该位由软件置位和清零。当 GATE(TMOD.7)=0，TR1=1 时就允许 T1 开始计数，TR1=0 时禁止 T1 计数。当 GATE(TMOD.7)=1，TR1=1 且 INT1 输入高电平时，才允许 T1 计数
D5	TF0	定时器/计数器 T0 溢出中断标志。T0 被允许计数以后，从初值开始加 1 计数，当最高位产生溢出时，由硬件置 1，向 CPU 请求中断，一直保持 CPU 响应该中断时，才由硬件清零(TF0 也可由程序查询清零)
D4	TR0	定时器 T0 的运行控制位。该位由软件置位和清零。当 GATE(TMOD.3)=0，TR0=1 时就允许 T0 开始计数，TR0=0 时禁止 T0 计数。当 GATE(TMOD.3)=1，TR1=0 且 INT0 输入高电平时，才允许 T0 计数
D3	IE1	外部中断 1 请求源(INT1/P3.3)标志。IE1=1，外部中断向 CPU 请求中断，当 CPU 响应该中断时由硬件清零
D2	IT1	外部中断 1 触发方式控制位。IT1=0 时，外部中断 1 为低电平触发方式，当 INT1(P3.3) 输入低电平时，置位 IE1。采用低电平触发方式时，外部中断源(输入到 INT1)必须保持低电平有效，直到该中断被 CPU 响应，同时在该中断服务程序执行完之前，外部中断源必须被清除(P3.3 要变高)，否则将产生另一次中断。当 IT1=1 时，外部中断 1(INT1) 端口由“1”→“0”下降沿跳变，激活中断请求标志位 IE1，向主机请求中断处理
D1	IE0	外部中断 0 请求源(INT0/P3.2)标志。IE0=1 外部中断 0 向 CPU 请求中断，当 CPU 响应外部中断时，由硬件清零(边沿触发方式)
D0	IT1	外部中断 0 触发方式控制位。IT0=0 时，外部中断 0 为低电平触发方式，当 INT0(P3.2) 输入低电平时，置位 IE0。采用低电平触发方式时，外部中断源(输入到 INT0)必须保持低电平有效，直到该中断被 CPU 响应，同时在该中断服务程序执行完之前，外部中断源必须被清除(P3.2 要变高)，否则将产生另一次中断。当 IT0=1 时，则外部中断 0 (INT0) 端口由“1”→“0”下降沿跳变，激活中断请求标志位 IE1，向主机请求中断处理

注：单片机复位时，TCON=0x0。

3.2.2　定时器的相关工作方式

例：T0 在软件方式启动定时器，让 P1.1 口输出频率为 100 Hz 的方波信号(占空比为50%的矩形波)，如图 3.4 所示。

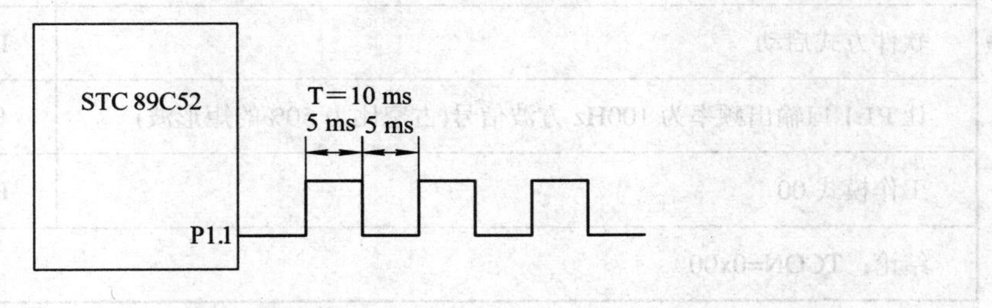

图 3.4　P1.1 口产生方波

1. 定时器/计数器 0 工作模式

1) 工作模式 0

工作模式 0 下 Timer 寄存器只有 13 位，如图 3.5 所示。计数值的高 8 位装入 TH1(TH0)中，TL1(TL0)的低 5 位装入剩下的五位计数值。TL0 低 5 位溢出向 TH0 进位，TH0 计数溢出置位 TCON 中的溢出标志位 TF0。GATE(TMOD.3) = 0 时，如 TR0 = 1，则定时器计数。GATE = 1 时，允许由外部输入 INT1 控制定时器 1，INT0 控制定时器 0，这样可实现脉宽测量。

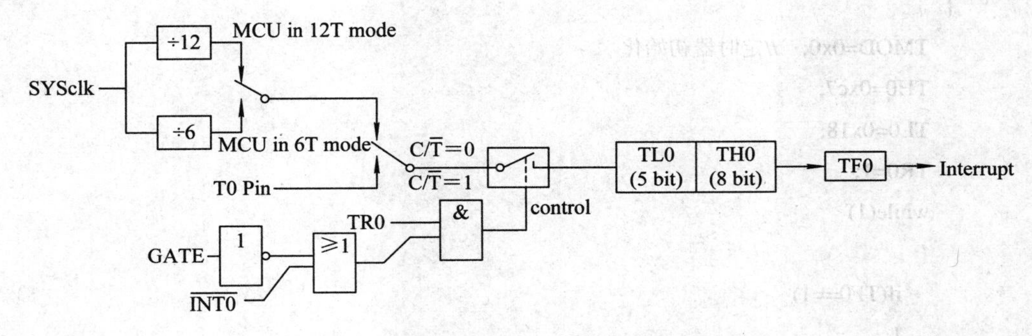

图 3.5　工作模式 0

当 $C/\overline{T}$ = 0 时，多路开关连接到系统时钟的分频输出，T0 对时钟周期计数，T0 工作在定时方式。

当 $C/\overline{T}$ = 1 时，多路开关连接到外部脉冲输入 P3.4/T0，即 T0 工作在计数方式。

计数初始值设计步骤如下：

(1) 将定时时长 t 除以 12/fsoc。

(2) 用 8192 减去上一步骤得到的数。

(3) 用科学计算器把上一步骤的得数转换成 13 位二进制数，高位如果是空的用 0 补上，依次填入 TH1(TH0)的 8 位和和 TL1(TL0)的低 5 位中。

TCON 寄存器的设置如表 3-4 所示。

表 3-4　工作模式 0 的 TCON 寄存器设置

任　　务	设　置
选用 T0	D4-7 设置为 0
软件方式启动	D3=0 (GATE=0)
让 P1.1 口输出频率为 100Hz 方波信号(占空比为 50%的矩形波)	作定时器用，D2=0
工作模式 00	D1D0=00 (M1 M0=00)
结论：TCON=0x00	

单片机的晶振为 12 MHz，定时器内的计数加“1”，耗时为 1 μs，现在要计时 5 ms，即定时器寄存器中的数应该增加5000。因此存入定时器计数器的数值应该是8192-5000(0 1100 0111 1000)。将 13 位中的高 8 位存入 TH0 中，即 TH0=0xC7，低五位存入 TL0，即 TL0=0x18。

程序部分如下：

```
#include < reg52.h>
sbit d1=P1^1;
void main(void)
{
  TMOD=0x0;   //定时器初始化
  TH0=0xc7;
  TL0=0x18;
  TR0=1;
  while(1)
  {
    if(TF0==1)
    {
      d1=~d1;
      TR0=0;
      TH0=0xc7;
      TL0=0x18;
    }
  }
}
```

2) 工作模式 1

工作模式 1 下的 Timer 是一个 16 位的定时器或计数器，Timer 寄存器 TLx 和 THx 共 16 位全部用来装计数值，如图 3.6 所示。

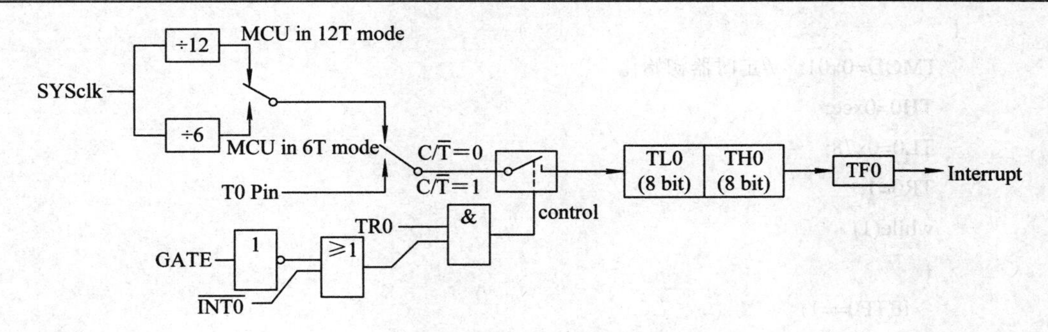

图 3.6 工作模式 1

此模式下，定时器配置为位定时器/计数器，由 TL0 的位和 TH0 的位所构成。TL0 的 8 位溢出向 TH0 进位，TH0 计数溢出置位 TCON 中的溢出标志位 TF0。

当 GATE = 0(TMOD.3)时，如 TR0 = 1，则定时器计数。GATE = 1 时，允许由外部输入 INT0 控制定时器 0，这样可实现脉宽测量。

当 $C/\overline{T} = 0$ 时，多路开关连接到系统时钟的分频输出，T0 对时钟周期计数，T0 工作在定时方式。

当 $C/\overline{T} = 1$ 时，多路开关连接到外部脉冲输入 P3.4/T0，即 T0 工作在计数方式。

计数初始值设计步骤如下：

(1) 将定时时长 t 除以 12/fsoc。

(2) 用 65536 减去上一步骤得到的数。

(3) 用科学计算器把上一步骤的得数转换成十六进制形式，分别将高 8 位和低 8 位装入 TH1(TH0)和 TL1(TL0)。

此时，TCON 寄存器的设置如表 3-5 所示。

表 3-5 工作模式 1 的 TCON 寄存器设置表

任 务	设 置
选用 T0	D4-7 设置为 0
软件方式启动	D3=0 (GATE=0)
让 P1.1 口输出频率为 100 Hz 方波信号(占空比为 50%的矩形波)	作定时器用，D2=0
工作模式 1	D1D0=01 (M1 M0=01)
结论：TCON=0x01	

单片机的晶振为 12 MHz，定时器内的计数加“1”，耗时为 1 μs，现在要计时 5 ms，即定时器寄存器中的数应该增加 5000。因此存入定时器计数器的数值应该是 65536-5000。将其存入 TH0 和 TL0 中，即将 65536-5000 转化为十六进制数(EC78)将高位存入 TH0 = EC，低位存入 TL0 = 78。

程序部分如下：

```
#include < reg52.h>
sbit d1=P1^0;
void main(void)
```

```
    {
     TMOD=0x01;   //定时器初始化
     TH0=0xce;
     TL0=0x78;
     TR0=1;
     while(1)
     {
       if(TF0==1)
       {
         d1=~d1;
         TR0=0;
         TH0=0xce;
         TL0=0x78;
       }
     }
    }
```

3) 工作模式 2

模式 2 下的 Timer 是一个具有自动重新载入功能的 8 位定时器或计数器，如图 3.7 所示，TL1(TL0)作为 Timer 寄存器。模式 2 下的 Timer 具有自动重新载入计数初始值的功能。在初始化 Timer 时，计数初始值同时装载到 Timer 寄存器 TH1(TH0)和 TL1(TL0)中，当完成一次计数后 Timer 溢出之时，TL1(TL0)会自动从 TH1(TH0)中复制原来保存的计数初始值，不需要再次向 Timer 寄存器 TL1(TL0)中装入计数初始值。只需要把标志位 TF1(TF0)清零，Timer 就可以再次启动重复计数过程了。

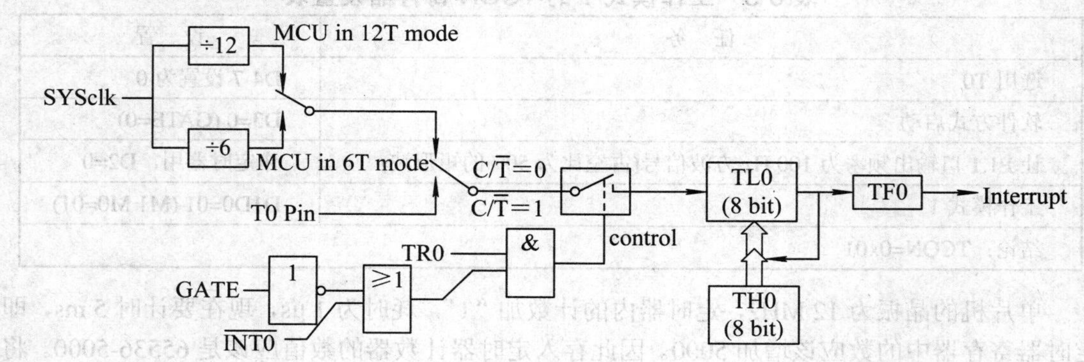

图 3.7　工作模式 2

计数初始值设计步骤如下：

(1) 将定时时长 t 除以 12/fsoc。

(2) 用 256 减去上一步骤得到的数。

(3) 用科学计算器把上一步骤的得数存入 TH1(TH0)和 TL1(TL0)中。

此时 TCON 寄存器的设置如表 3-6 所示。

表 3-6　工作模式 2 的 TCON 寄存器设置表

任　务	设　置
选用 T0	D4-7 设置为 0
软件方式启动	D3=0 (GATE=0)
让 P1.0 口输出频率为 100Hz 方波信号(占空比为 50%的矩形波)	作定时器用，D2=0
工作模式 00	D1D0=10 (M1 M0=00)
结论：TCON=0x02	

单片机的晶振为 12 MHz，定时器内的计数加“1”，耗时为 1 μs，现在要计时 5 ms，即定时器寄存器中的数应该增加 5000。定时器工作在工作方式 2 时，最大的计时时间为 256 μs。将定时器的计时值设置成 250 μs，定时器计满 20 次才能计满 5 ms。即将 QxFA 存入 TH0=0xFA，TL0=0xFA。

程序部分如下：

```
#include < reg52.h>
sbit d1=P1^1;
unsigned char temp;
void main(void)
{
  TMOD=0x02;                          //定时器初始化
  TH0=0xfa;
  TL0=0xfa;
  TR0=1;
  while(1)
  {
    if(TF0==1)
    {
        TF0=0
        temp++;
        If (temp==20)
        {
            temp=0;
            d1=~d1;
           TR0=0;
        }
    }
  }
}
```

4) 工作模式 3

模式 3 下 Timer 0 寄存器将 TL0 和 TH0 变成两个独立的 8 位 Timer 寄存器，如图 3.8 所示。Timer 0 变成了两个独立的 8 位 Timer，但不具备自动重新装载计数初始值的特性。以 TL0 为 Timer 寄存器的 Timer 使用 TMOD 寄存器和 TCON 寄存器中原来与 Timer 0 有关的控制位和标志位，设置的方法与前面相同。而以 TH0 为 Timer 寄存器的 Timer 使用原来 Timer 1 的溢出标志位 TF1 和启动/关闭控制位 TR1，但不能用作计数器使用。对定时器 1，在模式 3 时，定时器 1 停止计数，效果与将 TR1 设置为 0 相同。

两个独立的 8 位 Timer 与模式 2 下的 8 位 Timer 功能相似，但少了自动重装计数初值的功能，其设置方法参见 Timer 的工作模式 2。

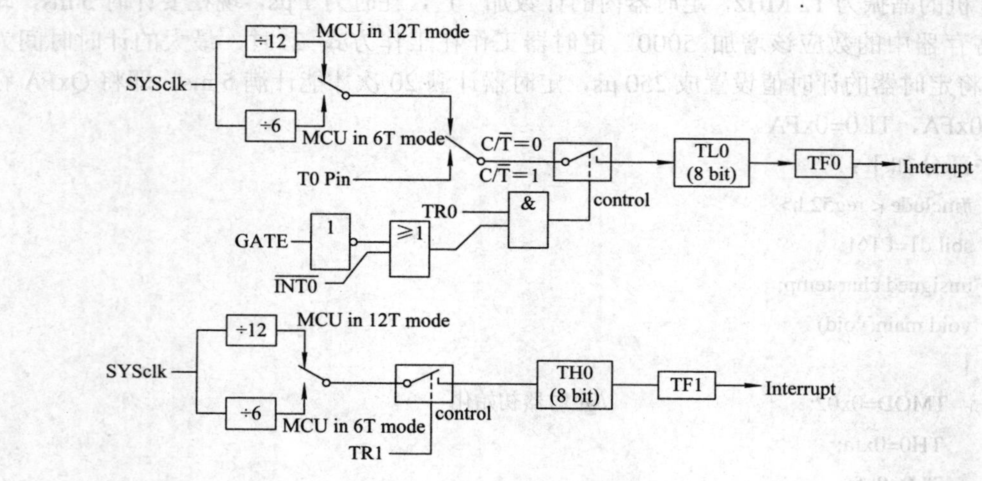

图 3.8　工作模式 3

模式 3 是为了增加一个附加的 8 位定时器计数器而提供的，使单片机具有三个定时器/计数器。模式 3 只适用于定时器/计数器 0，定时器 T1 处于模式 3 时相当于 TR1=0，停止计数，而 T0 可作为两个定时器用。

2. 定时器/计数器 1 工作模式

1) 模式 0(13 位定时器/计数器)

模式 0 下定时器计数器 1 作为 13 位定时器/计数器，有 TL1 的低 5 位和 TH1 的 8 位所构成，如图 3.9 所示。模式 0 的操作对于定时器 1 和定时器 0 是相同的。

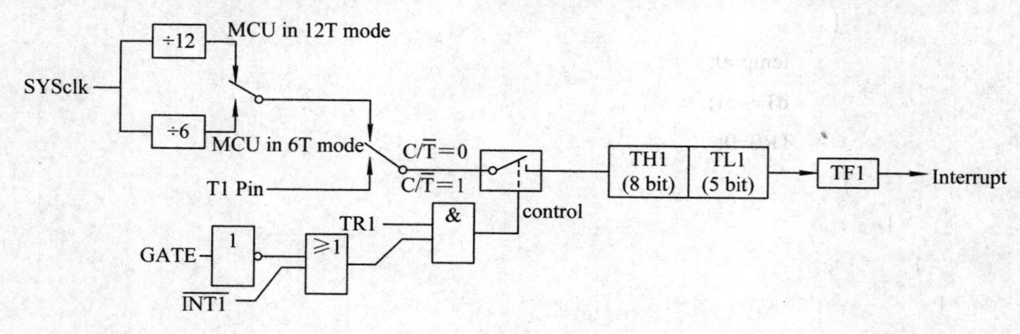

图 3.9　工作模式 0

当 $C/\overline{T}=0$ 时，多路开关连接到系统时钟的分频输出，T1 对时钟周期计数，T1 工作在定时方式。

当 $C/\overline{T}=1$ 时，多路开关连接到外部脉冲输入 P3.5/T1，即 T1 工作在计数方式。

2) 模式 1(16 位定时器/计数器)

模式 1 下定时器计数器作为位定时器/计数器，如图 3.10 所示。

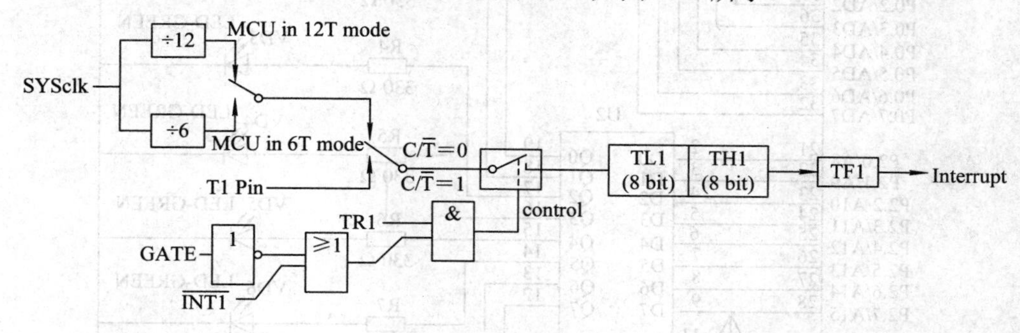

图 3.10　工作模式 1

此模式下，定时器 1 配置为位定时器/计数器，由 TL1 的 8 位和 TH1 的 8 位所构成。TL1 的 8 位溢出向 TH1 进位， TH1 计数溢出置位 TCON 中的溢出标志位 TF1。

当 $C/\overline{T}=0$ 时，多路开关连接到系统时钟的分频输出，T1 对时钟周期计数，T1 工作在定时方式。

当 $C/\overline{T}=1$ 时，多路开关连接到外部脉冲输入 P3.5/T1，即 T1 工作在计数方式。

3) 模式 2(8 位自动重装模式)

模式 2 下定时器计数器 1 作为可自动重装载的位计数器，如图 3.11 所示。

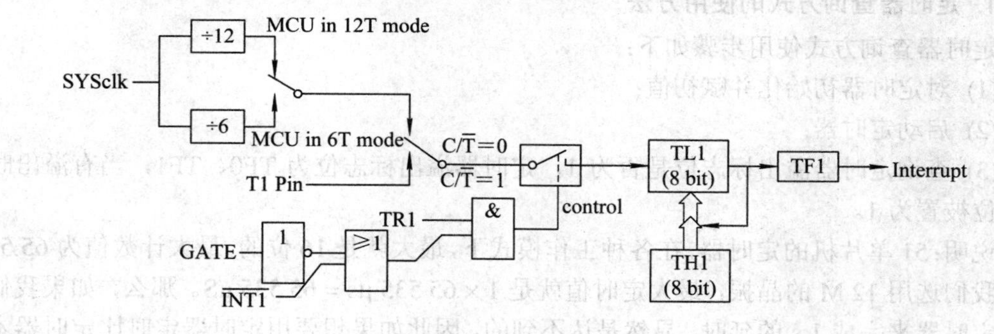

图 3.11 工作模式 2

TL1 的溢出不仅置位 TF1，而且将 TH1 内容重新装入 TL1，TH1 内容由软件预置，重装时 TH1 内容不变。

3.2.3　定时器应用举例

例：用定时器 0，工作方式 1，以查询方式完成 8 位 LED 循环点亮的程序，时间间隔为 1 s，电路图可以使用项目二中的电路，如图 3.12 所示。

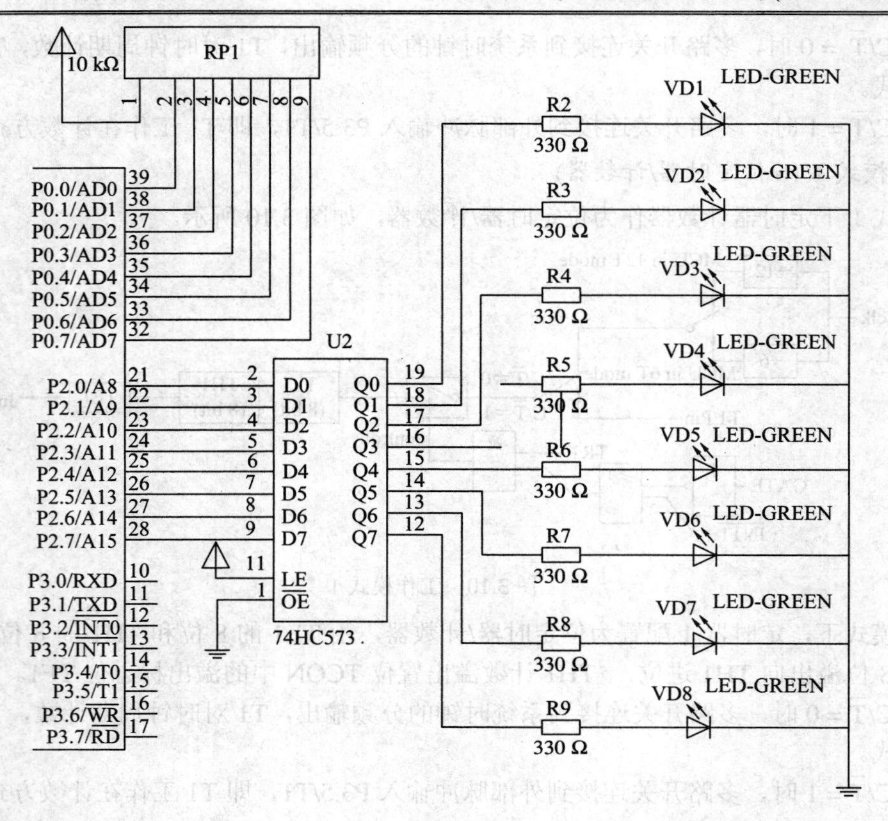

图 3.12　8 位 LED 原理图

1. 定时器查询方式的使用方法

定时器查询方式使用步骤如下：

(1) 对定时器初始化并赋初值；

(2) 启动定时器；

(3) 查询定时器溢出标志位是否为 1，定时器溢出标志位为 TF0、TF1，当有溢出时，标志位被置为 1。

说明：51 单片机的定时器，在各种工作模式下，最大就是 16 位的，最大计数值为 65 535，如果我们选用 12 M 的晶振，最大定时值就是 1 × 65 535 μs = 65 535 μS。那么，如果我们直接用定时器来完成 1 s 的延时，显然是达不到的，因此如果想要用定时器定时比定时器本身时间长的定时，则需要让定时器反复执行多次，来达到目标延时的时间。例如：我们想要延时 1 s，那么我们可以让定时器每次定时 10 ms，那么只需 100 次，就可以达到延时 1 s 的要求。

程序代码如下：

```
#include<reg52.h>
void main()
{
    unsigned char count,temp=0x01;
```

```
    TMOD=0x01;                            //设置定时器 0 为工作方式 1
    TH0=(65535-10000)/256;                //高 8 位赋值
    TL0=(65535-10000)%256;                //低 8 位赋值
    TR0=1;                                //启动定时器 0
    while(1)
    {
      if(temp==0)                         //当初始值移位等于 0 时，重新赋值
      {
        temp=0x01;
      }
      P2=temp;
      temp=temp<<1;
      for(count=0;count<100;count++)//执行 100 次 10ms 定时，即 1s
      {
        while(TF0==0);     //查询标志位是否为 1，如为 1，表示定时时间到，为 0 则继续等待
        TF0=0;                            //手动将溢出标志位清零
        TH0=(65535-10000)/256;            //再次向高 8 位赋值，准备下一次定时
        TL0=(65535-10000)%256;            //再次向高 8 位赋值，准备下一次定时
      }
    }
  }
```

2. 定时器中断方式的使用方法

定时器中断方式使用方法如下：

(1) 对定时器初始化并赋初值；

(2) 启动定时器；

(3) 编写中断服务函数，在中断服务函数中，完成相应的功能(在本题目中，则是完成8 位 LED 循环点亮功能)；

(4) 定时原理与查询方式相同，都需要让定时反复执行多次来达到定时的要求。

具体步骤如下：

(1) 选择定时器和工作模式；

(2) 定时器初始化；

(3) 打开定时器中断源；

(4) 打开总中断；

(5) 启动定时器；

(6) 编写中断服务函数。

程序代码如下：

```
#include<reg52.h>
unsigned char count=0,temp=0x01;
```

```
void timer_0() interrupt 1          //中断服务函数
{
    TH0=(65535-10000)/256;          //重新赋值
    TL0=(65535-10000)%256;          //重新赋值
    count++;
    if(count==100)                  //定时时间达到 1s 执行 LED 移位功能
    {
      count=0;
      P2=temp;
      temp=temp<<1;
      if(temp==0)
      {
         temp=0x01;
      }
    }
}
void main()
{
   TMOD=0x01;                       //定时器 0，工作方式 1
   TH0=(65535-10000)/256;           //赋初值
   TL0=(65535-10000)%256;           //赋初值
   ET0=1;                           //开定时器 0 中断
   EA=1;                            //开总中断
   TR0=1;                           //启动定时器
   P2=0;
   while(1);
}
```

3.3 数码管的静、动态显示设计

3.3.1 数码管概述

1. 数码管的概述

数码管是一种半导体发光器件，其基本单元是发光二极管。

数码管按段数分为七段数码管(七段分别叫做 a 段、b 段、c 段、d 段、e 段、f 段、g 段)和八段数码管(八段分别叫做 a 段、b 段、c 段、d 段、e 段、f 段、g 段、dp 段(小数点))，如图 3.13 所示。八段数码管比七段数码管多一个发光二极管单元(多一个小数点显示)。数码管按显示数字的位数可分为 1 位、2 位、3 位、4 位数码管，如图 3.14 所示的为一个 1 位和 4 位数码管。

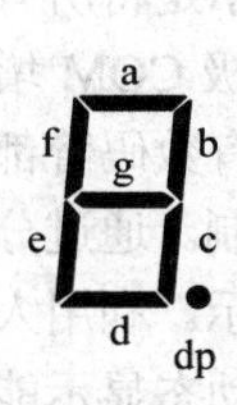

图 3.13　八段数码管

图 3.14　1 位和 4 位数码管

2. 数码管的连接方式

数码管的连接方式分为共阳极接法和共阴极接法。

共阳数码管是指将数码管中所有发光二极管的阳极接到一起形成公共阳极(COM)的数码管。在应用时应将公共极 COM 接到+5 V，当某一字段发光二极管的阴极为低电平时，相应字段就点亮，当某一字段的阴极为高电平时，相应字段就不亮，如图 3.15 所示。

共阴数码管是指将数码管中所有发光二极管的阴极接到一起形成公共阴极(COM)的数码管。在应用时应将公共极 COM 接到地线 GND 上，当某一字段发光二极管的阳极为高电平时，相应字段就点亮，当某一字段的阳极为低电平时，相应字段就不亮，如图 3.16 所示。

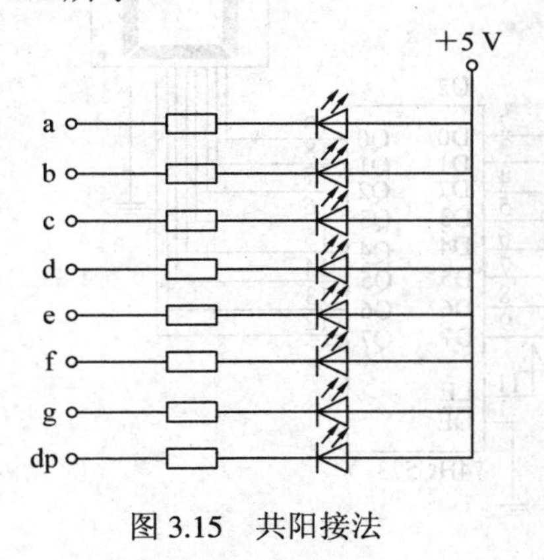

图 3.15　共阳接法

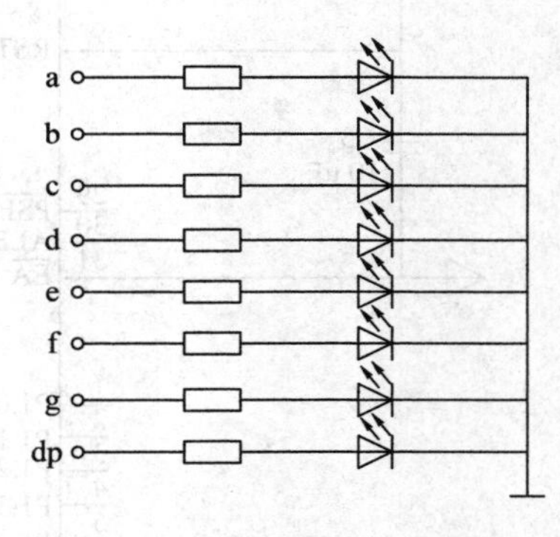

图 3.16　共阴接法

3.3.2　数码管的显示方式

数码管要正常显示，就要用驱动电路来驱动数码管的各个段码。因此，根据数码管驱动方式的不同，数码管分为静态显示和动态显示两种。

1. 静态显示

静态显示的驱动也称直流驱动，是指每个数码管的每一个段码都由一个单片机的 I/O 端口进行驱动，或者使用专用译码器译码进行驱动，当送入一次段码后，显示可一直保持，直到送入新段码为止。静态显示的优点是编程简单，显示亮度高，占用 CPU 时间少，方便控制；缺点是占用 I/O 端口多，如驱动 4 个数码管静态显示则需要 $4 \times 8 = 40$ 根 I/O 端口来驱动，而一个 STC89C52 单片机可用的 I/O 端口只有 32 个，硬件电路复杂，成本较高。

2. 动态显示

数码管动态显示是单片机中应用最为广泛的一种显示方式之一。动态显示是将所有数码管的 8 个段 a、b、c、d、e、f、g、dp 并联在一起，另外为每个数码管的公共极 COM 增加位选通控制电路，位选通由各自独立的 I/O 线控制，当单片机输出字段码时，所有数码管都接收到相同的段码，哪一位数码管发光，取决于单片机对位选通 COM 端电路的控制。通过分时轮流控制各个数码管的 COM 端，就使各个数码管轮流受控显示，这就是动态显示。利用人的视觉暂留现象及发光二极管的余辉效应，使人感觉像是所有数码管同时在显示。动态显示能够节省大量的 I/O 端口，并且功耗更低，但在编程量上比静态显示的要大。

3.3.3　数码管显示程序的设计

【例 3.2】 在图 3.17 所示电路中，使数码管的每个段依次点亮，时间间隔 500 ms，用静态显示。

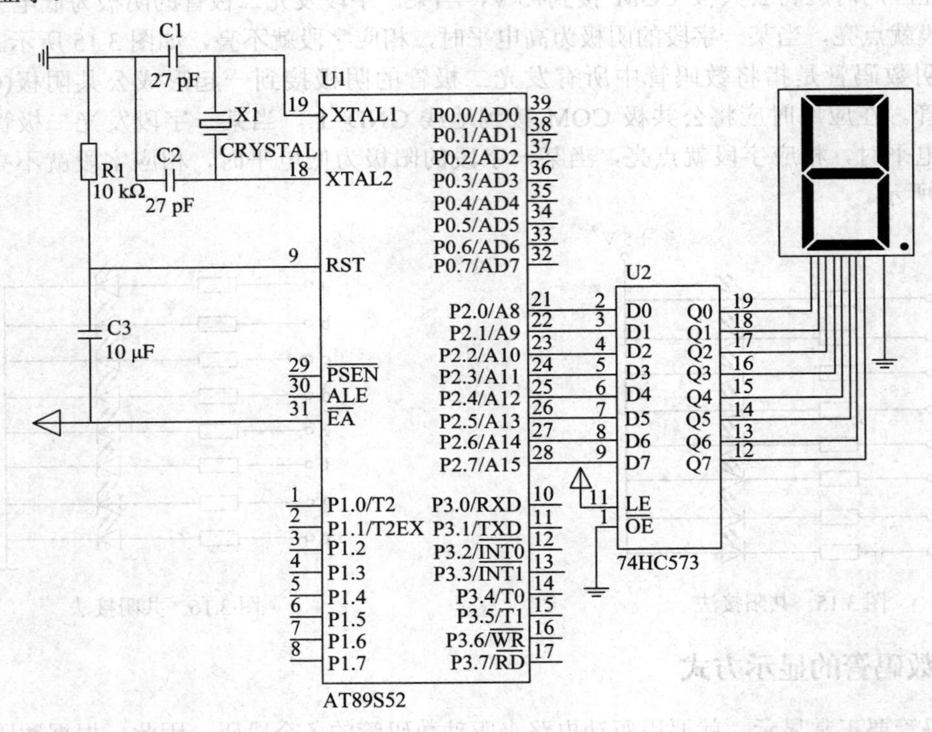

图 3.17　数码管静态显示

解析：

(1) 硬件电路。从图中可知，使用了 74HC573 芯片，并且芯片处于直通状态(输出数据等于输入数据)，AT89S52 的 P2.0～P2.7 分别控制数码管的 a 段～f 段。因此根据题目要求，只要控制与数码管各段相连的 P2.0～P2.7 就可以达到题目要求。

(2) 程序流程。要想达到题目要求，只需要使 P2.0～P2.7 循环输出 1，再加入 500 ms 延时即可。为了使程序简洁，我们可以使用左移和循环语句来编写程序。

程序代码如下：

```
#include <reg52.h>
void delay_10ms(unsigned int z)
{   unsigned int x,y;
    for(x=z;x>0;x--)
        for(y=1150;y>0;y--);
}

void main()
{   unsigned int temp,k;
    while(1)
    {
     temp=0x01;
     for(k=0;k<8;k++)
     {
        P2=temp;
        delay_10ms(50);
        temp=temp<<1;
        delay_10ms(50);
     }
    }
```

【知识引入：C 语言数组】

数组实际上就是一组同类型的数，有一维数组、二维数组和字符数组。

1. 一维数组

1) 一维数组的定义

一维数组定义形式如下：

　　类型说明符　　数组名[常量表达式]；

在 C 语言中数组必须要先定义，后使用。

类型说明符——说明该数组中每个元素的数据类型。

数组名——数组的名称，命名规则与变量名命名相同。

常量表达式——表示该数组具有的元素个数，也称为数组的长度。

如：

```
int   a[3]; //定义整型数组 a，有 3 个元素，下标从 0 到 2，即 a[0]、a[1]、a[2]
```

2) 一维数组的引用

C 语言中不能对整个数组进行整体操作，只能对数组元素逐个进行处理。一维数组引用形式如下：

　　数组名[下标]

说明：

(1) 数组引用中的下标为整型常量或整型表达式或整型变量，它表示了元素在数组中的顺序号即位置。

(2) C 编译系统对数组下标不进行越界检查。

(3) 如果下标是实数，C 编译器自动将它转换为整形数据。

3) 一维数组初始化

数组初始化，表示在定义数组时对数组元素赋予初值。例如：

```
int a[5]={2, 4, 6, 8, 10}
```

大括号中的数据依次赋给对应的元素的初始值，中间用逗号隔开，具体说明如下：

(1) 大括号中赋初值的数据必须是常量或常量表达式，且类型应与数组定义类型一致，如不一致，则强制转换。

(2) 初始化时，允许只对部分元素赋值，这时，数组前面部分相当个数的元素赋予给定的初值，其余元素初始化为 0。例如“int a[8]={1,2,3,4}”，则数组元素 a[0]～a[3]的值为 1～4，其余的数组元素的值均为 0。

(3) 当给出全部数组元素的初始化值时，定义数组可不指定数组长度，例如

```
int a[ ]={2, 4, 6, 8, 10, 12, 14, 16, 18, 20};
```

(4) 未指定初始化的数组和普通变量一样，各元素的值是随机的未知值。

(5) 赋予给定的初值，其余元素初始化为 0。

2. 二维数组

1) 二维数组的定义

二维数组定义形式如下：

类型说明符　数组名[常量表达式 1] [常量表达式 2];

例如：

```
int x[3][4];
```

定义数组 x 为 3×4(三行四列)的数组，数组元素都是整型量，具体如下：

```
x[0][0]    x[0][1]    x[0][2]    x[0][3]
x[1][0]    x[1][1]    x[1][2]    x[1][3]
x[2][0]    x[2][1]    x[2][2]    x[2][3]
```

在内存中按行存放。

2) 二维数组的引用

二维数组引用形式如下：数组名[下标 1][下标 2]

例如：

```
x[1][2]   //x 数组第 2 行第 3 列元素
x[0][3]   //x 数组第 1 行第 4 列元素
```

3) 二维数组元素的初始化

(1) 按行给二维数组赋初值，例如

```
int    x[2][3]={{ 8, 9, 1 }, {2, 0, 3 }};
```

第一个大括号是给第一行元素赋值，第二个大括号是给第二行元素赋值。

(2) 按行连续赋初值，例如

```
int    x[2][3]={ 8, 9, 1,2, 0, 3 };
```

按行依次给数组元素赋值。

【例 3.3】 在 3.2 电路图的基础上，试编写数码管以 200 ms 的速度 0～9 循环显示的程序。采用静态显示。

解析：

例 3.3 与例 3.2 原理图相同，唯一的区别是在显示时，例 3.2 中是显示每个段，而在本题目中，则是显示数字 0～9，因此在控制时不仅仅只有 1 个段亮，而是需要几个段同时亮来组成数字 0～9。如表 3-7 所示。

表 3-7　0～9 段码表

显示数字	段码
0	0x3f
1	0x06
2	0x5b
3	0x4f
4	0x66
5	0x6d
6	0x7d
7	0x07
8	0x7f
9	0x6f

我们只需要使 P2 口输出以上 0～9 的段码并延时，就可以达到要求。需要指出的是，共阳数码管和共阴数码管的段码是不同的，在编写程序时要注意。

程序代码如下：

```
#include <reg52.h>
unsigned char code table[]={0x3f,0x06,0x5b,0x4f,0x66,0x6d,0x7d,0x07,0x7f,0x6f};
void delay_10ms(unsigned int z)
{
    unsigned int x,y;
    for(x=z;x>0;x--)
        for(y=1150;y>0;y--);
}

void main(void)
{
    unsigned char i=0;
```

```
    while(1)        //死循环
    {
        P2=table[i];          //将数组的值赋给 P2
        delay_10ms(20);
        i++;                  //下标值加 1
        if(i==10)             //当 i=10 时，数组下标已经超出了范围，让数组下标重新归 0
        {
            i=0;
        }
    }
}
```

【例 3.4】 按键与数码管。设计一个用按键控制数码管显示电路。初始时数码管显示 0，每按一次按键，数码管显示的数值加 1，加到 9 后再按按钮时，数码管返回 0。

解析：

(1) 硬件电路。从题目要求来看，除去按钮之外，数码管显示的数字为 0～9，因此硬件电路可以借鉴例 3.3 的电路，但是题目中需要有按钮所以需要在例 3.3 的电路的基础上加入按钮。硬件电路如图 3.18 所示。

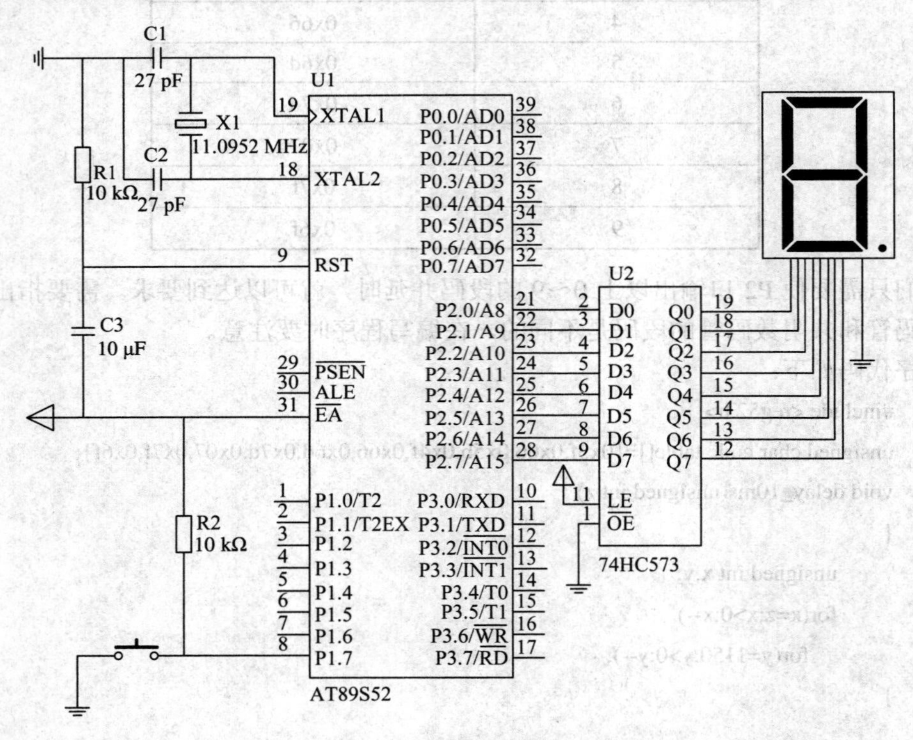

图 3.18　按键控制数码管电路

(2) 程序分析。程序中显示 0～9 的代码与例 3.3 相似，在本题目中显示 0～9 的数字时，需要判断按键是否按下，如果按键已经确定按下，则显示的数字加 1。所以，程序代码只需加入判断按键是否按下，再结合例 3.3 中的代码，就可以达到要求。

程序代码如下：

```
#include <reg52.h>
sbit key=P1^7;                    //定义按键
unsigned char code table[]={0x3f,0x06,0x5b,0x4f,0x66,0x6d,0x7d,0x07,0x7f,0x6f};
                                  //以数组的形式定义 0～9 段码值，方便使用
void delay_10ms(unsigned int z)
{
    unsigned int x,y;
    for(x=z;x>0;x--)
        for(y=1150;y>0;y--);
}

void main(void)
{
  unsigned char i=0;              //定义一个变量 i，方便引用数组元素
  P2=table[0];                    //使数码管的初始值显示 0
  while(1)
    {
      if(key==0)                  //判断按键是否按下
        {
          delay_10ms(1);          //延时消抖
          if(key==0)              //再次判断是否按下
            {
              i++;                //i 的值加 1
              if(i==10)           //当 i=10 时，将 i 置为 0
              {
                i=0;
              }
              P2=table[i];        //将数组中的元素赋值给 P2，数组下标由变量 i 控制
              while(!key);        //按键释放判断
              delay_10ms(1);
              while(!key);
            }
        }
    }
}
```

【例 3.5】　在图 3.19 所示的电路中，编写数码管动态扫描程序，在数码管上显示 1～6。

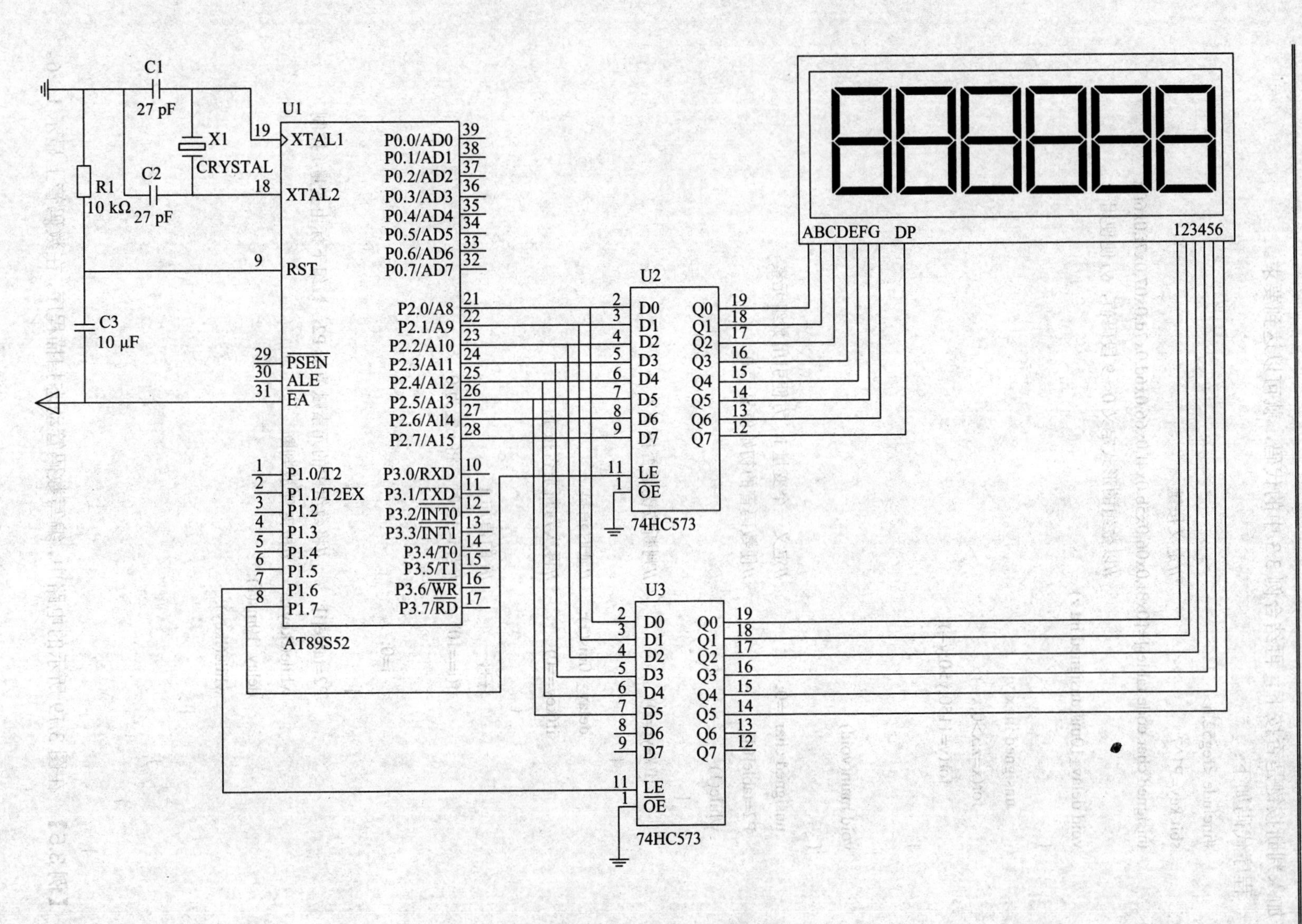

图 3.19 数码管动态显示原理图

解析：

(1) 原理图分析。图中采用 2 片 74HC573 作为驱动，2 片 573 输入端连接单片机 P2 口，输出端一个连接段选端，一个连接位选端。2 片 74HC573 的 11 脚分别连接 P1.6 和 P1.7，可以通过对 P1.6 和 P1.7 的控制，来控制 74HC573，以节约 I/O 口的使用。当然电路还可以只用一片 74HC573，连接到段选端，位选端连接到其他 I/O 口上，但是这样连接比上图中要多使用 4 个 I/O 引脚。

同时 P2 口在输出时，如果不控制 2 片 74HC573 的话，那么 P2 口的数据就会同时加到数码管的位选端和段选端，会在显示时造成混乱，所以在给数码管送段码时，相应控制位选的 74HC573 就要处于锁存状态，相反在送位选码时，相应控制段选的 74HC573 就要处于锁存状态。

动态显示的过程如下：

首先给数码管送段选码，多位数码管进行动态显示时，所有的段都并联在一起，我们如果想让某一位显示，只需控制相应的位选，字符就会显示在制定的数码管上，而其他的没有选中的数码管都处于熄灭的状态，持续 1～2 ms 时间，关闭所有显示，然后再送给数码管新的段选码，重复上述过程，直到每一位数码管都扫描完，这个过程就是动态扫描。虽然数码管是循环点亮的，但是每个数码管的点亮时间都很短，人眼感觉不出变化，给人一种稳定的显示效果。

(2) 程序分析。根据动态显示的过程再结合题目分析可知，题目要求数码管按照从左到右依次显示数字 1～6，在编写程序时，我们先给数码管送数字“1”段选码，然后控制数码管最左边位选，延时 1～2 ms 后，关闭所有显示，这样就完成了数字“1”的显示；再给数码管送数字“2”段选码，然后控制数码第二位的位选，延时 1～2 ms 后，关闭所有显示，就完成了数字“2”的显示，这样的过程一共执行 6 次，就可以完成在数码管上动态显示数字 1～6。

因此可以得知，程序一共执行 6 次，只是每次所送的段码和位码不同而已，程序的框架是一样的。根据动态显示原理，结合原理图，就可以写出程序的框架如下：

```
P2=段选码;          //由于使用的是 P2 口，所以先让 P2 口送段选码给数码管
P1.7=1;             //由于使用 74HC573 作为段选控制，所以需要对其锁存端进行控制，
                    //打开段选控制的锁存端，使 573 处于直通状态(输出与输入相同)，
                    //将数据送到数码管段选端
P1.7=0;             //关闭段选锁存端 P1.7，将数据锁存(使数码管的段选端保持所送的
                    //段选码)
P1.6=1;             //由于使用 74HC573 作为位选控制，所以需要对其锁存端进行控制，
                    //打开位选控制的锁存端，使 573 处于直通状态(输出与输入相同)，
                    //将数据送到数码管位选端(控制哪一个数码管显示)
P2=位选码;          //P2 口送位选码
延时;               //延时(1～2) ms
```

```
P2=0xff;                //共阴数码管，关闭所有显示
P1.6=0;                 //关闭位选锁存端 P1.6
```

程序代码如下：

```
#include <reg52.h>
sbit wk=P1^6;              //定义锁存器位选端
sbit dk=P1^7;              //定义锁存器段选端
/*将段选码写成数组的形式*/
unsigned char code tab[]={0x3F,0x06,0x5B,0x4F,0x66,0x6D,0x7D,0x07,0x7F,0x6F};
/*将位选码写成数组的形式*/
unsigned char code col[]={0xfe,0xfd,0xfb,0xf7,0xef,0xdf};
/*1～2ms 延时*/
void delay()
{
  unsigned char i;
  for(i=0;i<255;i++);
}
/*主函数*/
void main()
{
  unsigned char k;
  while(1)
  {
     for(k=1;k<7;k++)      //控制循环次数，一共 6 次
     {
       P2=tab[k];          //给 P2 口送段选码
       dk=1;               //打开段选控制的锁存端，将数据送到数码管段选端
       dk=0;               //关闭段选锁存端 P1.7，将数据锁存

       wk=1;               //打开位选控制的锁存端，将数据送到数码管位选端
       P2=col[k-1];        //送位选码
       delay();            //延时(1～2) ms
       P2=0xff;            //关闭所有显示
       wk=0;               //关闭位选锁存端 P1.6
     }
  }
}
```

显示结果如图 3.20 所示。

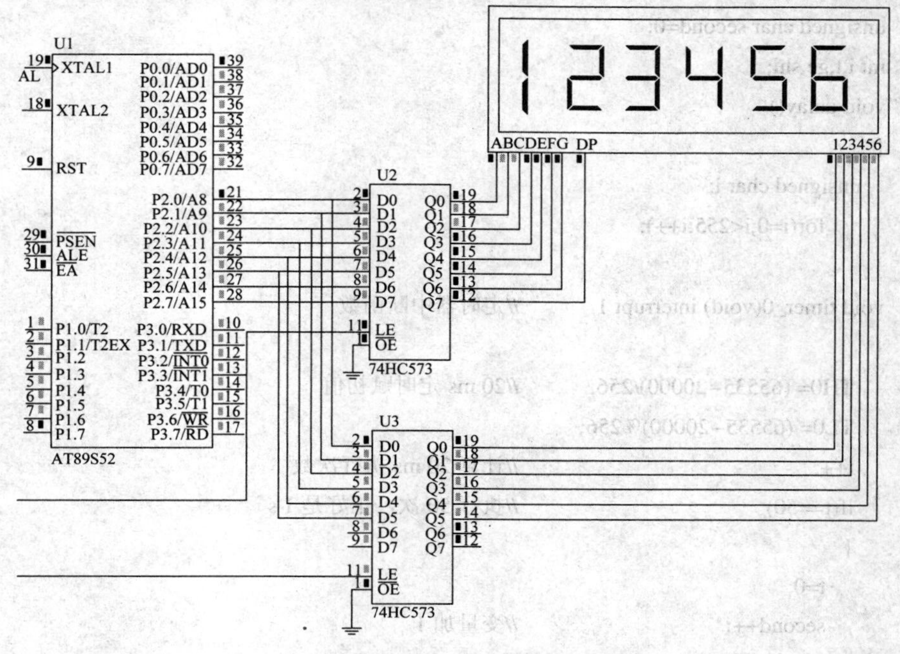

图 3.20　例 3.5 显示结果

【例 3.6】 在例 3.5 电路图的基础上，完成从 0 到 99 显示，时间间隔 1 s，采用定时器中断方式编写程序。

解析：

题目中要求数码管从 0 到 99 显示，时间间隔 1 s，也就是每 1 秒数字增加 1。采用定时器中断的方式就可以准确地产生 1 s 延时，但是如何能让数字不断的累加呢？定时器本身只能起到定时的作用，所以并不能起到累加的作用，因此我们需要引用一个变量，通过变量的数值的累加来表示定时的时间，即每当定时器定时的时间到 1 s 后，变量就加 1，并将变量的值显示在数码管上，就可以满足题目要求。由于是 0～99 显示，所以显示的时候我们需要分成个位显示和十位显示，引入的变量是代表时间的，也就是说变量是多少，时间就是多少秒，我们只需对变量进行计算，分解成个位和十位然后利用动态显示，就可以完成题目要求。

个位与十位的计算方法：如变量为 32，我们要想在数码管上显示，就需要把个位上的“2”和十位上的“3”分解出来，具体方法是利用“%取余”、“/除”来实现，即

个位=实际数值%10　　32%10=2

十位=实际数值/10　　32/10=3

分解出来的数值，在进行动态显示时就可以完成要求了。

程序代码如下：

```
#include <reg52.h>
sbit wk=P1^6;            //位选使能端
sbit dk=P1^7;            //段选使能端
unsigned char code tab[]={0x3F,0x06,0x5B,0x4F,0x66,0x6D,0x7D,0x07,0x7F,0x6F};
unsigned char code col[]={0xfe,0xfd,0xfb,0xf7,0xef,0xdf};
```

```
unsigned char second=0;
int i,t,ge,shi;
void delay()
{
  unsigned char i;
     for(i=0;i<255;i++);
}
void timer_0(void) interrupt 1            //定时器中断函数
{
   TH0= (65535-20000)/256;                //20 ms 定时赋初值
   TL0= (65535-20000)%256;
   t++;                                   //计算 20 ms 执行次数
   if(t==50)                              //执行 50 次，正好是 1 s
   {
      t=0;
      second++;                           //变量加 1
      if(second>=100)
      second=0;
   }
}
void main()
{
   TMOD =0x01;                         //T0 方式 1
   TH0 = (65535-20000)/256;            //定时器 T0 的高四位
   TL0 = (65535-20000)%256;            //定时器 T0 的低四位
   ET0 = 1;                            //开定时器 T0 中断
   EA = 1;                             //开总中断
   TR0 = 1;                            //启动定时器
   while(1)
   {
      ge = second%10;                  //时间取个位
      shi = second/10;                 //时间取十位

      P2=tab[ge];                      //个位显示
      dk=1;
      dk=0;
      P2=0xdf;
      wk=1;
```

```
        delay();
        P2=0xff;
        wk=0;

        P2=tab[shi];//十位显示
        dk=1;
        dk=0;
        P2=0xef;
        wk=1;
        delay();
        P2=0xff;
        wk=0;
      }
    }
```

显示结果如图 3.21 所示。

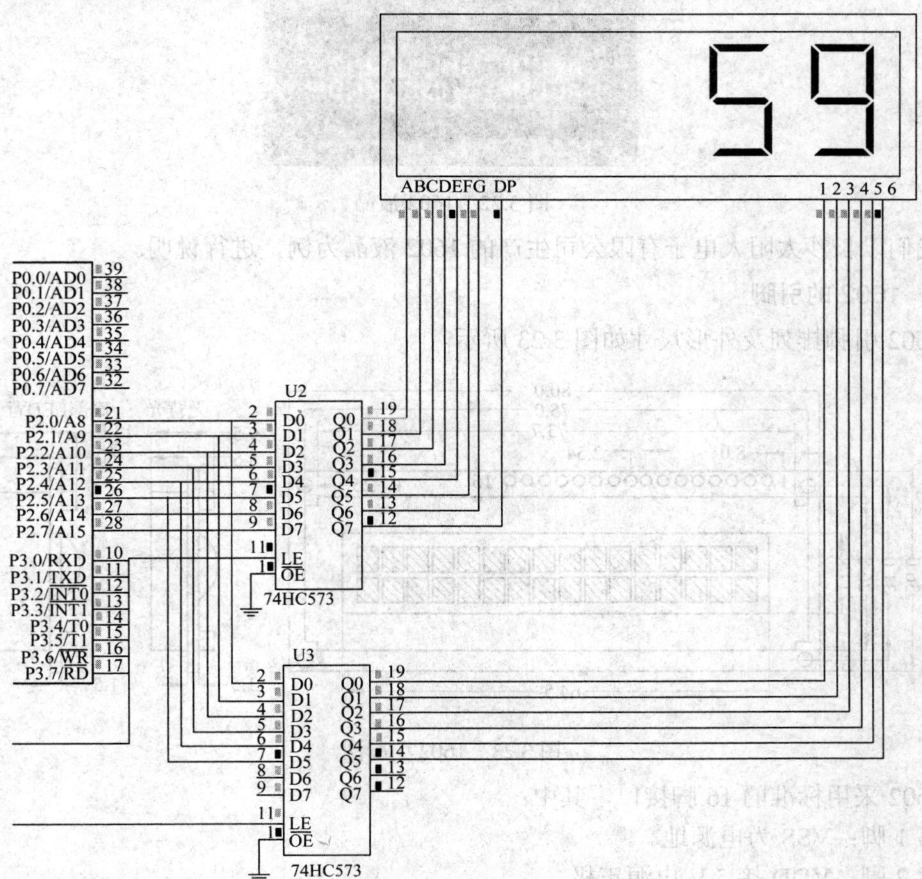

图 3.21　例 3.6 显示结果

*3.4　LCD 显示控制

LCD 液晶显示器是 Liquid Crystal Display 的简称，LCD 的构造是在两片平行的玻璃当中放置液态的晶体，两片玻璃中间有许多垂直和水平的细小电线，透过通电与否来控制杆状水晶分子改变方向，将光线折射出来产生画面。

3.4.1　1602 液晶简介

1602 液晶是一种工业字符型液晶，能够同时显示 16 × 02 即 32 个字符(16 列 2 行)，是一种专门用来显示字母、数字、符号等的点阵型液晶模块。1602 由若干个 5 × 7 或者 5 × 11 等点阵字符位组成，每个点阵字符位都可以显示一个字符，每位之间有一个点距的间隔，每行之间也有间隔，起到了字符间距和行间距的作用，正因为如此，1602 液晶不能显示图形。1602 液晶如图 3.22 所示。

图 3.22　1602 液晶

我们以长沙太阳人电子有限公司生产的 1602 液晶为例，进行说明。

1. 1602 的引脚

1602 引脚排列及外形尺寸如图 3.23 所示。

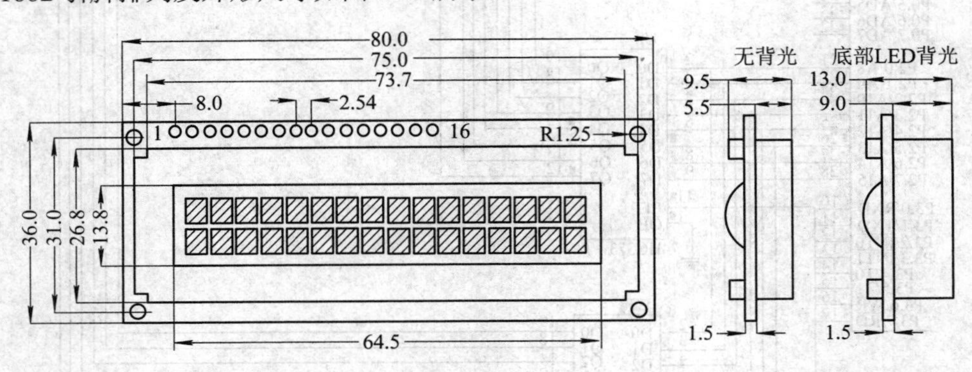

图 3.23　1602 引脚图

1602 采用标准的 16 脚接口，其中：

第 1 脚：VSS 为电源地。

第 2 脚：VDD 接 5 V 电源正极。

第 3 脚：VL 为液晶显示器对比度调整端，接正电源时对比度最弱，接地电源时对比度最高(对比度过高时会产生“黑影”，使用时可以通过一个10 kΩ的电位器调整对比度)。

第4脚：RS为寄存器选择，高电平1时选择数据寄存器，低电平0时选择指令寄存器。

第5脚：RW为读写信号线，高电平(1)时进行读操作，低电平(0)时进行写操作。

第6脚：E(或EN)端为使能端(enable)。

第7～14脚：D0～D7为8位双向数据端。

第15～16脚：空脚或背灯电源。15脚背光正极，16脚背光负极。

2. 基本操作时序

读状态：输入RS = L，RW = H，E = H；输出D0～D7=状态字

写指令：输入RS = L，RW = L，D0～D7=指令码，E = 高脉冲；输出无。

读数据：输入RS = H，RW = H，E = H；输出：D0～D7 = 数据。

写数据：输入RS = H，RW = L，D0～D7 = 数据，E = 高脉冲；输出无。

3. 状态字说明

各状态字格式说明如下：

SAT7 D7	STA6 D6	STA5 D5	STA4 D4	STA3 D3	STA2 D2	STA1 D1	STA0 D0

STA0～6	当前数据地址指针的数值	
STA7	读写操作使能	1：禁止　0：允许

4. 指令说明

显示模式设置如表3-8所示。

表3-8　显示模式设置表

指　令　码								功　能
0	0	1	1	1	0	0	0	设置16×2显示，5×7点阵，8位数据接口

显示开/关及光标设置如表3-9所示。

表3-9　显示开/关及光标设置表

指　令　码								功　能
0	0	0	0	1	D	C	B	D=1：开显示；D=0：关显示； C=1：显示光标；C=0：不显示光标； B=1：光标闪烁；B=0：光标不显示
0	0	0	0	0	1	N	S	N=1：当读或写一个字符后地址指针加一，且光标加一； N=0：当读或写一个字符后地址指针减一，且光标减一； S=1：当写一个字符，整屏显示左移(N=1)或右移(N=0)，以得到光标不移动而屏幕移动的效果； S=0：当写一个字符，整屏显示不移动

数据指针设置如表3-10所示。

表 3-10　数据指针设置表

指令码	功能
80H+地址码(0～2H，40H～67H)	设置数据地址指针

其他设置如表 3-11 所示。

表 3-11　其他设置表

指令码	功能
01H	显示清屏：① 数据指针清零；② 所有显示清零
02H	显示回车：数据指针清零

5. 读操作时序

读操作时序如图 3.24 所示。

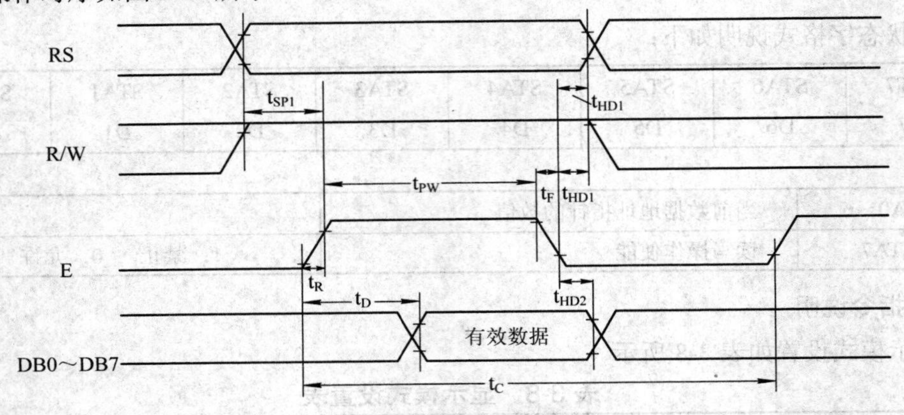

图 3.24　读操作时序图

6. 写操作时序

写操作时序如图 3.25 所示。

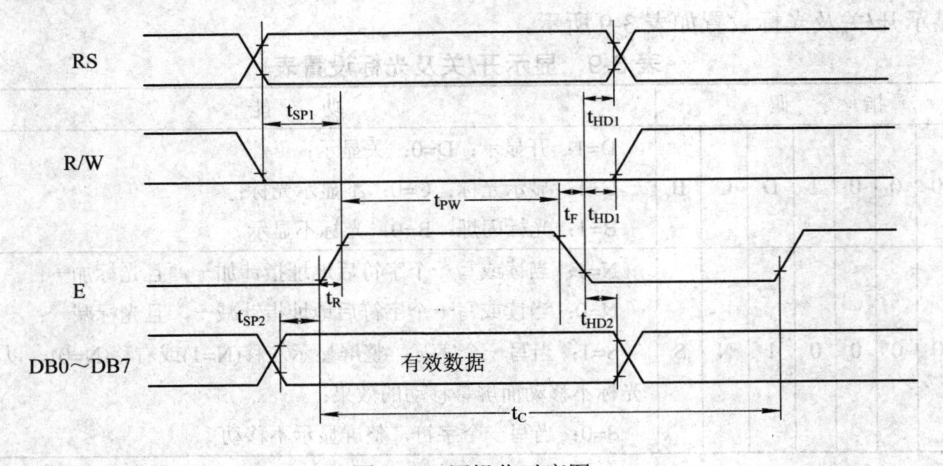

图 3.25　写操作时序图

7. 时序参数

时序参数如表 3-12 所示。

表 3-12 时序参数表

时序参数	符号	极限值			单位	测试条件
		最小值	典型值	最大值		
E 信号周期	t_C	400	—	—	ns	引脚 E
E 脉冲宽度	t_{PU}	150	—	—	ns	
E 上升沿/下降沿时间	t_R，t_F	—	—	25	ns	
地址建立时间	t_{R1}	30	—	—	ns	引脚 E、RS、R/M
地址保持时间	t_{SP}	10	—	—	ns	
数据建立时间(读操作)	t_{HD}	—	—	100	ns	引脚 DB0～DB7
数据保持时间(读操作)	t_D	20	—	—	ns	
数据建立时间(写操作)	t_{HD2}	40	—	—	ns	
数据保持时间(写操作)	t_{SP2}	10	—	—	ns	

8. 1602 液晶的初始化过程

1602 液晶的初始化过程如下：

延时 15 ms
写指令 38H
延时 15 ms
写指令 38H
延时 15 ms
写指令 38H
(以后每次写指令、读/写数据操作之前均需检测忙信号)
写指令 38H；显示模式设置
写指令 08H；显示关闭
写指令 01H；显示清屏
写指令 06H；显示光标移动设置
写指令 0CH；显示开机光标设置

3.4.2 LCD 应用举例

【例 3.7】 在图 3.26 所示的 1602 液晶电路上，任意位置上显示一个字符，用函数实现。如：在 1602 液晶第一行，第一个位置显示字符“M”，试编写程序。

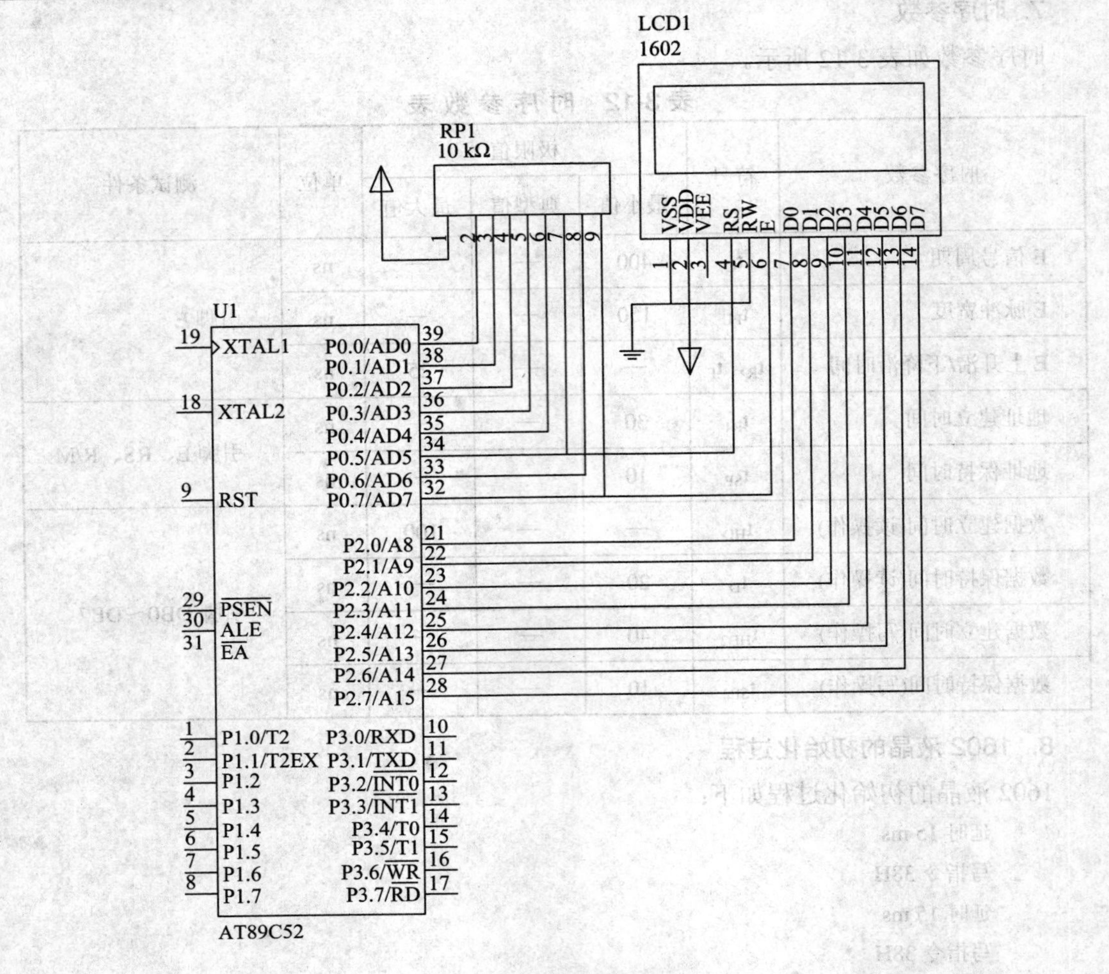

图 3.26　1602 液晶原理图

解析：

(1) 硬件电路。硬件电路的连接可以参考长沙太阳人电子有限公司 SMC1602A LCM 使用说明书。需要说明的是，图中 3 脚悬空，在实际应用中，需外接滑动变阻器，调节对比度，以使 1602 液晶显示清晰；由于我们只需让 1602 液晶显示，不需要读取其状态，所以将 6 脚接地即可，实际应用中，可接单片机的 I/O 来进行控制。

(2) 程序代码。控制 1602 液晶显示，简单地说，只需以下几个步骤：

① 1602 液晶初始化；

② 设置显示位置(写指令)；

③ 写数据。

首先，我们先根据 1602 液晶初始化步骤，来编写初始化函数：

```
void init_lcd1602()
{
    E=0;                    //初始化时，先使 E 为低电平
```

```
        delay_1ms(15);              //延时 15 ms
        write_LCD1602(0,0x38);
        delay_1ms(5);
        write_LCD1602(0,0x38);
        delay_1ms(5);
        write_LCD1602(0,0x38);
        delay_1ms(5);               //连续 3 次写指令 38H
        write_LCD1602(0,0x38);      //显示模式设置
        delay_50us();
        write_LCD1602(0,0x08);      //显示关闭
        delay_50us();
        write_LCD1602(0,0x01);      //显示清屏
        delay_1ms(5);
        write_LCD1602(0,0x06);      //显示光标移动设置
        delay_50us();
        write_LCD1602(0,0x0c);      //显示开机光标设置
        delay_50us();
    }
```

其次，在初始化函数中，我们用到了一个 write_LCD1602()函数，根据基本操作时序可知，当进行写指令时，RS=L(0)，而进行写数据时，RS=H(1)。这里我们可以这样理解，写指令就是设置液晶如何显示以及显示位置的，而写数据则是要在液晶上显示的内容，无论是写指令还是写数据，都满足写操作时序。因此我们可以编写一个这样的函数，当 RS = 0 时进行写指令，当 RS = 1 时进行写数据。

```
void write_LCD1602(unsigned char state，unsigned char date)
{
    RS=state;      //写指令和写数据由 state 状态决定
    P2=date;
    delay_1ms(5);
    E=1;
    delay_1ms(5);
    E=0;
}
```

第三，我们编写一个函数，来完成在 1602 液晶任意位置显示一个字符的功能。

```
void display_char(unsigned char x ，unsigned char y ，unsigned char display_data)
{
    x=x&0x0f;    //x 为字符显示的位置，由于 1602 一行最多可以显示 16 个字符，所以对应最大
                 //的十六进制数为 F
    y=y&0x01;    //y 为字符显示的行，y=0，显示在第一行，y=1，显示在第二行
```

```
    if(y==1)        //如果 y=1，表示在第二行，而第一行起始位置为 0x80，第二行起始位置需要
                    //在 0x80 的基础上加上 0x40，然后再加上第二行的实际位置
    {
      write_LCD1602(0,0x80+0x40+pos[x]);
      delay_50us();
    }
    else            //如果 y=0，表示在第一行，只需在起始位置 0x80，再加上实际位置即可，pos[x]
                    //写成数组的形式，把 0～f 的组合全部写进去，直接调用即可
    {
      write_LCD1602(0,0x80+pos[x]);
      delay_50us();
    }
    write_LCD1602(1,display_data);     //写指令完成后，进行写数据
    delay_50us();
  }
```

因此，程序的代码如下：

```
#include <reg52.h>
sbit RS=P0^5;                       //定义 1602-RS 端
sbit E =P0^7;                       //定时 1602-E 端
unsigned char code pos[]=
{0x00,0x01,0x02,0x03,
0x04,0x05,0x06,0x07,
0x08,0x09,0x0A,0x0B,
0x0C,0x0D,0x0E,0x0F};
void delay_1ms(unsigned char z)     //1 ms 延时
{
  unsigned int x,y;
  for(x=z;x>0;x--)
    for(y=0;y<110;y++);
}
void delay_50us(void)               //50 μs 延时
{
  unsigned char i;
  for(i=21 ;i>0;i--);
}
void write_LCD1602(unsigned char state,unsigned char date)  //向 1602 写指令或数据
{
  RS=state;
```

```
    P2=date;
    delay_1ms(5);
    E=1;
    delay_1ms(5);
    E=0;
}
void display_char(unsigned char x,unsigned char y,unsigned char display_data)
                                              //显示一个字符函数
{
    x=x&0x0f;
    y=y&0x01;
    if(y==1)
    {
        write_LCD1602(0,0x80+0x40+pos[x]);
        delay_50us();
    }
    else
    {
        write_LCD1602(0,0x80+pos[x]);
        delay_50us();
    }
    write_LCD1602(1,display_data);
    delay_50us();
}
void init_lcd1602()                          //1602 液晶初始化
{
    E=0;
    delay_1ms(15);
    write_LCD1602(0,0x38);
    delay_1ms(5);
    write_LCD1602(0,0x38);
    delay_1ms(5);
    write_LCD1602(0,0x38);
    delay_1ms(5);
    write_LCD1602(0,0x38);
    delay_50us();
    write_LCD1602(0,0x08);
    delay_50us();
```

```
        write_LCD1602(0,0x01);
        delay_1ms(5);
        write_LCD1602(0,0x06);
        delay_50us();
        write_LCD1602(0,0x0c);
        delay_50us();
    }
    void main()                          //主函数
    {   init_lcd1602();
        display_char(0,0,'M');           //在第一行第一个位置显示字符‘M’，注意编号从0开始
        while(1);
    }
```

显示结果如图 3.27 所示。

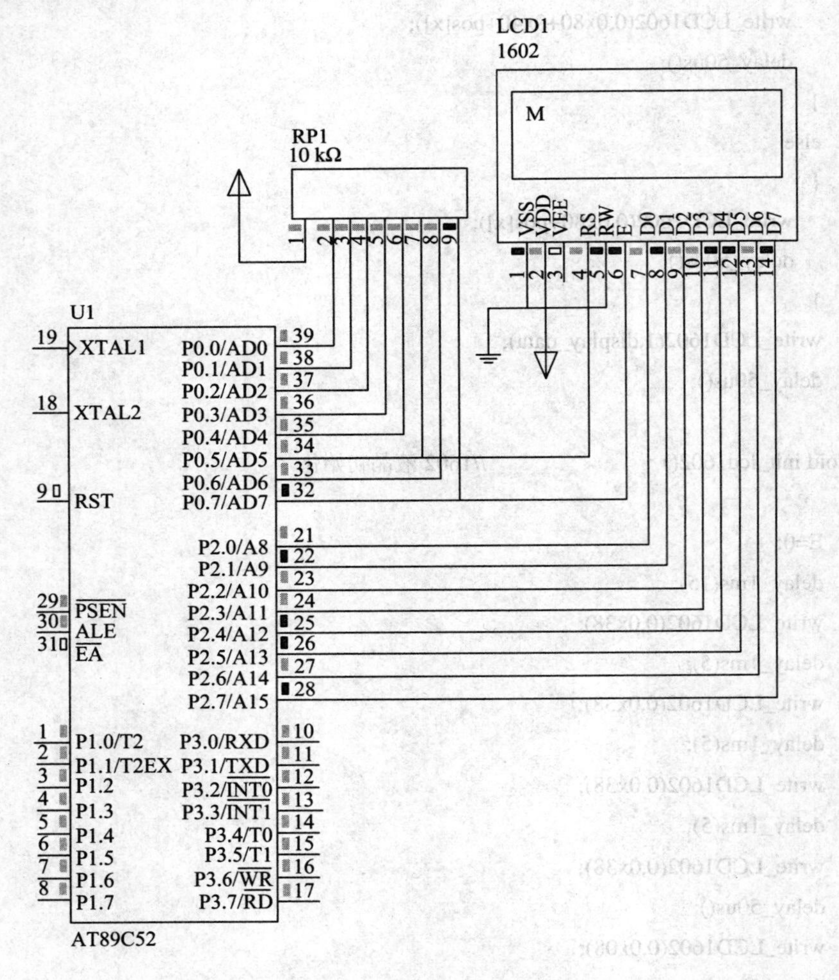

图 3.27　在任意位置显示一个字符的显示结果

【例 3.8】　在例 3.7 电路图上，实现第一行显示“HELLO MCU!”，第二行显示“WELCOME!”，试编写程序。

解析：

在例 3.7 中我们已经学习了写入一个字符的程序，因此我们只需相应的多次执行相应的程序，就可以满足要求。

程序代码如下：

```
sbit RS=P0^5;                                      //定义 1602RS 端
sbit E =P0^7;                                      //定时 1602E 端
unsigned char code pos[]=
{0x00,0x01,0x02,0x03,
0x04,0x05,0x06,0x07,
0x08,0x09,0x0A,0x0B,
0x0C,0x0D,0x0E,0x0F};
unsigned char code table_one[]="HELLO MCU!";       //将显示的字符，写成数组形式
unsigned char code table_two[]="WELCOM!";          //将显示的字符，写成数组形式
unsigned char num;
void delay_1ms(unsigned char z)
{
unsigned int x,y;
for(x=z;x>0;x--)
   for(y=0;y<110;y++);
}
void delay_50us(void)
{
   unsigned char i;
   for(i=21 ;i>0;i--);
}
void write_LCD1602(unsigned char state,unsigned char date)
{
   RS=state;
   P2=date;
   delay_1ms(5);
   E=1;
   delay_1ms(5);
   E=0;
}
void display_char(unsigned char x,unsigned char y,unsigned char display_data)
{
```

```
    x=x&0x0f;
    y=y&0x01;
    if(y==1)
    {
       write_LCD1602(0,0x80+0x40+pos[x]);
       delay_50us();
    }
    else
    {
       write_LCD1602(0,0x80+pos[x]);
       delay_50us();
    }
    write_LCD1602(1,display_data);
    delay_50us();
}
void init_lcd1602()
{
    E=0;
    delay_1ms(15);
    write_LCD1602(0,0x38);
    delay_1ms(5);
    write_LCD1602(0,0x38);
    delay_1ms(5);
    write_LCD1602(0,0x38);
    delay_1ms(5);
    write_LCD1602(0,0x38);
    delay_50us();
    write_LCD1602(0,0x08);
    delay_50us();
    write_LCD1602(0,0x01);
    delay_1ms(5);
    write_LCD1602(0,0x06);
    delay_50us();
    write_LCD1602(0,0x0c);
    delay_50us();
}
void main()
{  init_lcd1602();
```

```
for(num=0;num<10;num++)      //初始时，默认起始地址为第一行第一列，所以不需要进行位
                             //置设定，第一行一共显示 10 个字符(包括空格)，所以执行
                             //写数据 10 次，每次调用数组中的内容
{
    write_LCD1602(1,table_one[num]);
    delay_1ms(20);
}
write_LCD1602(0,0x80+0x44);    //第二行显示时，需要设置显示位置
for(num=0;num<8;num++)         //第二行显示 8 个字符，一共执行 8 次
{
    write_LCD1602(1,table_two[num]);
delay_1ms(20);
}
while(1);
}
```

显示结果如图 3.28 所示。

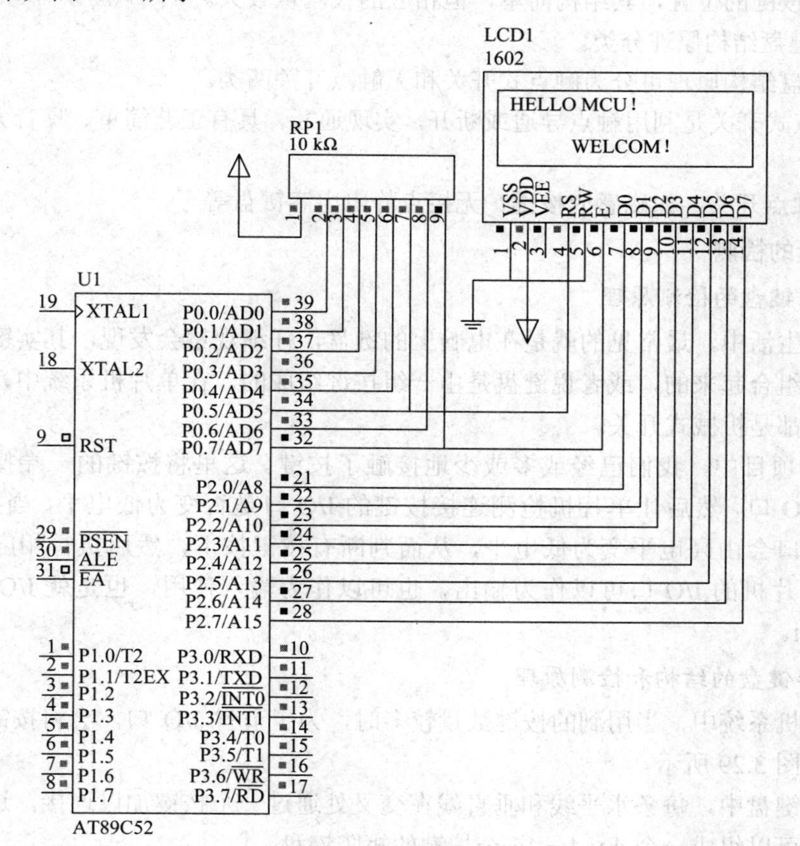

图 3.28　显示字符串显示结果

3.5 矩阵键盘的设计

1. 键盘概述

1) 键盘的概念

键盘的定义为：按有序排列组成的并带有功能电路的一组键体开关。

键盘是用于操作设备运行的一种数据输入设备，是单片机应用系统中不可缺少的一部分。

2) 键盘的分类

(1) 按编码的功能分类。

按编码的功能可分为全编码键盘和非编码键盘两种。

① 全编码键盘是由硬件完成键盘识别功能的，它通过识别键是否按下以及所按下键的位置，其硬件结构复杂。

② 非编码键盘是由软件完成键盘识别功能的，它利用简单的硬件和一套专用键盘编码程序来识别按键的位置，其结构简单，但相应的代码量较大。

(2) 按键盘结构原理分类。

按照键盘结构原理可分为触点式开关和无触点开关两类。

① 触点式开关是利用触点导通或断开，实现通断，具有工艺简单、噪音大、易维护的特点。

② 无触点开关，如磁感应按键、无接点静电电容键盘等。

2. 键盘的检测

1) 独立键盘的检测原理

在我们生活中，最常见的就是在电脑上的键盘，仔细观察会发现，其实键盘是由一个个单独按键组合起来的，或者说键盘是由一组按键组成的。在单片机系统中，一般情况下用到的按键都是机械式开关。

前面的项目中，我们已经或多或少地接触了按键。这里将按键的一端接地，另一端接单片机 I/O 口，然后让单片机检测连接按键的 I/O 口是否变为低电平，当按键按下时，单片机 I/O 口会由高电平变为低电平，从而判断有按键按下，然后执行相应的程序，也就是说，单片机的 I/O 口可以作为输出，也可以作为输入使用，也是就 I/O 的含义，即 Input/Output。

2) 矩阵键盘的结构和检测原理

在单片机系统中，当用到的按键数量较多时，为了节省 I/O 口，会将按键排列成矩阵的形式，如图 3.29 所示。

在矩阵键盘中，每条水平线和垂直线在交叉处通过一个按键加以连接。这样，一个单片机端口就可以组成一个 4 × 4 = 16 个按键的矩阵键盘。

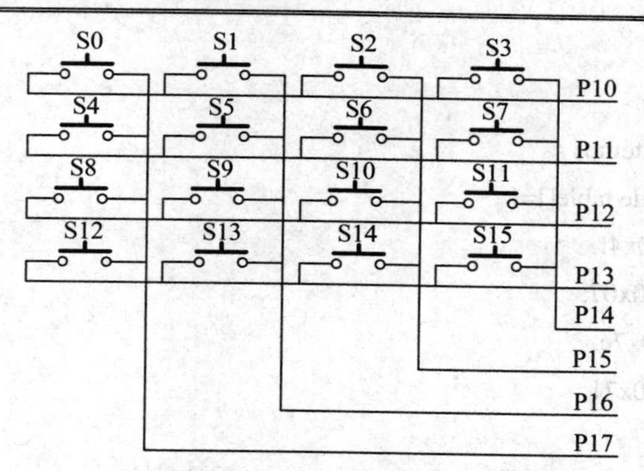

图 3.29　矩阵键盘的结构

检测原理如下：

(1) 判断键盘中有无键按下。将全部行线置低电平，然后检测列线的状态。只要有一列的电平为低，则表示键盘中有键被按下，而且闭合的键位于低电平线与 4 根行线相交叉的 4 个按键之中。若所有列线均为高电平，则键盘中无键按下。

(2) 判断按键所在的位置。依次将行线置为低电平，即在置某根行线为低电平时，其他线为高电平。在确定某根行线位置为低电平后，再逐行检测各列线的电平状态。若某列为低，则该列线与置为低电平的行线交叉处的按键就是闭合的按键。

【例 3.9】 4×4 矩阵键盘从右上角开始编码为 1，以从右至左、从上到下的顺序递增，最后显示 0，有按键按下后相应的编码值显示在数码管上。

解析：

根据题目要求，硬件电路如图 3.30 所示。

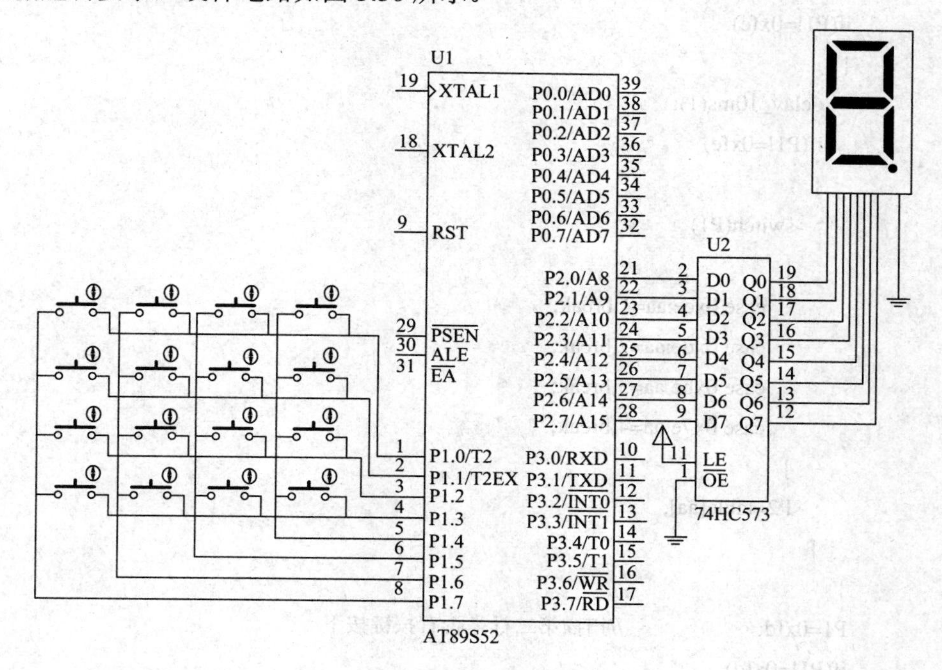

图 3.30　例 3.9 电路图

程序代码如下：

```
#include<reg52.h>
unsigned char aa,temp;
unsigned char code table[]={
0x3f,0x06,0x5b,0x4f,
0x66,0x6d,0x7d,0x07,
0x7f,0x6f,0x77,0x7c,
0x39,0x5e,0x79,0x71
};
void delay_10ms(unsigned int z)
{
    unsigned int x,y;
    for(x=z;x>0;x--)
        for(y=1150;y>0;y--);
}
void main()
{
    P2=0;
    while(1)
    {
        P1=0xfe;                    //扫描第一行是否有按键按下
        if(P1!=0xfe)
        {
            delay_10ms(1);
            if(P1!=0xfe)
            {
                switch(P1)
                {
                    case 0xee:aa=1;break;
                    case 0xde:aa=2;break;
                    case 0xbe:aa=3;break;
                    case 0x7e:aa=4;break;
                }
                P2=table[aa];
            }
        }
        P1=0xfd;                    //扫描第二行是否有按键按下
        if(P1!=0xfd)
```

```
  {
    delay_10ms(1);
    if(P1!=0xfd)
    {
      switch(P1)
      {
        case 0xed:aa=5;break;
        case 0xdd:aa=6;break;
        case 0xbd:aa=7;break;
        case 0x7d:aa=8;break;
      }
      P2=table[aa];
    }
  }
  P1=0xfb;                         //扫描第三行是否有按键按下
  if(P1!=0xfb)
  {
    delay_10ms(1);
    if(P1!=0xfb)
    {
      switch(P1)
      {
        case 0xeb:aa=9;break;
        case 0xdb:aa=10;break;
        case 0xbb:aa=11;break;
        case 0x7b:aa=12;break;
      }
      P2=table[aa];
    }
  }
  P1=0xf7;                         //扫描第四行是否有按键按下
  if(P1!=0xf7)
  {
    delay_10ms(1);
    if(P1!=0xf7)
    {
      switch(P1)
      {
```

```
                case 0xe7:aa=13;break;
                case 0xd7:aa=14;break;
                case 0xb7:aa=15;break;
                case 0x77:aa=0;break;
            }
            P2=table[aa];
        }
      }
    }
}
```

程序代码分析如下：

(1) 进入主函数后，让 P2 = 0，使数码管什么都不显示。

(2) 检测键盘是否有按键按下时，是以行扫描方式进行的，即轮流扫描每一行，4 行的扫描程序都是一样的，行扫描时，使相应的行为低电平。我们以其中一个举例，来讲解：

```
P1=0xfe;             //扫描第一行
if(P1!=0xfe)         //判断 P0 是否不等于 0xfe，如果相等，则说明第一行没有按键按下，因为
                     //有按键按下时，肯定会与行扫描值不相等，如果不相等，则继续执行下
                     //面的程序
delay_10ms(1);       //消抖
if(P1!=0xfe)         //再次判断是否有按键按下，成立则继续向下执行
switch(P1)           //判断第一行哪个按键按下
{
  case 0xee:aa=1;break;
  case 0xde:aa=2;break;
  case 0xbe:aa=3;break;
  case 0x7e:aa=4;break;
}
```

【知识引入：switch 语句】

switch 语句是一条多分支选择语句，其功能是在多种情况中选择一种情况，执行某一部分语句。

一般形式如下：

```
switch(表达式 )
 {    case 常量表达式 1:
            语句 1
            [break];
      case 常量表达式 2:
            语句 2
            [break];
```

```
        …
    case 常量表达式 n:
        语句 n
        [break];
    [default:
        语句 n+1]
}
```

说明如下：

(1) 关于表达式：表达式可以是整型、字符型等表达式，有一个确定的值(不是逻辑值)。

(2) 常量表达式 1～n：只起到一个标号的作用，根据表达式的值来判断，找到一个相匹配的入口处，程序往下执行。各个 case 后的常量表达式的值必须互不相同。

(3) 一般在各个 case 语句最后应该加一 break 语句，可使程序流程跳出 switch 结构，否则会从入口处一直向下执行。

(4) 如果 switch 中的表达式与 case 中的表达式没有一个能够对应上，就执行 default 中的语句，default 可以没有。

(5) switch 语句只能进行值相等性检查，无法进行逻辑判断。

```
switch(P1)                  //判断第一行哪个按键按下
{
    case 0xee:aa=1;break;
    case 0xde:aa=2;break;
    case 0xbe:aa=3;break;
    case 0x7e:aa=4;break;
}
```

程序中的 switch 语句的含义就是，判断 P0 的值，当第一行有按键按下时，只可能有 4 种情况，并依次判断，首先判断 P0 是否等于 0xee，如果相等，则 aa=1，然后跳出 switch 语句，否则判断 P0 是否等于 0xde，如果相等，则 aa=2，然后跳出 switch 语句，否则判断 P0 是否等于 0xbe，如果相等，则 aa=3，然后跳出 switch 语句，否则判断 P0 是否等于 0x7e，如果相等，则 aa=4，然后跳出 switch 语句。

```
P2=table[aa]; //将按键位置所代表的数值，送到 P2 口进行显示
```

【例 3.10】　4×4 矩阵键盘从右上角开始编码为 1，以从右至左、从上到下的顺序递增，最后显示 0，有按键按下后相应的编码值显示在数码管上，采用外部中断 1 的方式实现。

硬件电路图如图 3.31 所示。

程序代码如下：

```
#include<reg52.h>
unsigned char aa,temp;
unsigned char code table[]={
0x3f,0x06,0x5b,0x4f,
0x66,0x6d,0x7d,0x07,
```

```
0x7f,0x6f,0x77,0x7c,
0x39,0x5e,0x79,0x71
};
void delay_10ms(unsigned int z)
{
    unsigned int x,y;
    for(x=z;x>0;x--)
        for(y=1150;y>0;y--);
}
void scan_key()                    //将键盘扫描写成函数的形式，方便调用
{
    P1=0xfe;                       //扫描第一行是否有按键按下
    if(P1!=0xfe)
    {
        delay_10ms(1);
        if(P1!=0xfe)
        {
            switch(P1)
            {
                case 0xee:aa=1;break;
                case 0xde:aa=2;break;
                case 0xbe:aa=3;break;
                case 0x7e:aa=4;break;
            }
        }
    }
    P1=0xfd;                       //扫描第二行是否有按键按下
    if(P1!=0xfd)
    {
        delay_10ms(1);
        if(P1!=0xfd)
        {
            switch(P1)
            {
                case 0xed:aa=5;break;
                case 0xdd:aa=6;break;
                case 0xbd:aa=7;break;
```

```
                case 0x7d:aa=8;break;
              }
            }
        }
        P1=0xfb;                    //扫描第三行是否有按键按下
        if(P1!=0xfb)
        {
           delay_10ms(1);
           if(P1!=0xfb)
           {
              switch(P1)
              {
                 case 0xeb:aa=9;break;
                 case 0xdb:aa=10;break;
                 case 0xbb:aa=11;break;
                 case 0x7b:aa=12;break;
              }
           }
        }
        P1=0xf7;                    //扫描第四行是否有按键按下
        if(P1!=0xf7)
        {
           delay_10ms(1);
           if(P1!=0xf7)
           {
              switch(P1)
                 {
                 case 0xe7:aa=13;break;
                 case 0xd7:aa=14;break;
                 case 0xb7:aa=15;break;
                 case 0x77:aa=0;break;
              }
           }
        }
    }
    void int_rupt1() interrupt 2
    {
```

```
    scan_key();                //调用键盘扫描函数
    P2=table[aa];              //送 P2 口显示
    P1=0x0f;                   //将每行置为 1，通过 4 输入与门使 INT1 为高，当有按键按下时，4
                               //输入与门输出低电平，使 INT1 为低，产生中断

}
void main()
{
    EX1=1;
    IT1=1;
    EA=1;
    P1=0X0f;
    P2=0;       //初始时，数码管什么都不显示
    while(1);
}
```

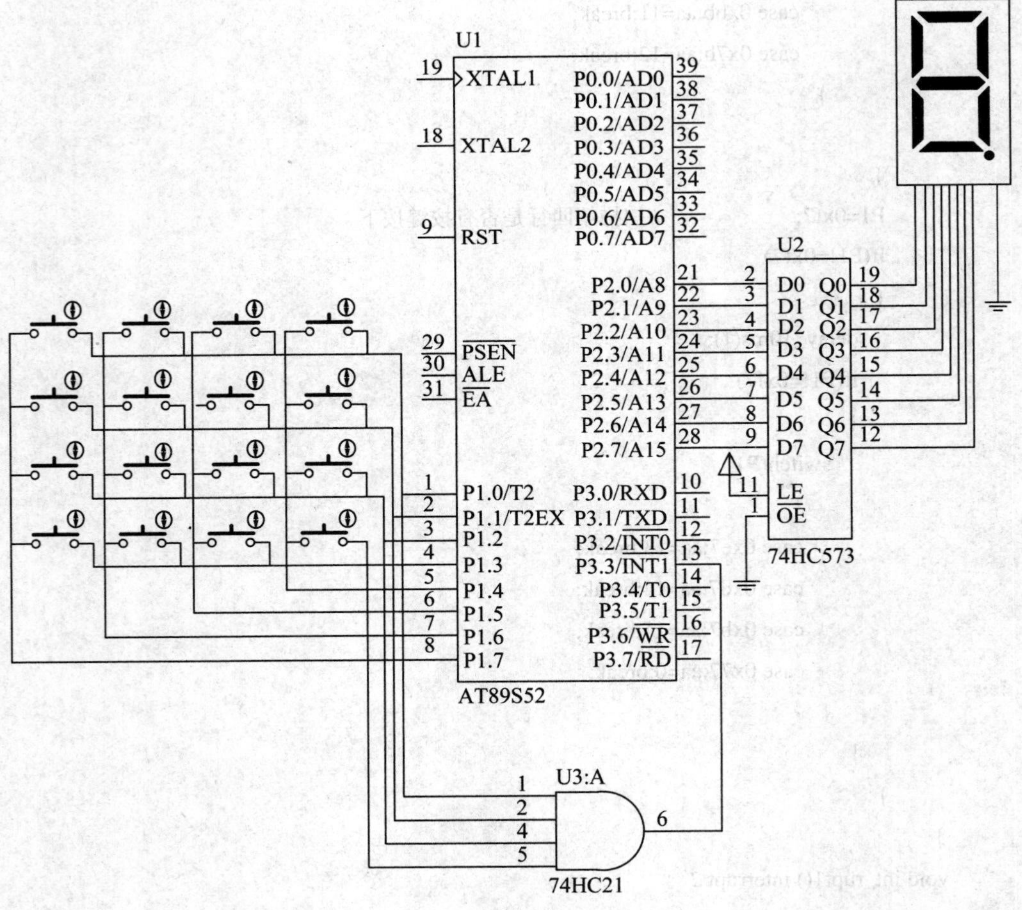

图 3.31　例 3.10 电路图

制作指南 3　显示电路与矩阵键盘硬件电路制作指南

1. 所需元器件清单

序号	器件名称	型号	数量	说　明
1	单片机最小系统		1	
2	数码管	0.56’　3 位共阴	2	
3	4 脚非自锁开关 DIP 封装	6×6	16	
4	万能板		2	规格根据实际设计需求确定
5	IC	74HC573	2	
6	杜邦线		若干	数量根据实际设计需求确定

2. 说明

(1) 除以上器件外，还需准备电烙铁、烙铁架、焊锡、细导线、尖嘴钳、斜口钳、螺丝刀等工具进行焊接。

(2) 显示和矩阵键盘可以焊接在一块电路板上。

(3) 焊接数码管之前，先确定引脚，数码管的引脚排列不规律，同时要确定好数码管是共阳还是共阴的，以免焊接错误。

本章知识总结

(1) MCS-51 单片机中断系统提供的 5 个中断源，可以分为 3 类：外部中断、定时器溢出中断、串行口中断。

(2) MCS-51 中断系统是在 4 个特殊功能寄存器控制下工作的，通过对这 4 个特殊功能寄存器的各位进行置位(置 1)或复位(置 0)操作，可实现各种中断控制功能。这 4 个特殊功能寄存器分别是定时/计数器控制寄存器(TCON)、串行口控制寄存器(SCON)、中断允许控制寄存器(IE)和中断优先级控制寄存器(IP)。

(3) 中断优先级排列如下：

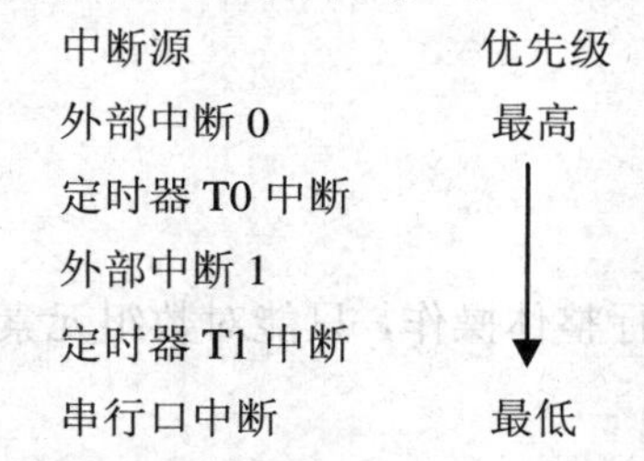

(4) 中断源的编号如下表所示。

中断编号	中 断 源
0	外部中断 0
1	定时/计数器 0 溢出中断
2	外部中断 1
3	定时/计数器 1 溢出中断
4	串行口中断

(5) 在使用按键时，一定要对按键进行消抖，掌握常用的软件消抖的方法。

(6) 外部中断的使用方法如下：

① 编写中断服务函数；

② 控制相应的外部中断控制位和开放总中断。

(7) 定时器查询方式使用步骤如下：

① 对定时器初始化并赋初值；

② 启动定时器；

③ 查询定时器溢出标志位是否为 1，定时器溢出标志位为 TF0、TF1，当有溢出时，标志位被置为 1。

(8) 定时器中断方式使用方法如下：

① 对定时器初始化并赋初值

② 启动定时器；

③ 编写中断服务函数，在中断服务函数中，完成相应的功能；

④ 定时原理与查询方式相同，都需要让定时反复执行多次来达到定时的要求。

(9) 数码管按段数分为七段数码管(七段分别叫做 a 段、b 段、c 段、d 段、e 段、f 段、g 段)和八段数码管(八段分别叫做 a 段、b 段、c 段、d 段、e 段、f 段、g 段、dp 段(小数点))。

(10) 静态显示的驱动是指每个数码管的每一个段码都由一个单片机的 I/O 端口进行驱动，或者使用专用译码器译码进行驱动，当送入一次断码后，显示可一直保持，直到送入新段码为止。静态显示的优点是编程简单，显示亮度高，占用 CPU 时间少，方便控制；缺点是占用 I/O 端口多。动态显示是将所有数码管的 8 个段 a、b、c、d、e、f、g、dp 并联在一起，另外为每个数码管的公共极 COM 增加位选通控制电路，位选通由各自独立的 I/O 线控制，当单片机输出字段码时，所有数码管都接收到相同的段码，哪一位数码管发光，取决于单片机对位选通 COM 端电路的控制。通过分时轮流控制各个数码管的 COM 端，就使各个数码管轮流受控显示。

(11) 一维数组。

① 一维数组的定义形式如下：

　　类型说明符　　数组名[常量表达式];

在 C 语言中数组必须要先定义，后使用。

② 一维数组的引用。C 语言中不能对整个数组进行整体操作，只能对数组元素逐个进行处理。引用形式如下：

　　数组名[下标]

(12) 二维数组。

① 二维数组的定义形式如下：

类型说明符 数组名[常量表达式 1] [常量表达式 2];

② 二维数组的引用形式如下：

数组名[下标 1][下标 2]

(13) 矩阵键盘检测原理如下：

① 判断键盘中有无键按下。将全部行线置低电平，然后检测列线的状态。只要有一列的电平为低，则表示键盘中有键被按下，而且闭合的键位于低电平线与 4 根行线相交叉的 4 个按键之中。若所有列线均为高电平，则键盘中无键按下。

② 判断按键所在的位置。依次将行线置为低电平，即在置某根行线为低电平时，其他线为高电平。在确定某根行线位置为低电平后，再逐行检测各列线的电平状态。若某列为低，则该列线与置为低电平的行线交叉处的按键就是闭合的按键。

习 题 3

3.1 如何消除按键的抖动？

3.2 外部中断有几种触发方式？如何进行设定？

3.3 MCS-51 系列单片机有个几个中断源？分别是什么？

3.4 定时器/计数器的工作方式有几种？如何设置定时器/计数器的工作方式？

3.5 TMOD 和 TCON 有什么作用？

3.6 试编写定时时间为 25 ms，使用 T0 定时器的初始化程序。

3.7 设晶振频率为 12 MHz，使用定时器编写程序，在 P1.7 输出一个占空比为 1/4 的脉冲波。

3.8 在 Proteus 中用 6 位数码管设计一个 0～999 的计数器，使用定时器中断方式，并完成程序编写。

3.9 在 Proteus 中用 6 位数码管设计一个电子秒表，以 0.1 s 为单位。

3.10 设计一个 4 × 4 矩阵键盘，将键盘按照 0～9、A～F 编码，并在数码管上显示，同时将按键所代表数码的二进制数显示在 8 位发光二极管上，在 Proteus 上仿真实现。

项目四　单片机的 A/D 和 D/A 电路

学习目标

- 了解 A/D、D/A 的基本概念和主要参数；
- 掌握 ADC0804、DAC0832 的功能及应用；
- 掌握 ADC0804、DAC0832 与单片机之间的硬件电路的连接和程序编写；
- 掌握查看芯片数据手册的方法；
- 熟练掌握 ADC0804、DAC0832 的典型应用方法。

能力目标

能够根据实际需求，选择相应的 AD、DA 芯片，并能根据相关资料，设计出与单片机连接的电路；掌握用单片机控制 AD、DA 芯片的控制方法。

4.1　单片机的 A/D 电路

单片机本身只能处理数字信号，但在实际应用中，很多情况下都需要对模拟信号进行处理，如果想要测量模拟信号，则需要将模拟信号转换成数字信号，再送单片机进行处理，这就是 A/D 电路。如果是想要用单片机输出一个模拟量，则需要将单片机输出的数字量转换成模拟量，这就是 D/A 电路。

4.1.1　A/D 转换的基本概念

A/D 转换就是模/数转换，即把模拟信号转换成数字信号。能完成 A/D 转换的电路，叫做模/数转换器，简称 ADC (Analog to Digital Converter)。

1. A/D 转换的步骤

A/D 转换的一般步骤是将连续的模拟信号转换为离散的数字信号，通常的转换过程为取样、保持、量化和编码。

1) 取样与保持

取样是将时间上连续变化的信号转换为时间上离散的信号，即将时间上连续变化的模拟信号转换为一系列等间隔的脉冲，脉冲的幅度取决于输入模拟信号，波形如图 4.1 所示。

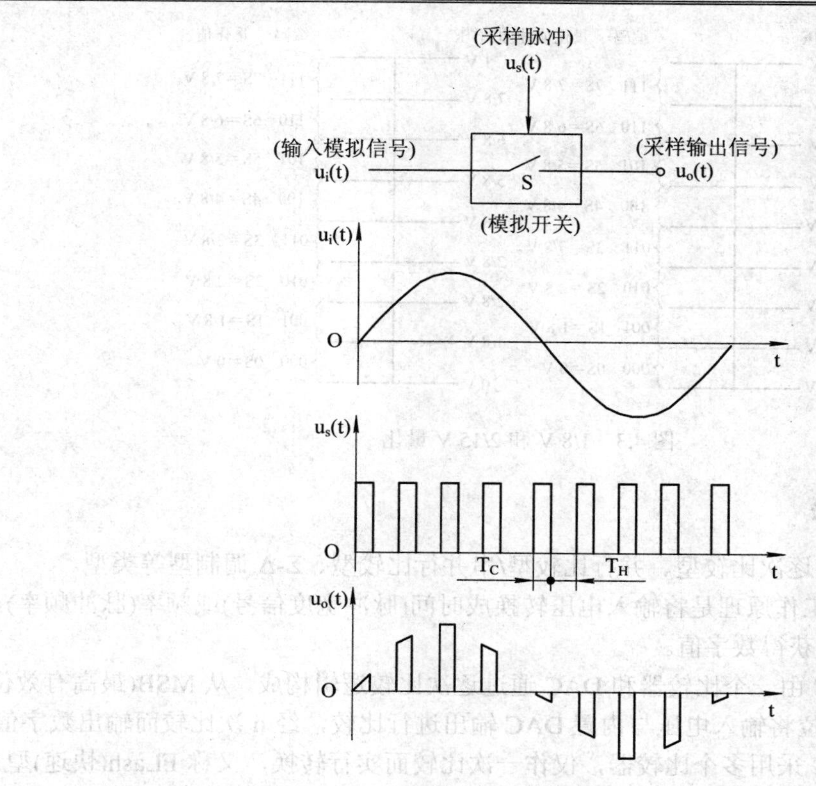

图 4.1 采样波形图

由于采样脉冲的宽度很小，需要在取样之后加一个保持电路，保持电路实际上就是一个存储电路，所以通常利用电容器 C 的存储电荷(电压)的作用以保持样值脉冲，如图 4.2 所示。

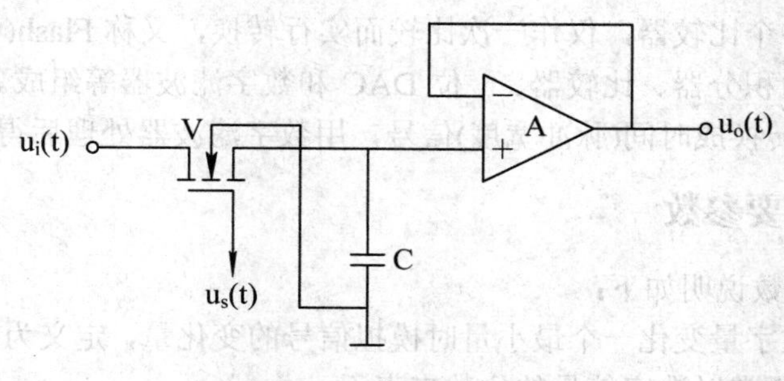

图 4.2 采样保持电路

2) 量化与编码

将采样电压转化为数字量最小数量单位的整数倍，这个转化过程叫量化，所规定的最小数量单位叫作量化单位，用 S 表示。将量化的数值用二进制代码表示，称为编码。这个二进制代码便是 A/D 转换器的输出信号。

量化的方法有两种，一种是最小数量单位为 1/8 V，另外一种是最小数量单位为 2/15 V，如图 4.3 所示。

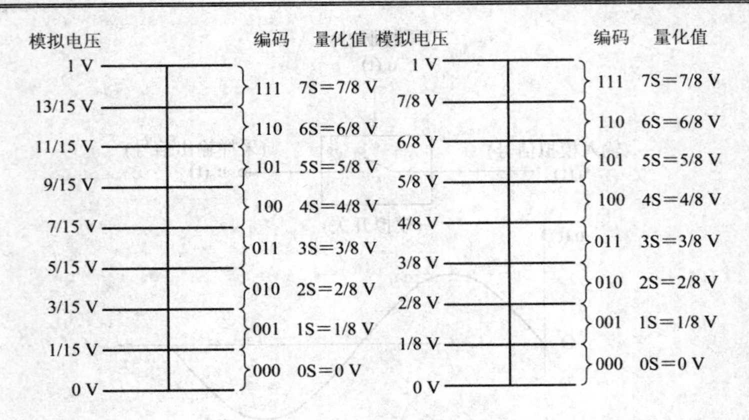

图 4.3　1/8 V 和 2/15 V 量化

4.1.2　ADC 的分类

ADC 有积分型、逐次比较型、并行比较型/串并行比较型、Σ-Δ 调制型等类型。

积分型的 ADC 工作原理是将输入电压转换成时间(脉冲宽度信号)或频率(脉冲频率)，然后由定时器/计数器获得数字值。

逐次比较型 ADC 由一个比较器和 DAC 通过逐次比较逻辑构成，从 MSB(最高有效位)开始，顺序地对每一位将输入电压与内置 DAC 输出进行比较，经 n 次比较而输出数字值。

并行比较型 ADC 采用多个比较器，仅作一次比较而实行转换，又称 FLash(快速)型。由于其转换速率极高，n 位的转换需要 2n – 1 个比较器，因此电路规模大，价格高，只适用于视频 ADC 等速度特别高的领域。

串并行比较型 ADC 结构上介于并行型和逐次比较型之间，最典型的是由 2 个 n/2 位的并行型 ADC 配合 DAC 组成，用两次比较实行转换，所以称为 Half flash(半快速)型。并行比较型 ADC 采用多个比较器，仅作一次比较而实行转换，又称 Flash(快速)型。

Σ-Δ 型 ADC 由积分器、比较器、1 位 DAC 和数字滤波器等组成。其原理上跟积分型相似，将输入电压转换成时间(脉冲宽度)信号，用数字滤波器处理后得到数字值。

4.1.3　ADC 的主要参数

ADC 的主要参数说明如下：

(1) 分辨率：数字量变化一个最小量时模拟信号的变化量，定义为满刻度与 2^n 的比值。分辨率又称精度，通常以数字信号的位数来表示。

(2) 转换速率(Conversion Rate)：完成一次从模拟转换到数字的 A/D 转换所需的时间的倒数。积分型 ADC 的转换时间是毫秒级属低速 A/D 转换，逐次比较型 ADC 是微秒级属中速 A/D 转换，并行比较型/串并行比较型 ADC 可达到纳秒级。另外，采样时间是指两次转换的时间间隔。为了保证转换的正确完成，采样速率(Sample Rate)必须小于或等于转换速率。因此有人习惯上将转换速率在数值上等同于采样速率也是可以接受的。常用单位是 ks/s 和 Ms/s，分别表示千次采样每秒和百万次采样每秒。

(3) 量化误差 (Quantizing Error)：ADC 的有限分辨率而引起的误差，即有限分辨率 ADC

的阶梯状转移特性曲线与无限分辨率 ADC(理想 ADC)的转移特性曲线(直线)之间的最大偏差。通常是 1 个或半个最小数字量的模拟变化量，表示为 1LSB、1/2LSB。

(4) 偏移误差(Offset Error)：输入信号为零时输出信号不为零的值，可外接电位器调至最小。

(5) 满刻度误差(Full Scale Error)：满刻度输出时对应的输入信号与理想输入信号值之差。

(6) 线性度(Linearity)：实际转换器的转移函数与理想直线的最大偏移。

4.2 常用 ADC 简介

4.2.1 常用 ADC

常用的 ADC 有积分型、逐次逼近型、并行比较型等，其中逐次逼近型 ADC 的转换速度快，转换精度高，价格适中，目前是最常用的 ADC。如 TLC0831、ADC0804、ADC0809。

4.2.2 ADC0804 的技术指标

ADC0804 的主要技术指标如下：

(1) 高阻抗状态输出；

(2) 分辨率：8 位(0～255)；

(3) 存取时间：135 ms；

(4) 转换时间：100 ms；

(5) 总误差：−1LSB～+1LSB；

(6) 工作温度：ADC0804C 为 0～70℃；ADC0804L 为−40℃～85℃；

(7) 模拟输入电压范围：0～5 V；

(8) 参考电压：2.5 V；

(9) 工作电压：5 V；

(10) 输出为三态结构。

4.2.3 ADC0804 的引脚

ADC0804 一共有 20 个引脚，双列直插式封装，如图 4.4 所示。

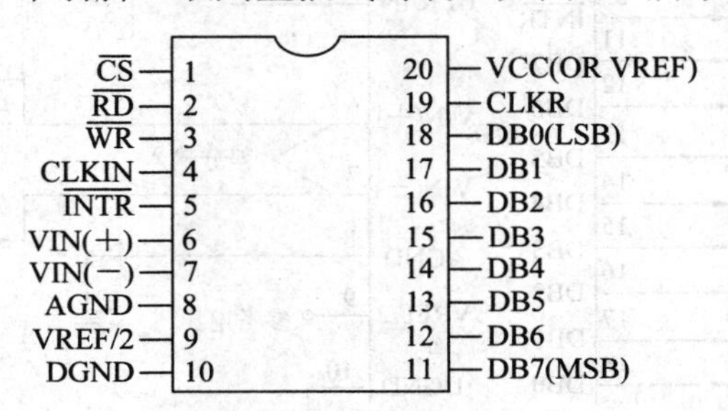

图 4.4　ADC0804 的引脚

ADC0804 各引脚功能如下：

$\overline{CS}$：芯片片选信号，低电平有效，即 $\overline{CS}=0$，该芯片才能正常工作。在外接多个 ADC0804 芯片时，该信号可以作为选择地址使用，通过不同的地址信号使能不同的 ADC0804 芯片，从而可以实现多个 ADC 通道的分时复用。

$\overline{WR}$：启动 ADC0804 进行 ADC 采样。该信号低电平有效，即 $\overline{WR}$ 信号由高电平变成低电平时，触发一次 A/C 转换。

$\overline{RD}$：低电平有效，即 $\overline{RD}=0$ 时，可以通过数据端口 DB0～DB7 读出本次的采样结果。

VIN(+)和 VIN(−)：模拟电压输入接 VIN(+)端，VIN(−)端接地。双边输入时 VIN(+)、VIN(−)分别接模拟电压信号的正端和负端。当输入的模拟电压信号存在“零点漂移电压”时，可在 VIN(−)接一等值的零点补偿电压，变换时将自动从 VIN(+)中减去这一电压。

VREF/2：参考电压接入引脚。该引脚可外接电压，也可悬空，若接外界电压，则 ADC 的参考电压为该外界电压的两倍；若不外接，则 VREF 与 VCC 共用电源电压，此时 ADC 的参考电压即为电源电压 VCC 的值。

CLK R 和 CLK IN：外接 RC 电路产生模数转换器所需的时钟信号，时钟频率 $\mathrm{CLK}=\frac{\mathrm{RC}}{1.1}$，一般要求频率范围 100 kHz～1.28 MHz。

AGND 和 DGND：分别接模拟地和数字地。

$\overline{INTR}$：中断请求信号输出引脚，该引脚低电平有效，当一次 A/D 转换完成后，将引起 $\overline{INTR}=0$。实际应用时，该引脚应与微处理器的外部中断输入引脚相连(如 51 单片机的 INT0，INT1 脚)，当产生 $\overline{INT}$ 信号有效时，还需等待 $\overline{RD}=0$ 才能正确读出 A/D 转换结果，若 ADC0804 单独使用，则可以将 $\overline{INTR}$ 引脚悬空。

DB0～DB7：输出 A/D 转换后的 8 位二进制结果。

4.2.4 ADC0804 的典型应用电路与控制方法

通过查询 ADC0804 数据手册，可以找到 ADC0804 的典型应用电路(Typical Applications)，如图 4.5 所示。

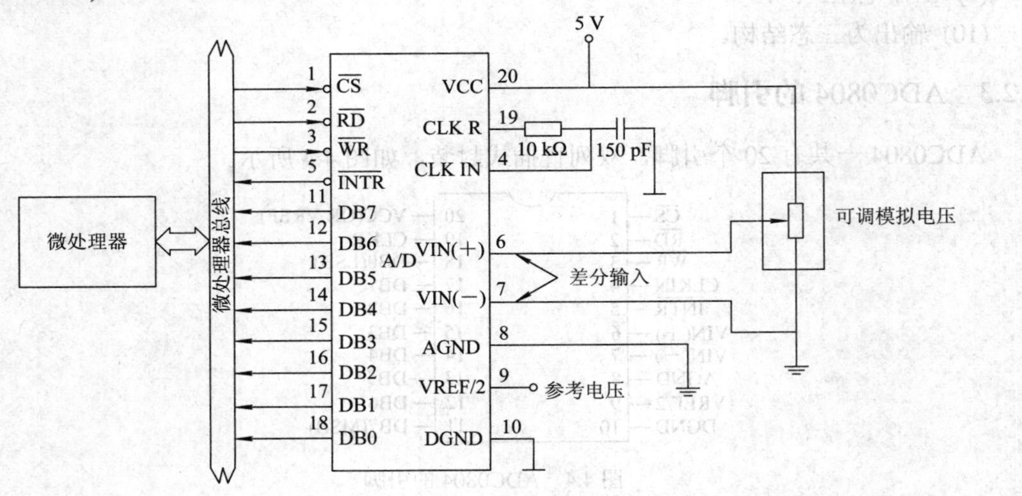

图 4.5 ADC0804 的典型应用电路

对ADC0804控制时，需要参考其操作时序图，在ADC0804的数据手册中，可以找到ADC0804的时序图，如图4.6所示。

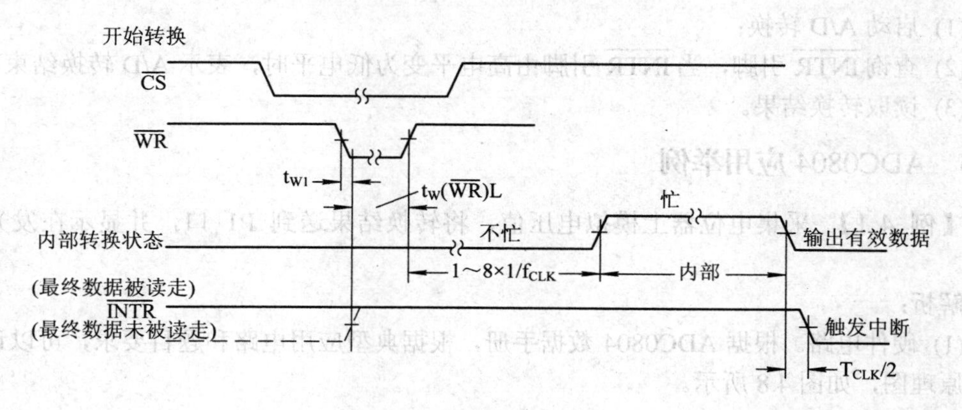

图4.6 ADC0804时序图

从图4.6中我们可以看出，在开始转换时，$\overline{CS}$先为低电平，然后$\overline{WR}$置为低电平，低电平维持时间为$t_w(\overline{WR})L$后，置为高电平，A/D转换启动，经过1～8个时钟周期+内部T_c的时间后，A/D转换完成，转换结果存入数据锁存器，$\overline{INTR}$变为低电平，其中$t_w(\overline{WR})L$的时间最低为100 ns，而T_c在f_{CLK} = 640 kHz的最短时间为103 μs，当VCC = 5 V时，f_{CLK}的典型值为640 kHz。

在读取A/D转换结果时，要参考图4.7中的时序。

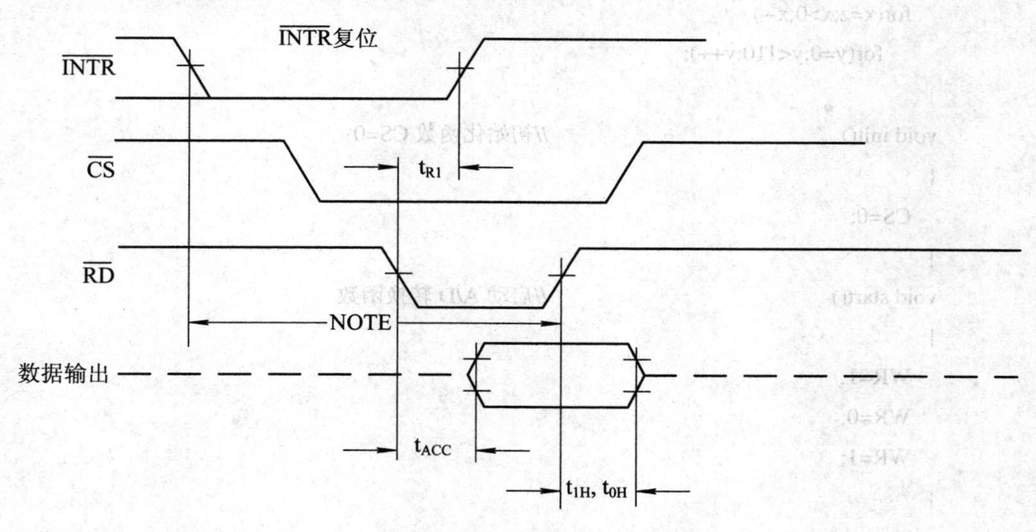

图4.7 ADC0804读取结果时序图

A/D转换结束后，$\overline{INTR}$变为低电平，然后我们需要将$\overline{CS}$置为低电平，接着再将$\overline{RD}$置为低电平，在经过t_{ACC}时间后，就可以读取转换后的数据，待读取结束后，需要将$\overline{RD}$再置为高电平，然后再将$\overline{CS}$置为高电平。从时序图中我们可以看出，在$\overline{RD}$置低电平t_{R1}(300 ns)后，会自动变为高电平。

在实际应用中，只需要参考这两个时序图，就可以写出相应的程序代码，如果需要连续转换，$\overline{CS}$可以一直置为低电平。

综上所述，可以总结出 ADC0804 芯片操作流程：

(1) 启动 A/D 转换；

(2) 查询$\overline{INTR}$引脚，当$\overline{INTR}$引脚由高电平变为低电平时，表示 A/D 转换结束；

(3) 读取转换结果。

4.2.5 ADC0804 应用举例

【例 4.1】 采集电位器上模拟电压值，将转换结果送到 P1 口，并显示在发光二极管上。

解析：

(1) 硬件电路。根据 ADC0804 数据手册，根据典型应用电路和题目要求，可以设计出电路原理图，如图 4.8 所示。

(2) 程序代码如下：

```
#include<reg52.h>
sbit CS=P0^0;                              //定义片选端
sbit INTR=P0^1;
void delay_ms(unsigned char z)             //ms 级带参数延时函数
{
   unsigned char x,y;
   for(x=z;x>0;x--)
      for(y=0;y<110;y++);
}
void init()                                //初始化函数 CS=0
{
   CS=0;
}
void start()                               //启动 A/D 转换函数
{
   WR=1;
   WR=0;
   WR=1;
}
void main()
{
   init();                                 //调用初始化函数
   while(1)
   {
      start();                             //调用启动 A/D 转换函数
```

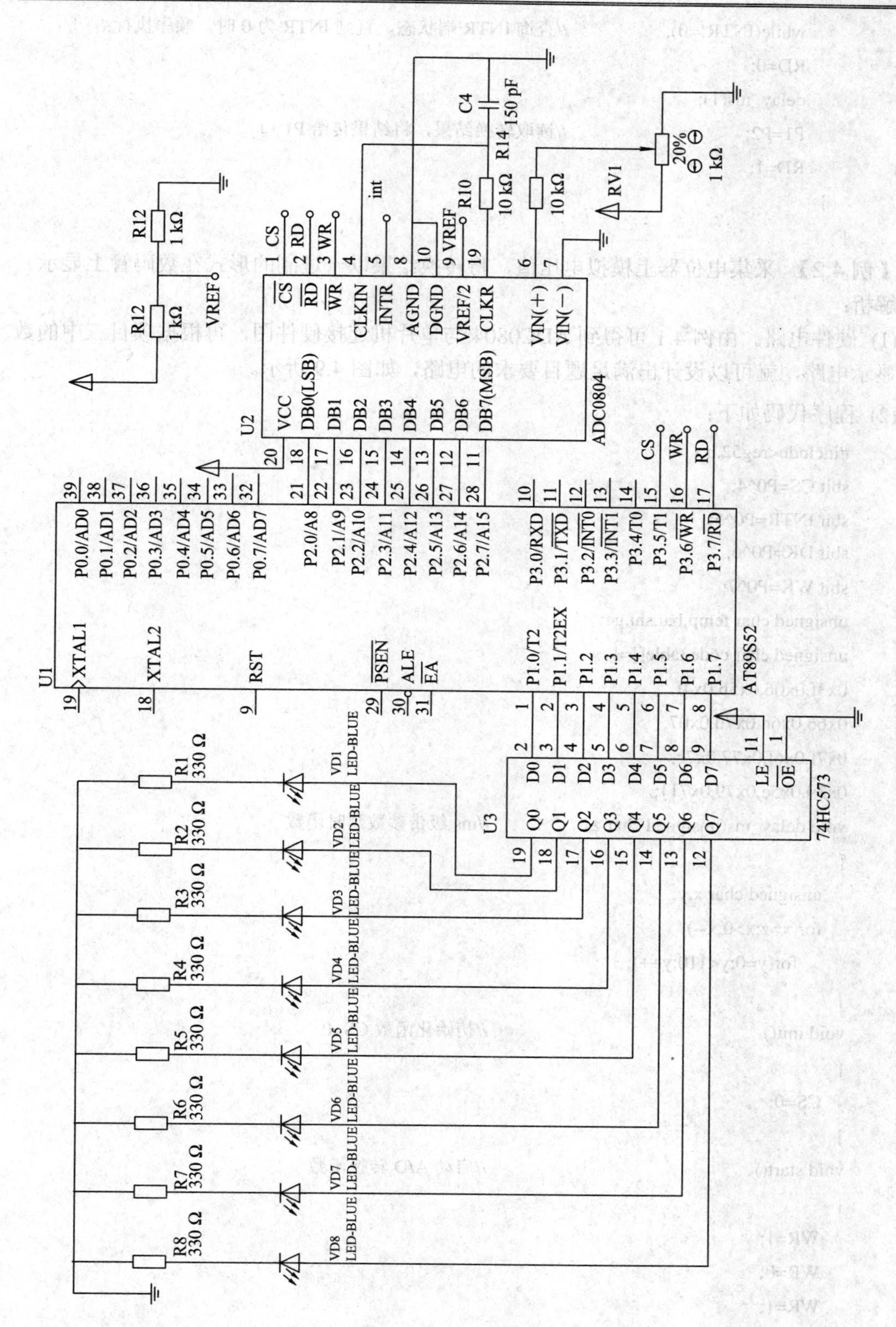

图 4.8 例4.1电路原理图

```
    while(INTR!=0);              //查询 INTR 端状态，直到 INTR 为 0 时，顺序执行语句
    RD=0;
    delay_ms(1);
    P1=P2;                       //读取转换结果，将结果传给 P1 口
    RD=1;
  }
}
```

【例 4.2】 采集电位器上模拟电压值，将转换结果以十进制的形式在数码管上显示。

解析：

(1) 硬件电路。由例 4.1 可得到 ADC0804 与单片机连接硬件图，再根据项目三中的数码管显示电路，就可以设计出满足题目要求的电路，如图 4.9 所示。

(2) 程序代码如下：

```
#include<reg52.h>
sbit CS=P0^4;
sbit INTR=P0^5;
sbit DK=P0^6;
sbit WK=P0^7;
unsigned char temp,bai,shi,ge;
unsigned char code table[]={
0x3f,0x06,0x5b,0x4f,
0x66,0x6d,0x7d,0x07,
0x7f,0x6f,0x77,0x7c,
0x39,0x5e,0x79,0x71};
void delay_ms(unsigned char z)             //ms 级带参数延时函数
{
   unsigned char x,y;
   for(x=z;x>0;x--)
      for(y=0;y<110;y++);
}
void init()                                //初始化函数 CS=0
{
   CS=0;
}
void start()                               //启动 A/D 转换函数
{
   WR=1;
   WR=0;
   WR=1;
```

```
}
void display(unsigned char bai,shi,ge)          //显示函数
{
    bai=temp/100;
    shi=temp%100/10;
    ge=temp%10;

    P2=table[bai];                              //百位显示
    DK=1;
    DK=0;

    P2=0xfe;
    WK=1;
    delay_ms(2);
    P2=0xff;
    WK=0;

    P2=table[shi];                              //十位显示
    DK=1;
    DK=0;

    P2=0xfd;
    WK=1;
    delay_ms(2);
    P2=0xff;
    WK=0;

    P2=table[ge];                               //个位显示
    DK=1;
    DK=0;

    P2=0xfb;
    WK=1;
    delay_ms(2);
    P2=0xff;
    WK=0;
}
void main()
```

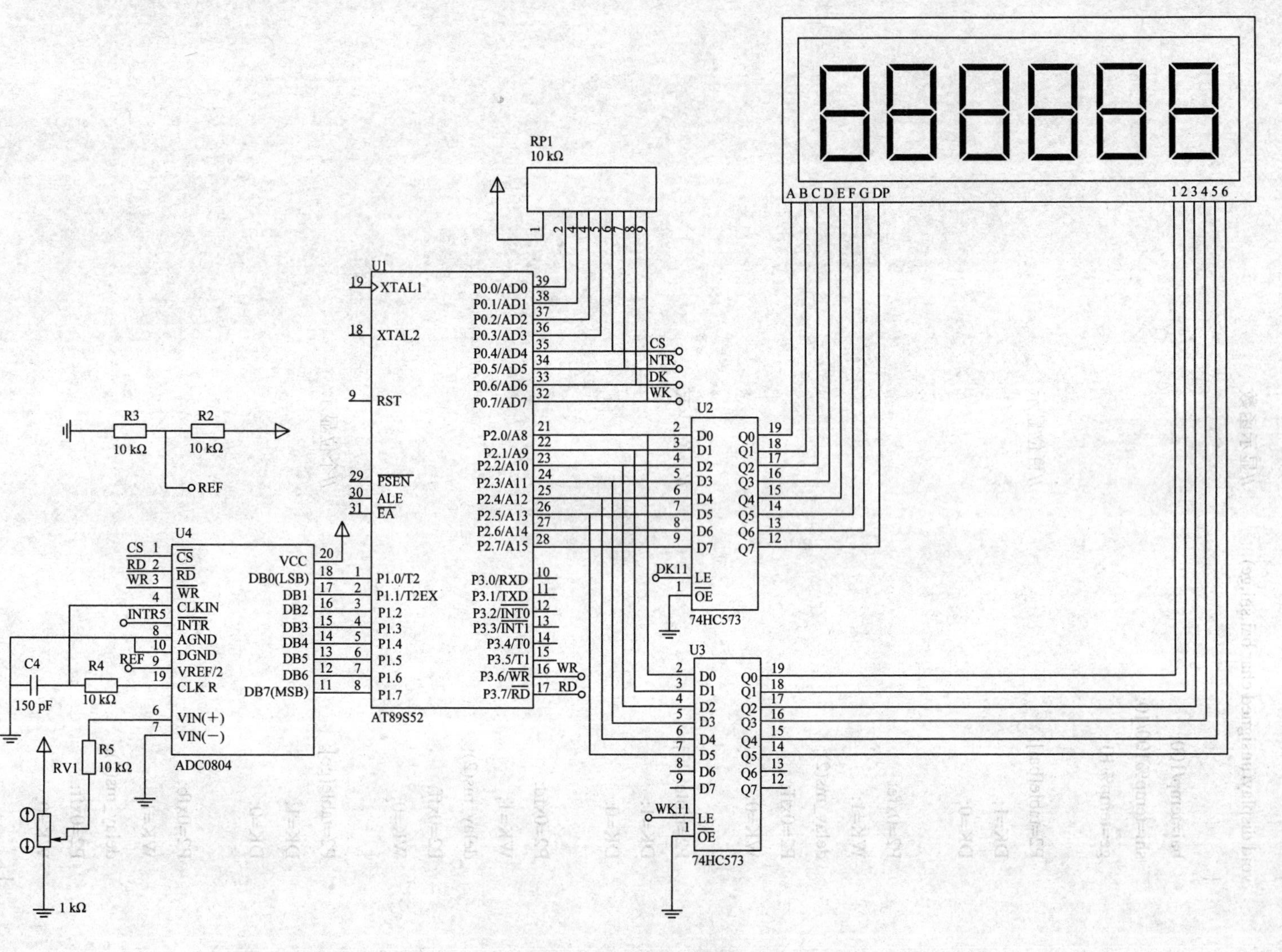

图 4.9　例4.2电路原理图

```
{
    init();                                    //调用初始化
    DK=0;                                      //关闭段选锁存端
    WK=0;                                      //关闭位选锁存端
    while(1)
  {
    start();//调用启动 A/D 转换函数
    while(INTR!=0);                            //等待 A/D 转换完成
    RD=0;
    delay_ms(1);
    temp=P1;                                   //读取转换结果，将结果赋值给变量 temp
    RD=1;
    display(bai,shi,ge);                       //调用显示函数
  }
}
```

【例 4.3】　在例 4.2 电路的基础上，将采集的电压值显示在数码管上。

解析：

由于 ADC0804 是一个 8 位的 A/D 转换器，因此分辨率为 $5 \times 1/256 = 0.0196$ V，所以在计算数值时，需要将转换结果乘以分辨率，然后再进行计算，得出各位的数值，再显示到数码管上即可。

程序代码如下：

```
#include<reg52.h>
sbit CS=P0^4;
sbit INTR=P0^5;
sbit DK=P0^6;
sbit WK=P0^7;
unsigned int temp,qian,bai,shi,ge;
unsigned char code table[]={
0x3f,0x06,0x5b,0x4f,
0x66,0x6d,0x7d,0x07,
0x7f,0x6f,0x77,0x7c,
0x39,0x5e,0x79,0x71};
void delay_ms(unsigned char z)                 //ms 级带参数延时函数
{
    unsigned char x,y;
    for(x=z;x>0;x--)
        for(y=0;y<110;y++);
}
```

```
void init()                               //初始化函数 CS=0
{
  CS=0;
}
void start()                              //启动 A/D 转换函数
{
  WR=1;
  WR=0;
  WR=1;
}
void display(unsigned char qian,bai,shi,ge) //显示函数
{
  P2=table[qian]+0x80;                    //整数位显示，加 0x80 让整数位显示小数点
  DK=1;
  DK=0;

  P2=0xfe;
  WK=1;
  delay_ms(2);
  P2=0xff;
  WK=0;

  P2=table[bai];                          //小数点后第一位显示
  DK=1;
  DK=0;

  P2=0xfd;
  WK=1;
  delay_ms(2);
  P2=0xff;
  WK=0;

  P2=table[shi];                          //小数点后第二位显示
  DK=1;
  DK=0;

  P2=0xfb;
  WK=1;
```

```
    delay_ms(2);
    P2=0xff;
    WK=0;

    P2=table[ge];                        //小数点后第三位显示
    DK=1;
    DK=0;

    P2=0xf7;
    WK=1;
    delay_ms(2);
    P2=0xff;
    WK=0;
}
void main()
{
    init();                              //调用初始化
    DK=0;                                //关闭段选锁存端
    WK=0;                                //关闭位选锁存端
    while(1)
    {
        start();                         //调用启动 A/D 转换函数
        while(INTR!=0);                  //等待 A/D 转换完成
        RD=0;
        delay_ms(1);
        temp=P1;                         //读取转换结果，将结果赋值给变量 temp
        RD=1;
        temp=temp*196;                   //乘以分辨率
        qian=temp/10000;                 //取整数位的数值
        bai=temp/1000%10;                //取小数点后第一位数值
        shi=temp/100%10;                 //取小数点后第二位数值
        ge=temp/10%10;                   //取小数点后第三位数值
        display(qian,bai,shi,ge);        //调用显示函数
    }
}
```

4.2.6　ADC0809 芯片简介

ADC0809 是 8 通道 8 位逐次比较原理进行模/数转换的器件，其内部有一个 8 通道模拟

多路开关，可以根据地址码锁存译码后的信号，只选通 8 路模拟输入信号中的一个进行 A/D 转换，转换后的数据由三态锁存器输出。ADC0809 片内没有时钟，需外接时钟信号；模拟输入电压范围为单极性 0～5 V，双极性±5 V、±10 V，但是需要外加辅助电路。ADC0809 的启动转换控制为脉冲方式，上升沿将内部寄存器复位(清零)，下降沿开始转换。在使用时，ADC0809 不需要进行零点和满刻度调节。

ADC0809 的其他主要特性如下：

转换时间为 100 μs；

单个+5 V 电源供电；

模拟输入电压范围 0～+5 V，不需零点和满刻度校准；

工作温度范围为−40℃～+85；

低功耗，约 15 mW。

1. ADC0809 的引脚

ADC0809 芯片有 28 条引脚，采用双列直插式封装，引脚如图 4.10 所示。

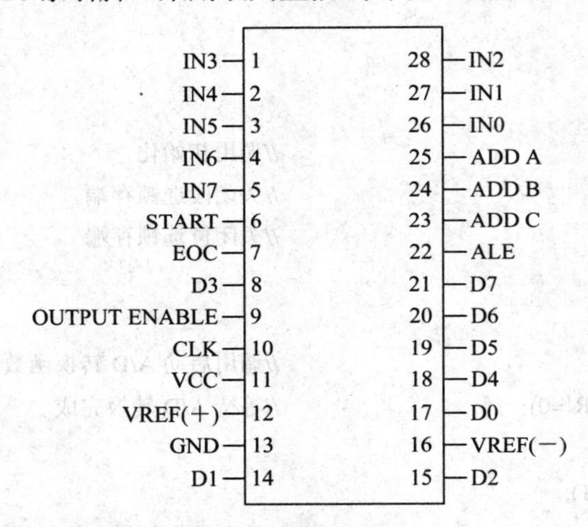

图 4.10　ADC0809 的引脚

IN0～IN7：8 路模拟量输入端。

D0～D7：8 位数字量输出端。

ADD A、ADD B、ADD C：3 位地址输入线，用于选通 8 路模拟输入中的一路。

CLK：时钟脉冲输入端。

VREF(+)、VREF(−)：基准电压。

VCC：电源，单一+5 V。

GND：地。

ALE：地址锁存允许信号，输入高电平有效。

START：A/D 转换启动脉冲输入端，输入一个正脉冲(至少 100 ns 宽)使其启动(脉冲上升沿使 0809 复位，下降沿启动 A/D 转换)。

EOC：输出，当 A/D 转换结束时，此端输出一个高电平(转换期间一直为低电平)。

OE：数据输出允许信号，输入高电平有效。当 A/D 转换结束时，此端输入一个高电平，才能打开输出三态门，输出数字量。

ADC0809 一共有 8 个通道，通道选择如表 4-1 所示。

表 4-1　ADC0809 通道选择表

所选模拟通道	地址		
	C	B	A
IN0	L	L	L
IN1	L	L	H
IN2	L	H	L
IN3	L	H	H
IN4	H	L	L
IN5	H	L	H
IN6	H	H	L
IN7	H	H	H

2. ADC0809 的工作过程

ADC0809 的时序如图 4.11 所示。

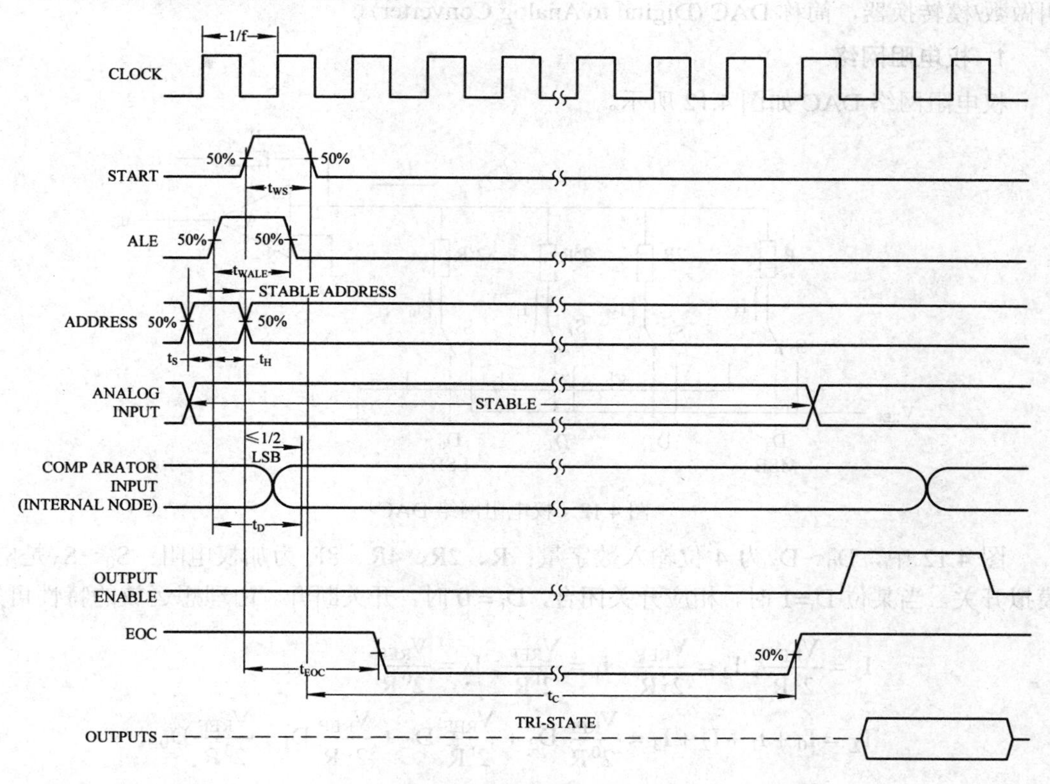

图 4.11　ADC0809 工作时序图

从时序图中，可以得出 ADC0809 的工作过程如下：

(1) 首先输入 3 位地址，并使 ALE=1，将地址存入地址锁存器中，地址经译码选通 8 路模拟输入的其中 1 路到比较器；

(2) START 上升沿将内部寄存器复位；

(3) START 下降沿启动 A/D 转换，之后 EOC 输出信号由高电平变为低电平，指示转换正在进行；

(4) 直到 A/D 转换完成，EOC 将变为高电平，表示 A/D 转换结束，结果数据已存入锁存器，这个信号可用作中断申请；

(5) 当 OE 输入高电平时，输出三态门打开，转换结果的数字量输出到数据总线上。

拓展练习：根据 ADC0808 的工作过程，利用 ADC0809 设计一个数字电压表，完成程序的编写，并在 Proteus 中仿真实现。

4.3　单片机的 D/A 电路

4.3.1　D/A 转换的基本概念

D/A 转换就是数/模转换，就是把数字信号转换成模拟信号，能完成 D/A 转换的电路，叫做数/模转换器，简称 DAC (Digital to Analog Converter)。

1．权电阻网络

权电阻网络 DAC 如图 4.12 所示。

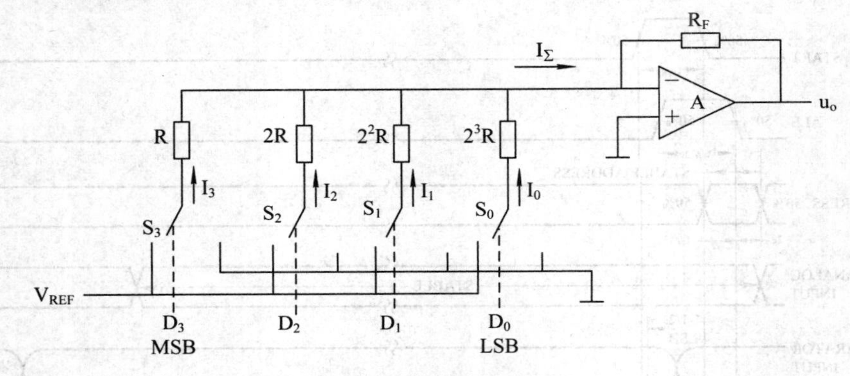

图 4.12　权电阻网络 DAC

图 4.12 中，D_0～D_3 为 4 位输入数字量；R、2R、4R、8R 为加权电阻；S_0～S_3 是电子模拟开关。当某位 D_i=1 时，相应开关闭合，$D_i = 0$ 时，开关断开。由理想运放的特性可知：

$$I_3=\frac{V_{REF}}{2^3R},\ I_2=\frac{V_{REF}}{2^2R},\ I_1=\frac{V_{REF}}{2^1R},\ I_0=\frac{V_{REF}}{2^0R}$$

$$I_\Sigma=I_0+I_1+I_2+I_3=\frac{V_{REF}}{2^0R}D_3+\frac{V_{REF}}{2^1R}D_2+\frac{V_{REF}}{2^2R}D_1+\frac{V_{REF}}{2^3R}D_0$$

$$=\frac{V_{REF}}{2^3R}(2^0D_0+2^1D_1+2^2D_2+2^3D_3)$$

设 $R_F = R/2$，则可得

$$u_o = -R_F I_F$$
$$= \frac{V_{REF}}{2^4}(2^0 D_0 + 2^1 D_1 + 2^2 D_2 + 2^3 D_3)$$

2.. 倒 T 型电阻网络 DAC

倒 T 型电阻网络如图 4.13 所示。

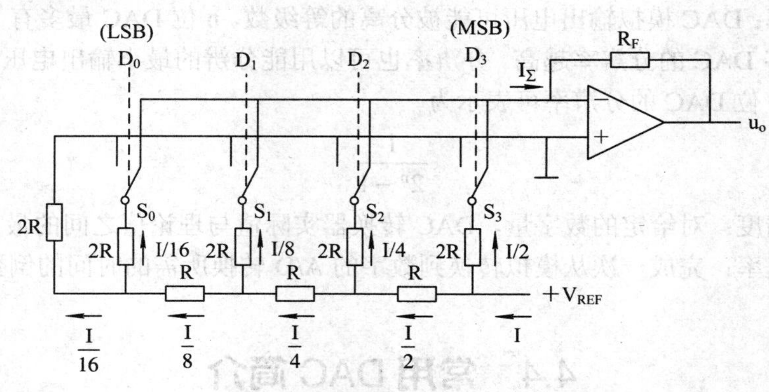

图 4.13 倒 T 型电阻网络 DAC

由图 4.13 可以看出，图中网络电阻只有两种：即 R 和 2R 而且构成倒 T 形，故又称为 R-2R 倒 T 型电阻网络 DAC。其中 S_0～S_3 为模拟开关，运算放大器 A 组成求和电路。

模拟开关 S_i，由输入数码 D_i 控制。当 $D_i = 1$ 时 S_i 接运算放大器反相端，电流 I_i 流入求和电路；当 D_i=0 时，S_i 则将电阻 2R 接地。根据虚地的概念可知，无论模拟开关 S_i 处于何种位置，与 S_i 相连的 2R 电阻均将接地(地或虚地)。通过分析 R-2R 电阻网络可以发现，从每个节点向左看的二端网络等效电阻均为 R，流入每个 2R 电阻的电流从高位到低位按 2 的整数倍递减。设基准电压源电压为 V_{REF}，则总电流为 $I=V_{REF}/R$，则流过各开关支路(从右到左)的电流分别为 I/2、I/4、I/8 和 I/16。

于是可得到各支路的总电流

$$I_\Sigma = I_0 + I_1 + I_2 + I_3$$

$$I_\Sigma = \frac{V_{REF}}{R}\left(\frac{D_0}{2^4} + \frac{D_1}{2^3} + \frac{D_2}{2^2} + \frac{D_3}{2^1}\right) = \frac{V_{REF}}{2^4 \times R}\sum_{I=0}^{3}(D_i \cdot 2^i)$$

4.3.2 DAC 的分类

DAC 可分为电压输出型和电流输出型。

1. 电压输出型

电压输出型 DAC 虽有直接从电阻阵列输出电压的，但一般采用内置输出放大器以低阻抗输出。直接输出电压的器件仅用于高阻抗负载，由于无输出放大器部分的延迟，故常作为高速 DAC 使用。

2. 电流输出型

在实际应用中电流输出型 DAC 很少直接利用电流输出，大多外接电流/电压转换电路

得到电压输出。将电流转换成电压有两种方法：一是只在输出引脚上接负载电阻而进行电流/电压转换，二是外接运算放大器将电流转换成电压。

4.3.3 DAC 的主要参数

DAC 的主要参数说明如下：

(1) 分辨率：DAC 模拟输出电压可能被分离的等级数。n 位 DAC 最多有 2^n 个模拟输出电压。位数越多 DAC 的分辨率越高。分辨率也可以用能分辨的最小输出电压与最大输出电压之比给出。n 位 DAC 的分辨率可表示为

$$\frac{1}{2^n - 1}$$

(2) 转换精度：对给定的数字量，DAC 转换器实际值与理论值之间的最大偏差。

(3) 转换速率：完成一次从模拟转换到数字的 A/D 转换所需的时间的倒数。

4.4 常用 DAC 简介

DAC0832 是 8 位 D/A 转换集成芯片，其价格低廉、接口简单、转换控制容易，在单片机应用系统中得到广泛的应用。DAC0832 是采用 CMOS 工艺制成的单片直流输出型 8 位数/模转换器，由倒 T 型 R-2R 电阻网络、模拟开关、运算放大器和参考电压 VREF 四大部分组成。

4.4.1 DAC0832 的特性

DAC0832 的特性如下：

(1) 分辨率为 8 位；

(2) 电流稳定时间为 1 μs；

(3) 可单缓冲、双缓冲或直接数字输入；

(4) 只需在满量程下调整其线性度；

(5) 单一电源供电(+5 V～+15 V)；

(6) 低功耗，20 mW。

4.4.2 DAC0832 的引脚

DAC0832 有 20 个引脚，采用双列直插式封装，如图 4.14 所示。

DAC0832 的引脚功能如下：

DI0～DI7：8 位数据输入线，TTL 电平，有效时间应大于 90 ns(否则锁存器的数据会出错)。

ILE：数据锁存允许控制信号输入线，高电平有效。

$\overline{\text{CS}}$：片选信号输入线(选通数据锁存器)，低电平有效。

$\overline{\text{WR1}}$：数据锁存器写选通输入线，负脉冲(脉宽应大于 500 ns)有效。由 ILE、CS、WR1

的逻辑组合产生 LE1，当 LE1 为高电平时，数据锁存器状态随输入数据线变换，LE1 的负跳变时将输入数据锁存。

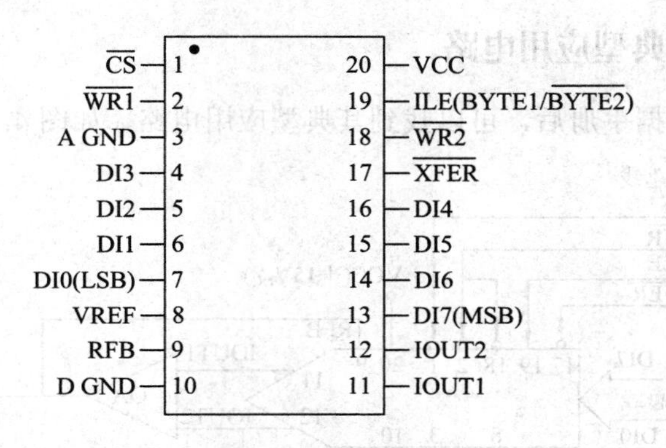

图 4.14　DAC0832 的引脚

$\overline{\text{XFER}}$：数据传输控制信号输入线，低电平有效，负脉冲(脉宽应大于 500 ns)有效。

$\overline{\text{WR2}}$：DAC 寄存器选通输入线，负脉冲(脉宽应大于 500 ns)有效。WR2、XFER 的逻辑组合可产生 LE2，当 LE2 为高电平时，DAC 寄存器的输出随寄存器的输入而变化，LE2 负跳变时将数据锁存器的内容打入 DAC 寄存器并开始 D/A 转换。

IOUT1：电流输出端 1，其值随 DAC 寄存器的内容线性变化。

IOUT2：电流输出端 2，其值与 IOUT1 值之和为一常数。

RFB：反馈信号输入线，改变 RFB 端外接电阻值可调整转换满量程精度。

VCC：电源输入端，范围为+5 V～+15 V。

VREF：基准电压输入，范围为−10 V～+10 V。

A GND：模拟信号地。

D GND：数字信号地。

DAC0832 转换结果采用电流形式输出，如果需要相应的模拟电压信号，可通过一个高输入阻抗的线性运算放大器实现。运算放大器的反馈电阻可通过 RFB 端引用片内固有电阻，也可外接。DAC0832 逻辑输入满足 TTL 电平，可直接与 TTL 电路连接。

4.4.3　DAC0832 的工作方式

DAC0832 进行 D/A 转换时，可以采用两种方法对数据进行锁存。第一种方法是使输入寄存器工作在锁存状态，而 DAC 寄存器工作在直通状态；第二种方法是使输入寄存器工作在直通状态，而 DAC 寄存器工作在锁存状态。

根据对 DAC0832 的数据锁存器和 DAC 寄存器的不同的控制方式，DAC0832 有三种工作方式：直通方式、单缓冲方式和双缓冲方式。

(1) 直通方式：将 $\overline{\text{CS}}$、$\overline{\text{WR1}}$、$\overline{\text{WR2}}$ 和 $\overline{\text{XFER}}$ 引脚都直接接数字地，ILE 引脚接高电平，芯片处于直通状态。此时，8 位数字量输入到 D0～D7 端，就立即进行 D/A 转换。但需要注意的是，在此种方式下，DAC0832 不能直接与单片机的数据总线相连接。

(2) 单缓冲方式：使 DAC0832 的两个输入寄存器中有一个处于直通方式，而另一个处于受控的锁存方式。

(3) 双缓冲方式：先使输入寄存器接收资料，再控制输入寄存器的输出资料到 DAC 寄存器，即分两次锁存输入资料。此方式适用于多个 D/A 转换同步输出的情节。

4.4.4 DAC0832 的典型应用电路

查询 DAC0832 数据手册后，可以找到其典型应用电路，如图 4.15 所示。

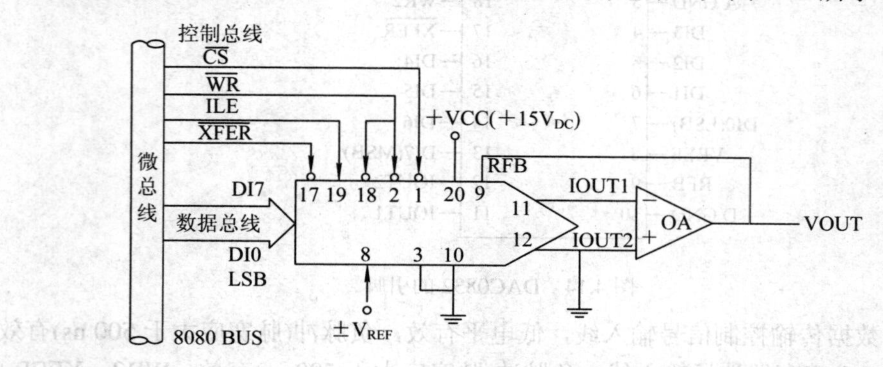

图 4.15 DAC0832 的典型应用电路

对 DAC0832 控制时，同样需要参考其操作时序图，在 DAC0832 数据手册中，可以找到 ADC0804 的时序图，如图 4.16 所示。

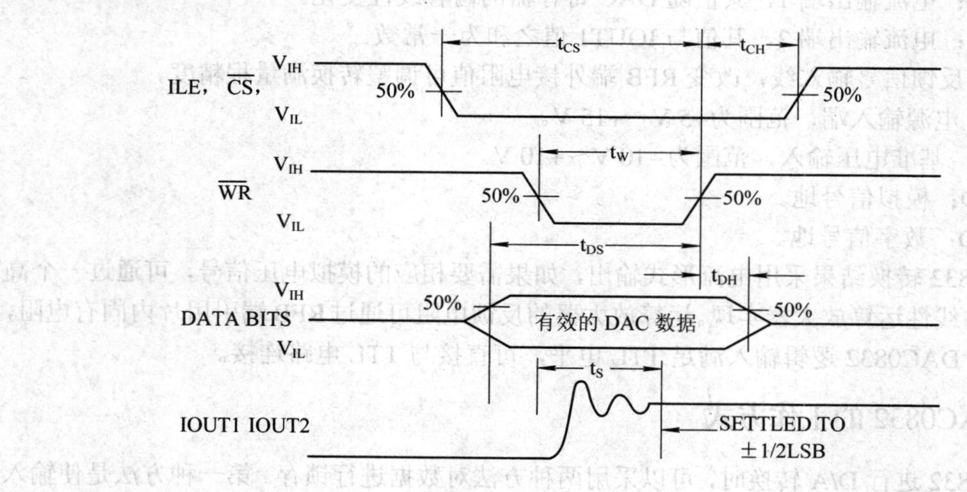

图 4.16 DAC0832 的工作时序图

从时序图 4.16 可以看出，当 $\overline{CS}$ 为低电平，$\overline{WR}$ 也置为低电平时，数据位(DATA BITS)上的数据才有效，IOUT1、IOUT2 有电流输出，但此时输出不稳定，在 $\overline{WR}$ 置为低电平 t_S 时间后(从手册上可查得，t_S 为 1 μs)，IOUT1、IOUT2 输出稳定。如果只进行一次转换的话，在程序中，需要对 $\overline{CS}$ 和 $\overline{WR}$ 置为高电平，如果进行连续转换，只需改变数字量输入数据即可。

4.4.5 DAC0832 应用举例

【例 4.4】 利用单片机 P0 口采用单缓冲方式控制 DAC0832 输出，利用按键控制数字量增加，每按一次按键，使数字量加 1，数字量从零开始，用电流表观察输出电流。

解析：

根据 DAC0832 单缓冲方式，只需将 ILE 接高电平、$\overline{\text{WR2}}$ 和 $\overline{\text{XFER}}$ 接地，$\overline{\text{CS}}$ 接 P2.6、$\overline{\text{WR1}}$ 接 P3.6，这时只有 $\overline{\text{CS}}$ 和 $\overline{\text{WR1}}$ 可控，可以实现单缓冲方式，电路图如图 4.17 所示。

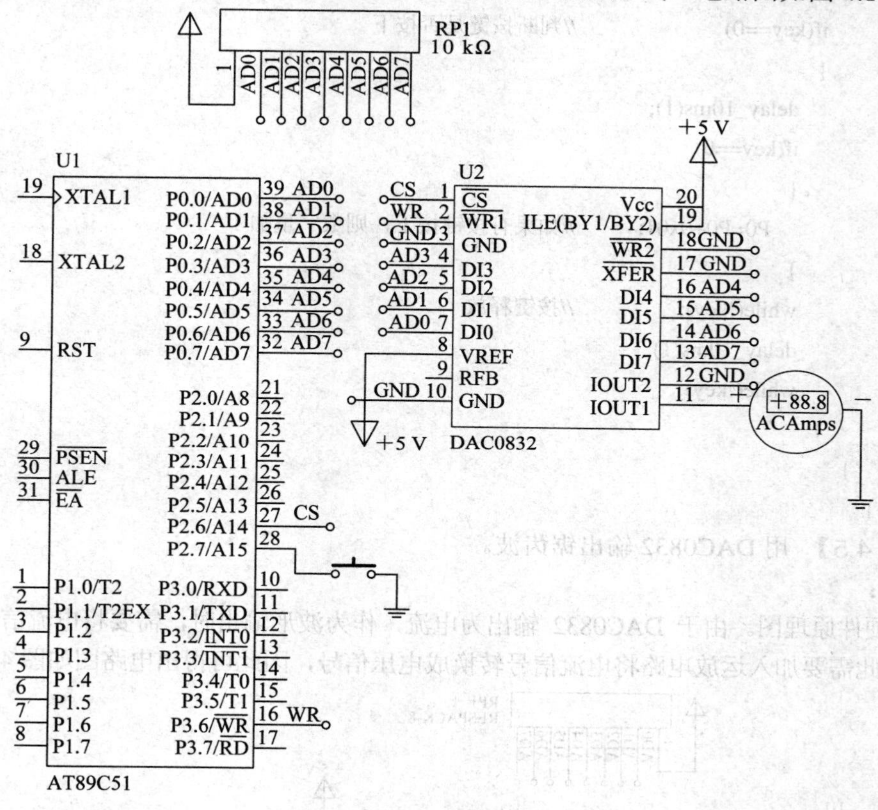

图 4.17　例 4.4 电路原理图

程序代码如下：

```
#include<reg52.h>
sbit CS=P2^6;
sbit key=P2^7;
void delay_10ms(unsigned int z)
{
    unsigned int x,y;
    for(x=z;x>0;x--)
        for(y=1150;y>0;y--);
}
void main()
{
    CS=0;                        //CS 置低
```

```
    WR=0;                       //WR1置低
    P0=0x0;                     //数据初始为 0，DAC0832 有输出
    while(1)
    {
       if(key==0)               //判断按键是否按下
       {
          delay_10ms(1);
          if(key==0)
          {
             P0=P0+0x01;        //如果有按键按下，则数字量加 1
          }
          while(!key);          //按键释放
          delay_10ms(1);
          while(!key);
       }
    }
}
```

【例 4.5】 用 DAC0832 输出锯齿波。

解析：

(1) 硬件原理图。由于 DAC0832 输出为电流，作为波形输出时，需要将电流信号转换成电压，因此需要加入运放电路将电流信号转换成电压信号，因此可得出电路图如图 4.18 所示。

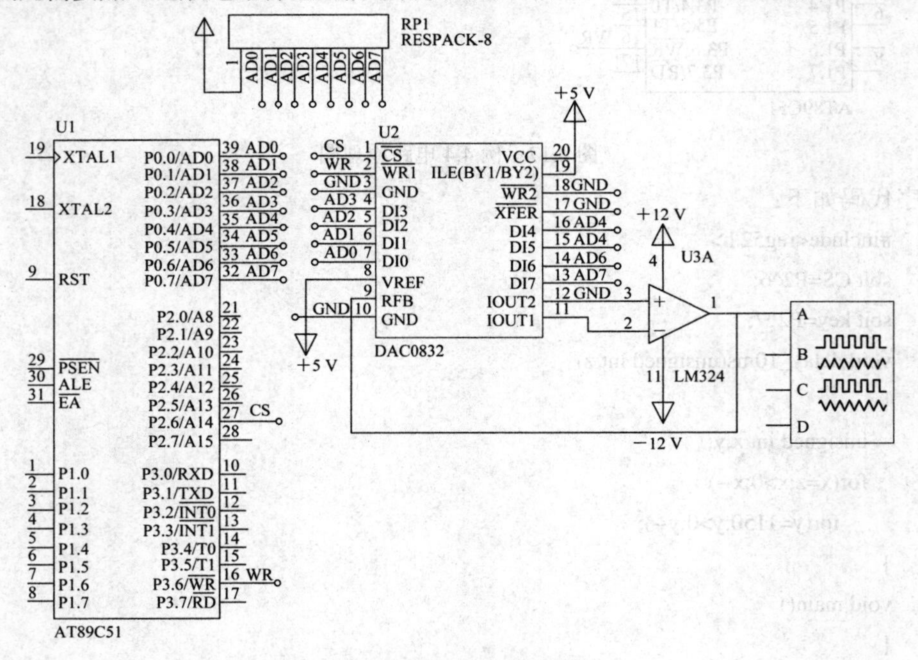

图 4.18 例 4.5 原理图

(2) 程序分析。由锯齿波的特点可知，锯齿波按照一定的斜率上升，当达到最大后，从零开始。因此在编写程序时，我们只需要让数字量按照一定的时间间隔加 1，当达到最大后，再从零开始，如此反复既可以得到锯齿波的波形。

程序代码如下：

```
#include<reg52.h>
#include<absacc.h>                        //绝对地址头文件
#define DAC0832 XBYTE[0xDFFF]             //绝对地址
void delay()                              //1 ms 延时函数
{
    TH0=(65536-1)/256;
    TL0=(65536-1)%256;
    TR0=1;
    while(!TF0);
    TF0=0;
}
void main()
{
    unsigned char i;
    TMOD=0x01;                            //设置定时 0，工作方式 1
    P0=0;                                 //数字量初始值 0
    while(1)
    {
        for(i=255;i>=0;i--)
        {
            DAC0832=i;
            delay();
        }
    }
}
```

【例 4.6】 用 DAC0832 输出三角波。

解析：

从例 4.5 中可知，想要得到三角波，只需使数字量在输出时从 0 增加到最大，再从最大值减小到 0，如此反复就可以得到周期性的三角波，原理图同例 4.5 电路。

程序代码如下：

```
#include<reg52.h>
#include<absacc.h>                        //绝对地址头文件
#define dac0832 XBYTE[0xDFFF]             //绝对地址
void delay()                              //1ms 延时函数
```

```
{
    TH0=(65536-1)/256;
    TL0=(65536-1)%256;
    TR0=1;
    while(!TF0);
    TF0=0;
}
void main()
{
    unsigned char i;
    TMOD=0x01;                          //设置定时 0，工作方式 1
    P0=0;                               //数字量初始值 0

    while(1)
    {
        for(i=0;i<255;i++)              //使数字量从 0 增加到最大
        {
            dac0832=i;
            delay();
        }
        for(i=255;i>0;i--)              //使数字量从 255 减小到 0
        {
            dac0832=i;
            delay();
        }
    }
}
```

制作指南 4　A/D 和 D/A 电路制作指南

1. 所需元器件清单

序号	器件名称	型号	数量	封装形式
1	IC	ADC0804	1	DIP
2	IC	DAC0832	1	DIP
3	IC	LM324	1	DIP
4	3296 电位器	1k	1	DIP

2. 说明

(1) 除以上器件外，还需准备电烙铁、烙铁架、焊锡、细导线、尖嘴钳、斜口钳、螺丝刀等工具进行焊接。

(2) 本项目中，可以借助项目三中制作的硬件电路部分，两者相互配合使用，节约资源。

本章知识总结

(1) A/D 转换就是模数转换，就是把模拟信号转换成数字信号。能完成 A/D 转换的电路，叫做模/数转换器，简称 ADC(Analog to Digital Converter)。

(2) A/D 转换的一般步骤是将连续的模拟信号转换为离散的数字信号，通常的转换过程为：取样、保持、量化和编码。

(3) ADC 的主要参数有分辨率、转换速率、量化误差、偏移误差、满刻度误差、线性度。

(4) 常用的 ADC 有积分型、逐次逼近型、并行比较型等。

(5) ADC0804 主要技术指标如下：

- 高阻抗状态输出；
- 分辨率：8 位(0～255)；
- 存取时间：135 ms；
- 转换时间：100 ms；
- 总误差：-1 LSB～+1 LSB；
- 工作温度：ADC0804C 为 0～70℃；ADC0804L 为-40℃～85℃；
- 模拟输入电压范围：0～5 V；
- 参考电压：2.5 V；
- 工作电压：5 V；
- 输出为三态结构。

(6) ADC0804 芯片操作流程：

- 启动 A/D 转换；
- 查询 $\overline{\text{INTR}}$ 引脚，当 $\overline{\text{INTR}}$ 引脚由高电平变为电平时，表示 A/D 转换结束；
- 读取转换结果。

(7) ADC0809 的主要特性如下：

- 8 路 8 位 A/D 转换器，分辨率 8 位；
- 具有转换起停控制端；
- 转换时间为 100 μs；
- 单个+5 V 电源供电；
- 模拟输入电压范围 0～+5 V，不需零点和满刻度校准；
- 工作温度范围为-40℃～+85℃；

- 低功耗，约 15 mW。

(8) D/A 转换就是数模转换，就是把数字信号转换成模拟信号。能完成 D/A 转换的电路，叫做数/模转换器，简称 DAC (Digital to Analog Converter)。

(9) DAC0832μ 的特性如下：

- 分辨率为 8 位；
- 电流稳定时间 1 μs；
- 可单缓冲、双缓冲或直接数字输入；
- 只需在满量程下调整其线性度；
- 单一电源供电(+5 V～+15 V)；
- 低功耗，20 mW。

(10) DAC0832 进行 D/A 转换，可以采用两种方法对数据进行锁存。

第一种方法是使输入寄存器工作在锁存状态，而 DAC 寄存器工作在直通状态。

第二种方法是使输入寄存器工作在直通状态，而 DAC 寄存器工作在锁存状态。

习　题　4

4.1　什么是 A/D 转换？

4.2　什么是 D/A 转换？

4.3　如何选择 ADC0809 模拟电压输入通道？

4.4　DAC0832 有几种工作方式？

4.5　试设计用 DAC0832 控制 1 个 LED，使 LED 从暗逐渐变亮，到达最大后，再逐渐变暗，直到最小，如此循环。

项目五 单片机串行口通信

学习目标

- 了解串行通信基础知识;
- 掌握 STC89C51RC/RD+系列单片机串行口相关寄存器的设置方法;
- 掌握 STC89C51RC/RD+系列单片机串行口的工作模式;
- 掌握利用串行口发送数据、接收数据的 C 语言编程方法。

能力目标

能够掌握单片机串行口数据发送、数据接收的控制方法与程序的编写; 能够初步利用单片机串行口进行数据传输。

5.1 串行通信简介

串行口简称串口，是采用串行通信方式的接口。

5.1.1 串行通信和并行通信

并行通信：数据的各位同时传送。并行方式可一次同时传送 N 位数据，但并行传送的线路复杂，并行方式常用于短距离通信。

串行通信：数据一位一位顺序传送。串行方式一次只能传送一位。串行传送的线路简单，因此多用于长距离通信。并行通信与串行通信示意图如图 5.1 所示。

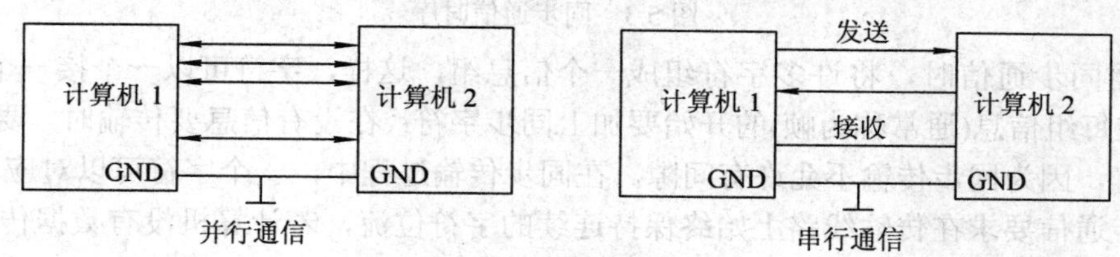

图 5.1 并行通信与串行通信示意图

5.1.2 异步通信和同步通信

1. 异步通信

异步通信指两个互不同步的设备通过计时机制或其他技术进行数据传输。

异步通信以一个字符为传输单位，通信中两个字符间的时间间隔是不固定的，然而在同一个字符中的两个相邻位代码间的时间间隔是固定的。使用异步串口传送一个字符的信息时，对资料格式有如下约定：规定有空闲位、起始位、数据位、奇偶校验位、停止位。

异步通信的时序如图 5.2 所示。

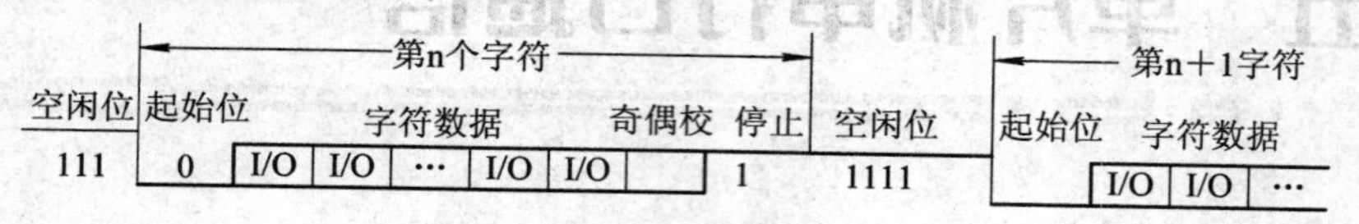

图 5.2　异步通信时序

其中各位的意义如下：

起始位：先发出一个逻辑“0”信号，表示传输字符的开始。

数据位：紧接着起始位之后。数据位的个数可以是 4、5、6、7、8 等，构成一个字符。通常采用 ASCII 码。从最低位开始传送，靠时钟定位。

奇偶校验位：数据位加上这一位后，使得“1”的位数应为偶数(偶校验)或奇数(奇校验)，以此来校验数据传送的正确性。

停止位：它是一个字符数据的结束标志，可以是 1 位、1.5 位、2 位的高电平。

空闲位：处于逻辑“1”状态，表示当前线路上没有数据传送。

波特率：衡量数据传送速率的指针，表示每秒钟传送的二进制位数。例如数据传送速率为 120 字符/秒，而每一个字符为 10 位，则其传送的波特率为 10 × 120 = 1200 字符/秒 = 1200 波特。

2. 同步通信

同步通信是一种连续串行传送数据的通信方式，一次通信只传送一帧信息。这里的信息帧与异步通信中的字符帧不同，通常含有若干个数据字符。

同步通信的时序如图 5.3 所示。

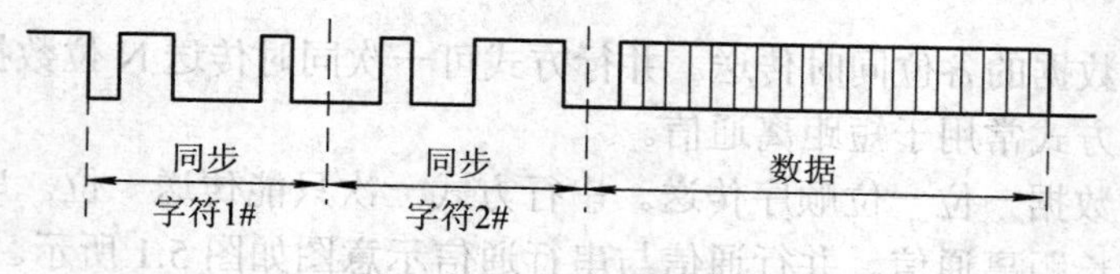

图 5.3　同步通信时序

采用同步通信时，将许多字符组成一个信息组，这样，字符可以一个接一个地传输，但是，在每组信息(通常称为帧)的开始要加上同步字符；在没有信息要传输时，要填上“空闲”字符，因为同步传输不允许有间隙。在同步传输过程中，一个字符可以对应 5～8 位。

同步通信要求在传输线路上始终保持连续的字符位流，若计算机没有数据传输，则线路上要用专用的“空闲”字符或同步字符填充。

5.1.3　串行通信的传输方向

1. 单工

单工是指数据传输仅能沿一个方向，不能实现反向传输，如图 5.4 所示。

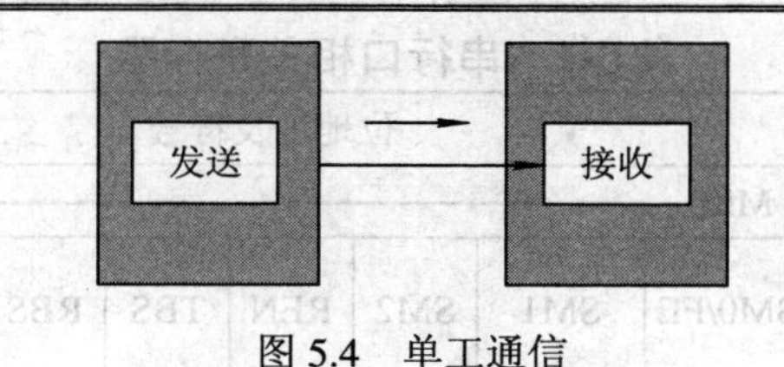

图 5.4 单工通信

2. 半双工

半双工是指数据传输可以沿两个方向，但需要分时进行，如图 5.5 所示。

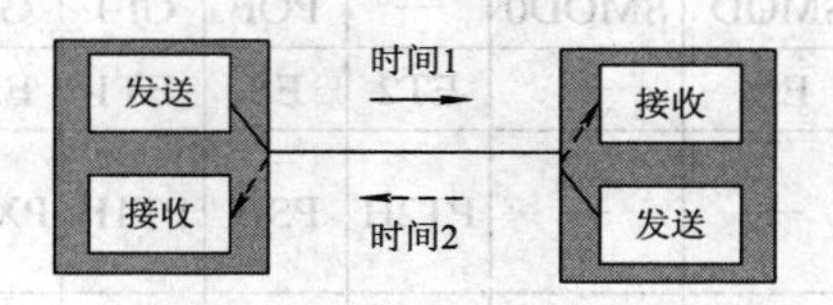

图 5.5 半双工通信

3. 全双工

全双工是指数据可以同时进行双向传输，如图 5.6 所示。

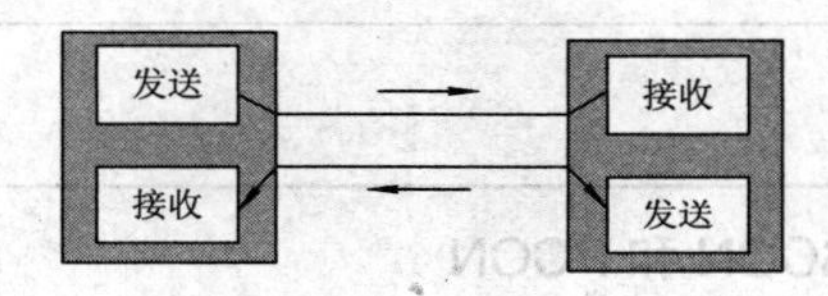

图 5.6 全双工通信

5.2 STC89C51RC/RD+系列单片机的串行口

STC89C51RC/RD+系列单片机内部集成有一个功能很强的全双工串行通信口，与传统 8051 单片机的串口完全兼容。设有两个互相独立的接收、发送缓冲器，可以同时发送和接收数据。发送缓冲器只能写入而不能读出，接收缓冲器只能读出而不能写入，因而两个缓冲器可以共用一个地址码(99H)。两个缓冲器统称串行通信特殊功能寄存器 SBUF。

串行通信设有 4 种工作方式，其中两种方式的波特率是可变的，另两种是固定的，以供不同应用场合选用。波特率由内部定时器/计数器产生，用软件设置不同的波特率和选择不同的工作方式。主机可通过查询或中断方式对接收/发送进行程序处理，使用十分灵活。

STC89C51RC/RD+系列单片机串行口对应的硬件部分对应的管脚是 P3.0/RXD 和 P3.1/TXD。

STC89C51RC/RD+系列单片机的串行通信口，除用于数据通信外，还可方便地构成一个或多个并行 I/O 口，或作串/并转换，或用于扩展串行外设等。

5.2.1 串行口相关寄存器

串行口相关寄存器如表 5-1 所示。

表 5-1　串行口相关寄存器

符号	描述	地址	位地址及符号 MSB → LSB								复位值
SCON	串行控制寄存器	98H	SM0/FE	SM1	SM2	REN	TBS	RBS	TI	RI	0000 0000B
SBUF	串行口数据缓冲寄存器	99H									xxxx xxxxB
PCON	电源控制	87H	SMOD	SMOD0	—	POF	GF1	GF0	PD	IDL	00x1 0000B
IE	中断使能	A8H	EA	—	ET2	ES	ET1	EX1	ET0	EX0	0x00 0000B
IPH	中断优先级寄存器高	B7H	—	—	PT2H	PSH	PT1H	PX1H	PT0H	PX0H	xx00 0000B
IP	中断优先级寄存器低	B8H	—	—	PT2	PS	PT1	PX1	PT0	PX0	xx00 0000B
SADEN	从机地址掩模寄存器	B9H									0000 0000B
SADDR	从机地址寄存器	A9H									0000 0000B

1. 串行口控制寄存器 SCON 和 PCON

STC89C51RC/RD+系列单片机的串行口设有两个控制寄存器：串行控制寄存器 SCON 和波特率选择特殊功能寄存器 PCON。

串行控制寄存器 SCON 用于选择串行通信的工作方式和某些控制功能，其格式如下：

SFR 名字	地址	bit	B7	B6	B5	B4	B3	B2	B1	B0
SCON	98H	名字	SM0/FE	SM1	SM2	REN	TB8	RB8	TI	RI

SCON：串行控制寄存器(可位寻址)。

SM0/FE：当 PCON 寄存器中的 SMOD0/PCON.6 位为 1 时，该位用于帧错误检测。当检测到一个无效停止位时，通过 UART 接收器设置该位。它必须由软件清零。

当 PCON 寄存器中的 SMOD0/PCON.6 位为 0 时，该位和 SM1 一起指定串行通信的工作方式。其中 SM0、SM1 按下列组合确定串行口的工作方式，如表 5-2 所示。

表 5-2　串行口工作方式选择

SM0	SM1	工作方式	功能说明	波 特 率
0	0	方式 0	同步移位串行方式：移位寄存器	波特率是 SYSclk/12
0	1	方式 1	8 位 UART，波特率可变	$(2^{SMOD}/32)\times$(定时器 1 的溢出率)
1	0	方式 2	9 位 UART	$(2^{SMOD}/64)\times$SYSclk 系统工作时钟频率
1	1	方式 3	9 位 UART，波特率可变	$(2^{SMOD}/32)\times$(定时器 1 的溢出率)

SM2：允许方式 2 或方式 3 多机通信控制位。在方式 2 或方式 3 时，如 SM2 位为 1，REN 位为 1，则从机只有接收到 RB8 位为 1(地址帧)时才激活中断请求标志位 RI 为 1，并向主机请求中断处理；被确认为寻址的从机则复位 SM2 位为 0，从而才接收 RB8 为 0 的数据帧。在方式 1 时，如果 SM2 位为 1，则只有在接收到有效的停止位时才置位中断请求标志位 RI 为 1。在方式 0 时，SM2 应为 0。

REN：允许/禁止串行接收控制位。由软件置位 REN，即 REN = 1 为允许串行接收状态，可启动串行接收器 RXD，开始接收信息。软件复位 REN，即 REN = 0，则禁止接收。

TB8：在方式 2 或方式 3，它为要发送的第 9 位数据，按需要由软件置位或清零。例如，可用作数据的校验位或多机通信中表示地址帧/数据帧的标志位。

RB8：在方式 2 或方式 3，是接收到的第 9 位数据；在方式 1，若 SM2 = 0，则 RB8 是接收到的停止位。方式 0 不用 RB8。

TI：发送中断请求标志位。在方式 0，当串行发送数据第 8 位结束时，由内部硬件自动置位，即 TI = 1，向主机请求中断，响应中断后必须用软件复位，即 TI = 0。在其他方式中，则在停止位开始发送时由内部硬件置位，必须用软件复位。

RI：接收中断请求标志位。在方式 0，当串行接收到第 8 位结束时由内部硬件自动置位 RI = 1，向主机请求中断，响应中断后必须用软件复位，即 RI = 0。在其他方式中，串行接收到停止位的中间时刻由内部硬件置位，即 RI=1(例外情况见 SM2 说明)，必须由软件复位，即 RI = 0。

SCON 的所有位可通过整机复位信号复位为全“0”。SCON 的字节地址尾 98H，可位寻址，各位地址为 98H～9FH，可用软件实现位设置。当用指令改变 SCON 的有关内容时，其改变的状态将在下一条指令的第一个机器周期的 S1P1 状态发生作用。如果一次串行发送已经开始，则输出 TB8 将是原先的值，不是新改变的值。

串行通信的中断请求：当一帧发送完成时，内部硬件自动置位 TI，即 TI=1，请求中断处理；当接收完一帧信息时，内部硬件自动置位 RI，即 RI=1，请求中断处理。由于 TI 和 RI 以“或逻辑”关系向主机请求中断，所以主机响应中断时事先并不知道是 TI 还是 RI 请求的中断，必须在中断服务程序中查询 TI 和 RI 进行判别，然后分别处理。因此，两个中断请求标志位均不能由硬件自动置位，必须通过软件清零，否则将出现一次请求多次响应的错误。

电源控制寄存器 PCON 中的 SMOD/PCON.7 用于设置方式 1、方式 2、方式 3 的波特率是否加倍。

PCON：电源控制寄存器(不可位寻址)，格式如下：

SFR 名字	地址	bit	B7	B6	B5	B4	B3	B2	B1	B0
PCON	87H	名字	SMOD	SMOD0	—	POF	GF1	GF0	PD	IDL

SMOD：波特率选择位。当用软件置位 SMOD，即 SMOD = 1 时，串行通信方式 1、2、3 的波特率加倍；当 SMOD = 0 时，各工作方式的波特率加倍。复位时 SMOD = 0。

SMOD0：帧错误检测有效控制位。当 SMOD0 = 1 时，SCON 寄存器中的 SM0/FE 位用于 FE(帧错误检测)功能；当 SMOD0 = 0 时，SCON 寄存器中的 SM0/FE 位用于 SM0 功能，和 SM1 一起指定串行口的工作方式。复位时 SMOD0 = 0。

2. 串行口数据缓冲寄存器 SBUF

STC89xx 系列单片机的串行口缓冲寄存器(SBUF)的地址是 99H，实际是两个缓冲器，写 SBUF 的操作完成待发送数据的加载，读 SBUF 的操作可获得已接收到的数据。两个操作分别对应两个不同的寄存器，一个是只写寄存器，一个是只读寄存器。

串行通道内设有数据寄存器。在所有的串行通信方式中，在写入 SBUF 信号的控制下，把数据装入相同的 9 位移位寄存器，前面 8 位为数据字节，其最低位为移位寄存器的输出位。根据不同的工作方式会自动将“1”或 TB8 的值装入移位寄存器的第 9 位，并进行发送。

串行通道的接收寄存器是一个输入移位寄存器。在方式 0 时它的字长为 8 位，其他方式时为 9 位。当一帧接收完毕，移位寄存器中的数据字节装入串行数据缓冲器 SBUF 中，其第 9 位则装入 SCON 寄存器中的 RB8 位。如果由于 SM2 使得已接收到的数据无效，则 RB8 和 SBUF 中的内容不变。

由于接收通道内设有输入移位寄存器和 SBUF 缓冲器，从而能使一帧接收完将数据由移位寄存器装入 SBUF 后，可立即开始接收下一帧信息，主机应在该帧接收结束前从 SBUF 缓冲器中将数据取走，否则前一帧数据将丢失。SBUF 以并行方式送往内部数据总线。

3. 从机地址控制寄存器 SADEN 和 SADDR

为了方便多机通信，STC89C51RC/RD+系列单片机设置了从机地址控制寄存器 SADEN 和 SADDR。其中 SADEN 是从机地址掩模寄存器(地址为 B9H，复位值为 00H)，SADDR 是从机地址寄存器(地址为 A9H，复位值为 00H)。

4. 与串行口中断相关的寄存器 IE 和 IPH、IP

(1) 串行口中断允许位 ES 位于中断允许寄存器 IE 中，中断允许寄存器的格式如下：

SFR 名字	地址	bit	B7	B6	B5	B4	B3	B2	B1	B0
IE	A8H	名字	EA	—	ET2	ES	ET1	EX1	ET0	EX0

IE：中断允许寄存器(可位寻址)。

EA：CPU 的总中断允许控制位，EA = 1，CPU 开放中断；EA = 0，CPU 屏蔽所有的中断申请。EA 的作用是使中断允许形成多级控制，即各中断源首先受 EA 控制，其次还受各中断源自己的中断允许控制位控制。

ES：串行口中断允许位，ES = 1，允许串行口中断；ES = 0，禁止串行口中断。

(2) 串行口中断优先级控制位 PS/PSH 位于中断优先级控制寄存器 IP/IPH 中，中断优先级控制寄存器的格式如下：

SFR 名字	地址	bit	B7	B6	B5	B4	B3	B2	B1	B0
IPH	B7H	名字	PX3H	PX2H	PT2H	PSH	PT1H	PX1H	PT0H	PX0H

IPH：中断优先级控制寄存器高(不可位寻址)。

(3) IP：中断优先级控制寄存器低(可位寻址)。

SFR 名字	地址	bit	B7	B6	B5	B4	B3	B2	B1	B0
IP	B8H	名字	—	—	PT2	PS	PT1	PX1	PT0	PX0

PSH，PS：串口 1 中断优先级控制位。

当 PSH = 0 且 PS = 0 时，串口 1 中断为最低优先级中断(优先级 0)；

当 PSH = 0 且 PS = 1 时，串口 1 中断为较低优先级中断(优先级 1)；

当 PSH = 1 且 PS = 0 时，串口 1 中断为较高优先级中断(优先级 2)；

当 PSH = 1 且 PS = 1 时，串口 1 中断为最高优先级中断(优先级 3)。

5.2.2 STC89C51RC/RD+系列单片机的串行口工作模式

STC89C51RC/RD+系列单片机的串行口有 4 种工作模式，可通过软件编程对 SCON 中的 SM0、SM1 的设置进行选择。其中模式 1、模式 2 和模式 3 为异步通信，每个发送和接收的字符都带有 1 个启动位和 1 个停止位。在模式 0 中，串行口被作为一个简单的移位寄存器使用。

1. 串行口工作模式 0：同步移位寄存器

在模式 0 状态，串行通信工作在同步移位寄存器模式，当单片机工作在 6T 时，其波特率固定为 SYSclk/6。当单片机工作在 12T 时，其波特率固定为 SYSclk/12。串行口数据由 RXD(RXD/P3.0)端输入，同步移位脉冲(SHIFTCLOCK)由 TXD(TXD/P3.1)输出，发送、接收的是 8 位数据，低位在先。

模式 0 的发送过程：当主机执行将数据写入发送缓冲器 SBUF 指令时启动发送，串行口即将 8 位数据以 SYSclk/12 或 SYSclk/6 的波特率从 RXD 管脚输出(从低位到高位)，发送完中断标志 TI 置“1”，TXD 管脚输出同步移位脉冲(SHIFTCLOCK)。模式 0 发送过程如图 5.7 所示。

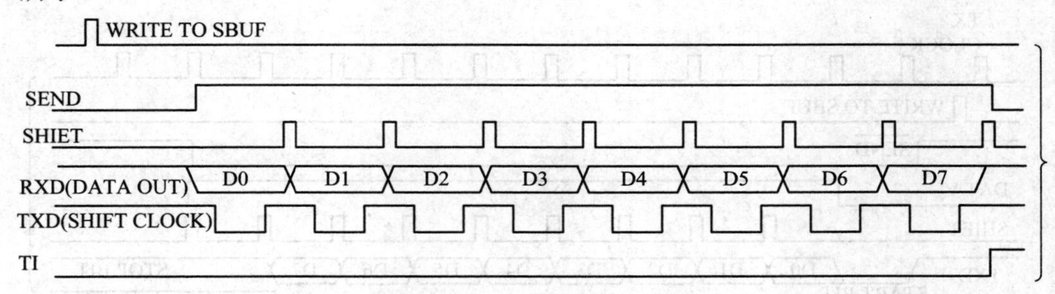

图 5.7　模式 0 发送过程

当写信号有效后，相隔一个时钟，发送控制端 SEND 有效(高电平)，允许 RXD 发送数据，同时允许 TXD 输出同步移位脉冲。一帧(8 位)数据发送完毕后，各控制端均恢复原状态，只有 TI 保持高电平，呈中断申请状态。在再次发送数据前，必须用软件将 TI 清零。

模式 0 接收过程：接收时，复位接收中断请求标志 RI，即 RI = 0，置位允许接收控制位 REN = 1 时启动串行模式 0 接收过程，启动接收过程后，RXD 为串行输入端，TXD 为同步脉冲输出端。串行接收的波特率为 SYSclk/12 或 SYSclk/6。模式 0 接收过程如图 5.8 所示。

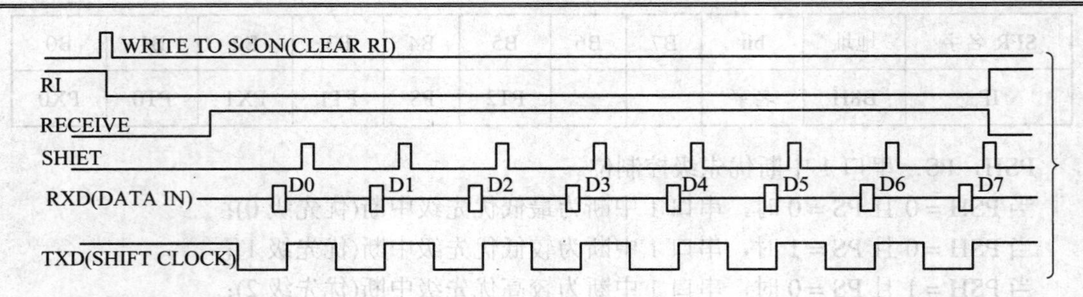

图 5.8　模式 0 接收过程

当接收完成一帧数据(8 位)后，控制信号复位，中断标志 RI 被置“1”，呈中断申请状态。当再次接收时，必须通过软件将 RI 清零。

工作于模式 0 时，必须清零多机通信控制位 SM2，使不影响 TB8 位和 RB8 位。由于波特率固定为 SYSclk/12 或 SYSclk/6，因此无需定时器提供，直接由单片机的时钟作为同步移位脉冲。

2. 串行口工作模式 1：8 位 UART，波特率可变

当软件设置 SCON 的 SM0、SM1 为“01”时，串行通信则以模式 1 工作。此模式为 8 位 UART 格式，一帧信息为 10 位：1 位起始位，8 位数据位(低位在先)和 1 位停止位。波特率可变，即可根据需要进行设置。TXD(TXD/P3.1)端发送信息，RXD(RXD/P3.0)端接收信息，串行口为全双工接收/发送串行口。

模式 1 的发送过程：串行通信模式发送时，数据由串行发送端 TXD 输出。当主机执行一条写“SBUF”的指令时就启动串行通信的发送，写“SBUF”信号还把“1”装入发送移位寄存器的第 9 位，并通知 TX 控制单元开始发送。发送各位的定时是由 16 分频计数器同步的。模式 1 发送过程如图 5.9 所示。

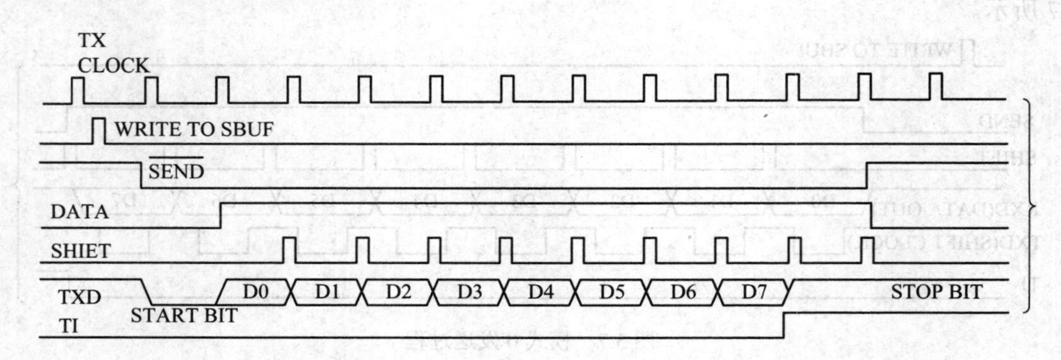

图 5.9　模式 1 发送过程

移位寄存器将数据不断右移送 TXD 端口发送，在数据的左边不断移入“0”作补充。当数据的最高位移到移位寄存器的输出位置时，紧跟其后的是第 9 位“1”，在它的左边各位全为“0”，这个状态条件，使 TX 控制单元作最后一次移位输出，然后使允许发送信号“SEND”失效，完成一帧信息的发送，并置位中断请求位 TI，即 TI = 1，向主机请求中断处理。

模式 1 的接收过程：当软件置位接收允许标志位 REN，即 REN = 1 时，接收器便以选定波特率的 16 分频的速率采样串行接收端口 RXD，当检测到 RXD 端口从“1”到“0”的负跳变时就启动接收器准备接收数据，并立即复位 16 分频计数器，将 1FFH 装入移位寄存器。复位 16 分频计数器是使它与输入位时间同步。模式 1 接收过程如图 5.10 所示。

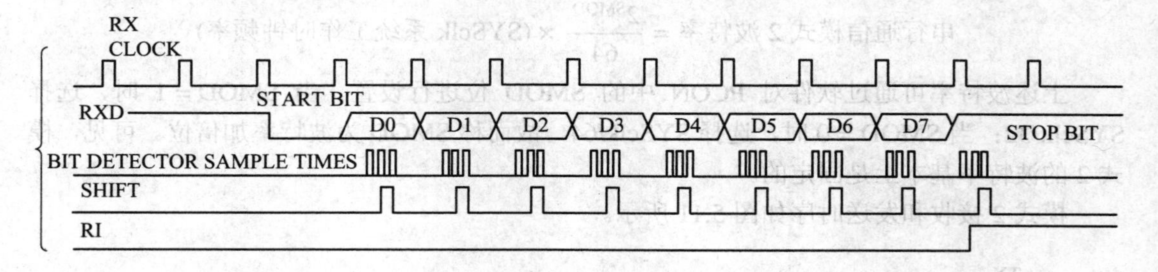

图 5.10　模式 1 接收过程

16 分频计数器的 16 个状态是将 1 波特率(每位接收时间)均为 16 等份，在每位时间的 7、8、9 状态由检测器对 RXD 端口进行采样，所接收的值是这次采样值经“三中取二”的值，即 3 次采样至少 2 次相同的值，以此消除干扰影响，提高可靠性。在起始位，如果接收到的值不为“0”(低电平)，则起始位无效，复位接收电路，并重新检测由“1”到“0”的跳变。如果接收到的起始位有效，则将它输入移位寄存器，并接收本帧的其余信息。

接收的数据从接收移位寄存器的右边移入，已装入的 1FFH 向左边移出，当起始位“0”移到移位寄存器的最左边时，RX 控制器作最后一次移位，完成一帧的接收。此时必须满足以下两个条件：

(1) RI = 0；

(2) SM2 = 0 或接收到的停止位为 1。

若以上两条件同时满足，则接收到的数据有效，实现载入 SBUF，停止位进入 RB8，置位 RI，即 RI = 1，向主机请求中断；若上述两条件不能同时满足，则接收到的数据作废并丢失。无论条件满足与否，接收器重又检测 RXD 端口上的由“1”到“0”的跳变，继续下一帧的接收。接收有效，在响应中断后，必须由软件清零，即 RI = 0。通常情况下，串行通信工作于模式 1 时，SM2 设置为“0”。

串行通信模式 1 的波特率是可变的，可变的波特率由定时器/计数器 1 或独立波特率发生器产生。

$$\text{串行通信模式 1 的波特率} = 2^{SMOD}32 \times (\text{定时器/计数器 1 溢出率})$$

当单片机工作在 12T 模式时，定时器 1 的溢出率 = (SYSclk/12)/(256 - TH1)；

当单片机工作在 6T 模式时，定时器 1 的溢出率 = (SYSclk/6)/(256 - TH1)。

3. 串行口工作模式 2：9 位 UART，波特率固定

当 SM0、SM1 两位为 10 时，串行口工作在模式 2。串行口工作模式 2 为 9 位数据异步通信 UART 模式，其一帧的信息由 11 位组成：1 位起始位，8 位数据位(低位在先)，1 位可编程位(第 9 位数据)和 1 位停止位。发送时可编程位(第 9 位数据)由 SCON 中的 TB8 提供，可通过

软件将 SCON 中的 TB8 设置为 1 或 0，或者可将 PSW 中的奇/偶校验位 P 值装入 TB8(TB8 既可作为多机通信中的地址数据标志位，又可作为数据的奇偶校验位)。接收时第 9 位数据装入 SCON 的 RB8。TXD 为发送端口，RXD 为接收端口，以全双工模式进行接收/发送。

模式 2 的波特率为

$$\text{串行通信模式 2 波特率} = \frac{2^{SMOD}}{64} \times (\text{SYSclk 系统工作时钟频率})$$

上述波特率可通过软件对 PCON 中的 SMOD 位进行设置，当 SMOD = 1 时，选择 SYSclk/32；当 SMOD = 0 时，选择 SYSclk/64，故而称 SMOD 为波特率加倍位。可见，模式 2 的波特率基本上是固定的。

模式 2 接收和发送时序如图 5.11 所示。

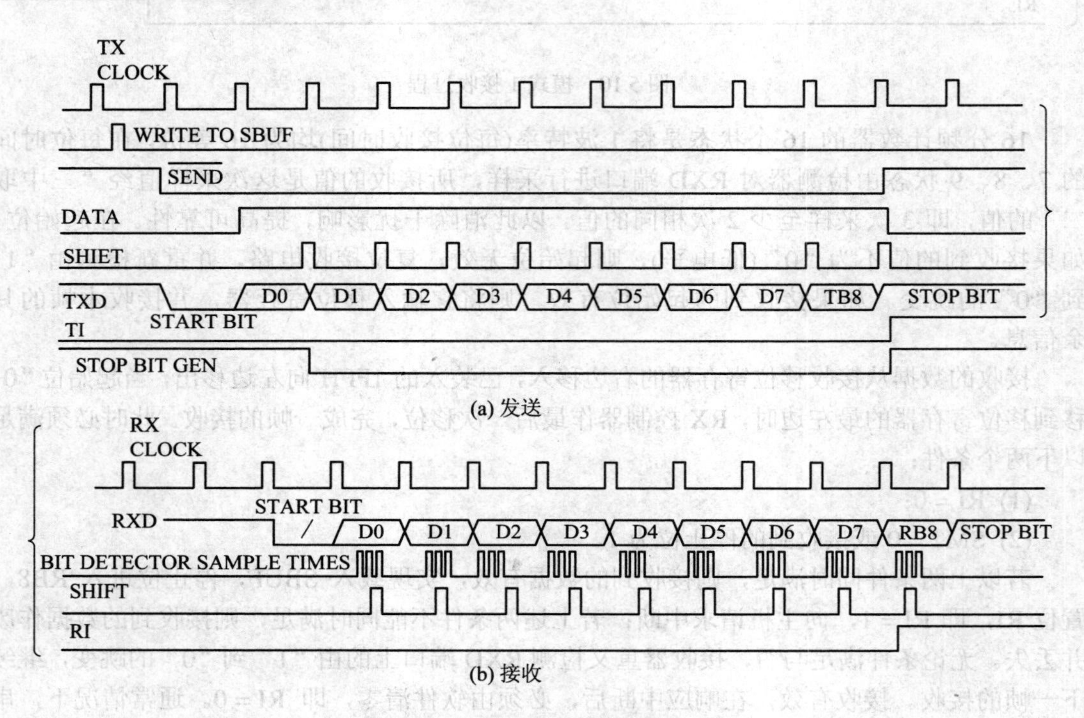

图 5.11　模式 2 接收和发送时序图

由时序图可知，模式 2 和模式 1 相比，除波特率发生源略有不同，发送时由 TB8 提供给移位寄存器第 9 数据位不同外，其余功能结构均基本相同，其接收/发送操作过程及时序也基本相同。

当接收器接收完一帧信息后必须同时满足下列条件：

(1) RI = 0；

(2) SM2 = 0 或者 SM2 = 1，并且接收到的第 9 数据位 RB8 = 1。

当上述两条件同时满足时，才将接收到的移位寄存器的数据装入 SBUF 和 RB8 中，并置位 RI=1，向主机请求中断处理。如果上述条件有一个不满足，则刚接收到移位寄存器中的数据无效而丢失，也不置位 RI。无论上述条件满足与否，接收器又重新开始检测 RXD

输入端口的跳变信息，接收下一帧的输入信息。

在模式 2 中，接收到的停止位与 SBUF、RB8 和 RI 无关。

通过软件对 SCON 中的 SM2、TB8 的设置以及通信协议的约定，为多机通信提供了方便。

4. 串行口工作模式 3：9 位 UART，波特率可变

当 SM0、SM1 两位为 11 时，串行口工作在模式 3。串行通信模式 3 为 9 位数据异步通信 UART 模式，其一帧的信息由 11 位组成：1 位起始位，8 位数据位(低位在先)，1 位可编程位(第 9 位数据)和 1 位停止位。发送时可编程位(第 9 位数据)由 SCON 中的 TB8 提供，可通过软件设置 TB8 为 1 或 0，或者可将 PSW 中的奇/偶校验位 P 值装入 TB8(TB8 既可作为多机通信中的地址数据标志位，又可作为数据的奇偶校验位)。接收时第 9 位数据装入 SCON 的 RB8。TXD 为发送端口，RXD 为接收端口，以全双工模式进行接收/发送。

模式 3 的波特率为

$$\text{串行通信模式 3 波特率} = \frac{2^{SMOD}}{32} \times (\text{定时器/计数器 1 的溢出率})$$

当单片机工作在 12T 模式时，定时器 1 的溢出率 = (SYSclk/12)/(256 − TH1)；

当单片机工作在 6T 模式时，定时器 1 的溢出率 = (SYSclk /6)/(256 − TH1)。

可见，模式 3 和模式 1 一样，可通过软件对定时器/计数器 1 或独立波特率发生器的设置进行波特率的选择，波特率是可变的。

模式 3 接收发送时序如图 5.12 所示。

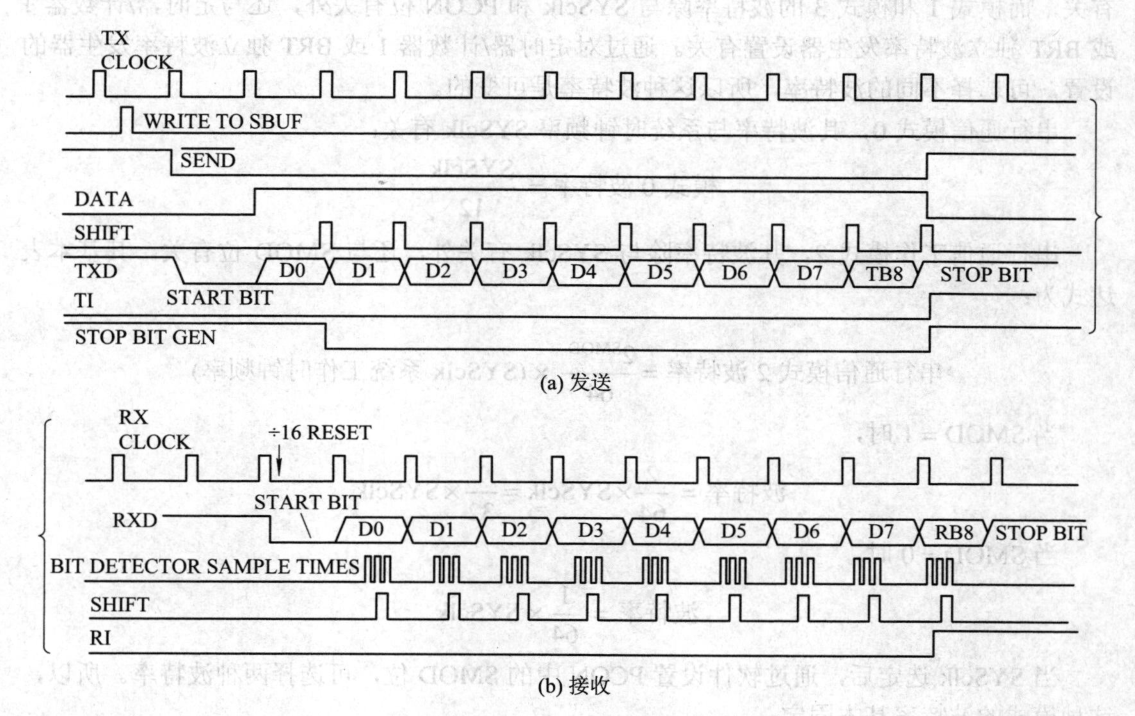

图 5.12　模式 3 接收和发送时序图

模式 3 和模式 1 相比，除发送时由 TB8 提供给移位寄存器第 9 数据位不同外，其余功能结构均基本相同，其接收和发送操作过程及时序也基本相同。

当接收器接收完一帧信息后必须同时满足下列条件：

(1) RI = 0；

(2) SM2 = 0 或者 SM2=1，并且接收到的第 9 数据位 RB8 = 1。

当上述两条件同时满足时，才将接收到的移位寄存器的数据装入 SBUF 和 RB8 中，并置位 RI=1，向主机请求中断处理。如果上述条件有一个不满足，则刚接收到移位寄存器中的数据无效而丢失，也不置位 RI。无论上述条件满足与否，接收器又重新开始检测 RXD 输入端口的跳变信息，接收下一帧的输入信息。

在模式 3 中，接收到的停止位与 SBUF、RB8 和 RI 无关。

通过软件对 SCON 中的 SM2、TB8 的设置以及通信协议的约定，为多机通信提供了方便。

5.2.3 串行通信中波特率的设置

波特率(Baud rate)即调制速率，指的是信号被调制以后在单位时间内的变化，即单位时间内载波参数变化的次数。它是对符号传输速率的一种度量，1 波特即指每秒传输 1 个符号。

STC89C51RC/RD+系列单片机串行通信的波特率随所选工作模式的不同而异，对于工作模式 0 和模式 2，其波特率与系统时钟频率 SYSclk 和 PCON 中的波特率选择位 SMOD 有关，而模式 1 和模式 3 的波特率除与 SYSclk 和 PCON 位有关外，还与定时器/计数器 1 或 BRT 独立波特率发生器设置有关。通过对定时器/计数器 1 或 BRT 独立波特率发生器的设置，可选择不同的波特率，所以这种波特率是可变的。

串行通信模式 0，其波特率与系统时钟频率 SYSclk 有关：

$$\text{模式 0 波特率} = \frac{\text{SYSclk}}{12}$$

串行通信工作模式 2，其波特率除与 SYSclk 有关外，还与 SMOD 位有关。其基本表达式为：

$$\text{串行通信模式 2 波特率} = \frac{2^{\text{SMOD}}}{64} \times (\text{SYSclk 系统工作时钟频率})$$

当 SMOD = 1 时，

$$\text{波特率} = \frac{2}{64} \times \text{SYSclk} = \frac{1}{32} \times \text{SYSclk}$$

当 SMOD = 0 时，

$$\text{波特率} = \frac{1}{64} \times \text{SYSclk}$$

当 SYSclk 选定后，通过软件设置 PCON 中的 SMOD 位，可选择两种波特率。所以，这种模式的波特率基本固定。

串行通信模式 1 和 3，其波特率是可变的：

模式 1、3 波特率 $= \frac{2^{SMOD}}{32} \times$ (定时器/计数器 1 的溢出率或 BRT 独立波特率发生器的溢出率)

当单片机工作在 12T 模式时

$$定时器1的溢出率 = \frac{\frac{SYSclk}{12}}{250 - TH1}$$

当单片机工作在 6T 模式时

$$定时器1的溢出率 = \frac{\frac{SYSclk}{6}}{250 - TH1}$$

通过对定时器/计数器 1 和 BRT 独立波特率发生器的设置，可灵活地选择不同的波特率。在实际应用中多选用串行模式 1 或串行模式 3。显然，为选择波特率，关键在于定时器/计数器 1 和 BRT 独立波特率发生器的溢出率的计算。

在实际应用中，定时器/计数器 1 通常采用方式 2，TH1 和 TL2 为两个 8 位自动重装计数器，操作方便。

因此可以推导出定时器 1 的初值公式，即

当 SMOD = 0 时

$$定时器1初值 = 256 - \frac{SYSclk}{32 \times 12 \times 波特率}$$

当 SMOD = 1 时

$$定时器1初值 = 256 - \frac{SYSclk}{16 \times 12 \times 波特率}$$

5.2.4 串行口使用步骤

串行口使用步骤如下：

(1) 设置串行口工作模式与波特率是否倍速；

(2) 根据波特率计算公式，计算定时器 1 的初值；

(3) 确定定时工作方式；

(4) 启动定时器；

(5) 使用串口中断方式，需要对相关中断源进行设置，也可以使用查询方式；

(6) 向 SBUF 写入数据，也可以读 SBUF 收到的数据。

5.3 串行口应用举例

【例 5.1】 采用查询方式，在图 5.13 中，编写单片机向串口发送数据(00～FF)程序。

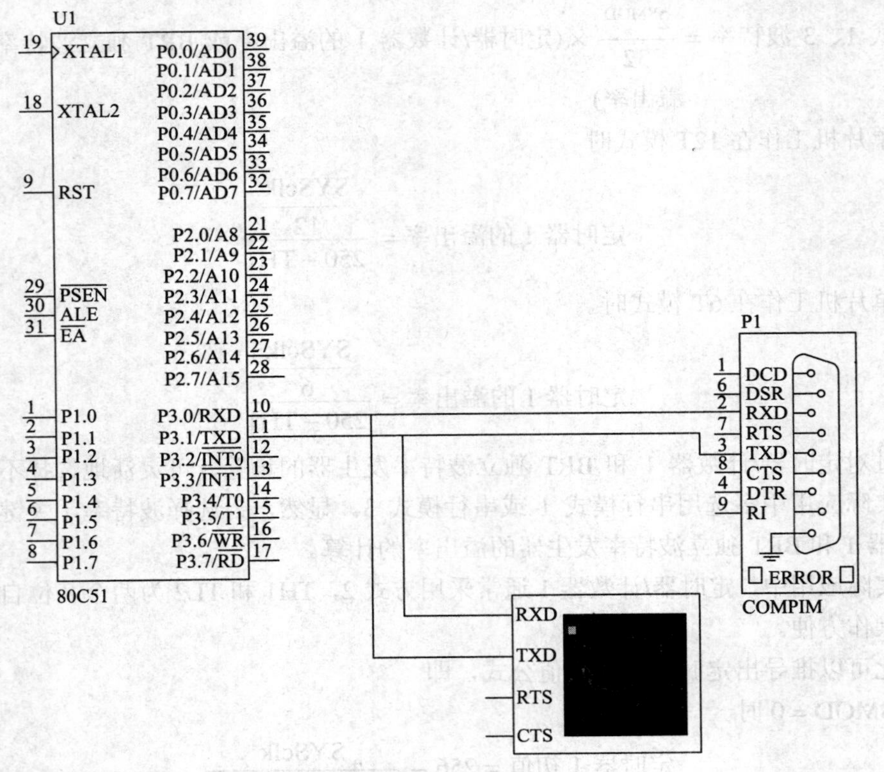

图 5.13　串行口收发

解析：

由于 Proteus 软件的虚拟串口中，集成了 RS232-TTL 功能，因此可以省略掉实际硬件电路中的 MAX232 芯片，然后选择虚拟终端，并对其进行设置。

特别需要注意的是，在进行串行口通信时，需要对单片机的时钟频率进行设置，否则在运行仿真的过程中会出现数据不准确的情况。设置时，双击单片机，将时钟频率改为 11.0592 MHz。如图 5.14 所示。

编辑元件
元件参考(R): U1　隐藏:
元件值(V): 80C51　隐藏:
PCB Package: DIL40　Hide All
Program File: 串口通信1.hex　Hide All
Clock Frequency: 11.0592MHz　Hide All
Advanced Properties:
Enable trace logging　No　Hide All
Other Properties:
本元件不进行仿真(S)　附加层次模块(M)
本元件不用于PCB制版(L)　隐藏通用引脚(C)
使用文本方式编辑所有属性(A)
确定(O)　帮助(H)　数据(D)　隐藏的引脚(P)　取消(C)

图 5.14　单片机晶振设置

程序代码如下：

```
#include<reg52.h>
void delay_10ms(unsigned int z)
{
  unsigned int x,y;
  for(x=z;x>0;x--)
     for(y=1150;y>0;y--);
}
void main()
{  unsigned int i=0;
   SCON=0x40;                    //设置串口工作模式，方式 1
   PCON=0x80;                    //波特率倍速，SMOD=1
   TMOD=0x20;                    //定时器 1，方式 2
   TH1=256-11059200/16/12/9600;  //定时器 1 赋初值
   TL1=256-11059200/16/12/9600;
   TR1=1;                        //启动定时器
   while(1)
   {  /*采用查询方式发送*/
      SBUF=i;
      while(TI==0);                 //查询 TI 状态
      TI=0;                         //软件复位 TI
      i++;
      delay_10ms(5);
   }
```

在 Proteus 仿真运行后，可以通过虚拟终端观察结果，如图 5.15 所示。

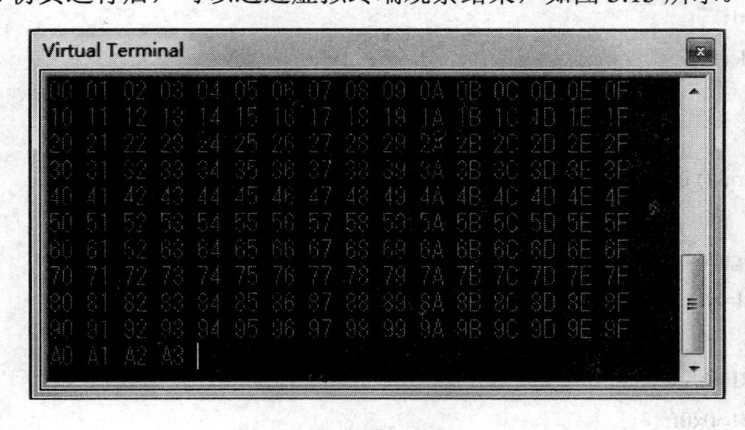

图 5.15 运行结果

如果仿真运行后，没有弹出虚拟终端窗口，可右键单击虚拟终端，选择“Virtual Terminal”项即可，如图 5.16 所示。

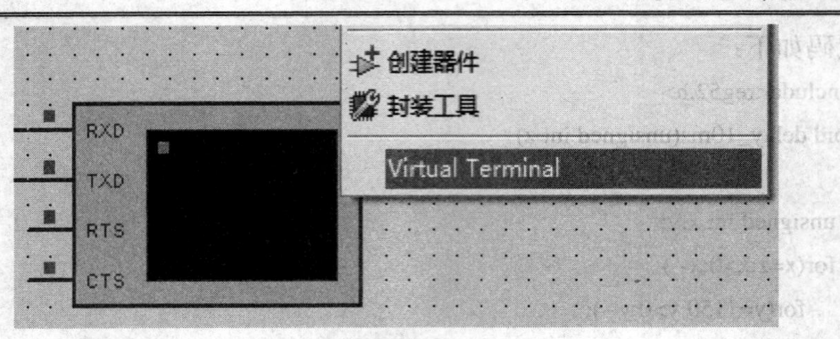

图 5.16　打开虚拟终端

【例 5.2】 利用串口调试助手向单片机发送数据，单片机将收到的数据再返回一个同样的数据。

程序代码如下：

```
#include<reg52.h>
void main()
{

    TMOD=0x20;
    TH1=0xfd;
    TL1=0xfd;
    TR1=1;
    SM0=0;
    SM1=1;
    REN=1;

    EA=1;
    ES=1;
    while(1);

}
void serial() interrupt 4
{
    unsigned char i;
    if(RI==1)
    {
      RI=0;
      P1=0x0f;
      i=SBUF;

      SBUF = i;
```

```
            while(!TI);
            TI=0;
        }
    }
```

【例 5.3】 试用 2 片单片机实现数据传输。单片机 1 将 A/D 采集到的模拟信号转换为数字信号，发送给单片机 2，单片机 2 接收后，把接收到的数据在 8 位 LED 上显示。说明：AD 芯片使用 ADC0804。

解析：

(1) 硬件电路设计。在本题目中，实际上就是完成从一个单片机(单片机 1)向另外一个单片机(单片机 2)发送数据，然后单片机 2 将收到的数据以二进制的形式，在 8 位 LED 显示出来。

首先我们来完成数据发送部分电路的设计，在项目四中，我们详细地介绍了 ADC0804 的特性及其使用方法，因此，在本项目中，我们可以直接参考项目四中的电路，进行少量的修改就可以满足要求，如图 5.17 所示。

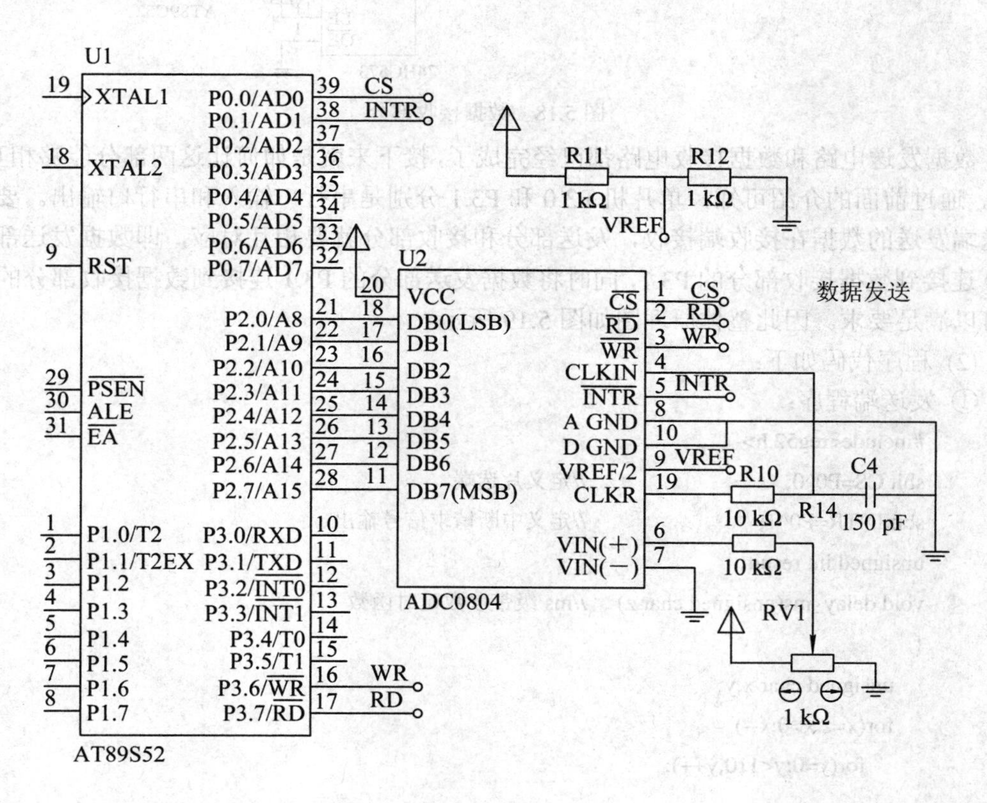

图 5.17　数据采集与发送

其次我们来完成接收端电路的设计，接收端电路需要有 8 位 LED，我们仍然可以借鉴之前所学习过的电路，如图 5.18 所示。

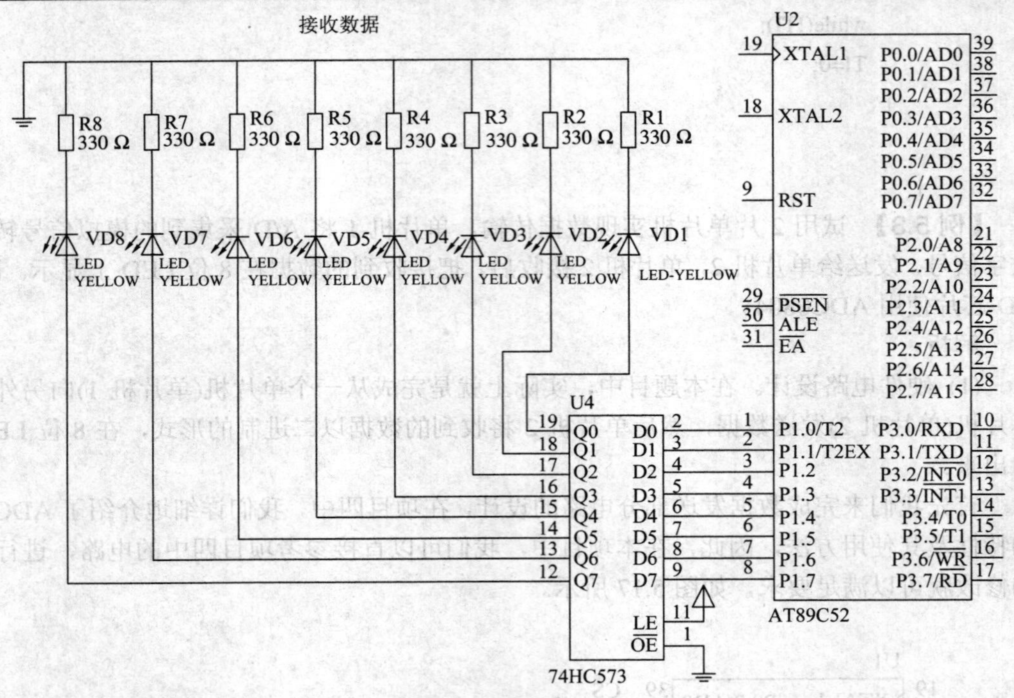

图 5.18　数据接收部分

数据发送电路和数据接收电路都已经完成了，接下来就是如何让这两部分能够相互“交流”。通过前面的介绍可知，单片机 P3.0 和 P3.1 分别是串行口输入和串行口输出。要想使发送端发送的数据在接收端接收，发送部分和接收部分就要相互对应，即数据发送部分的 P3.0 连接到数据接收部分的 P3.1，同时将数据发送部分的 P3.1 连接到数据接收部分的 P3.0 就可以满足要求。因此整体原理图如图 5.19 所示。

(2) 程序代码如下：

① 发送端程序：

```
#include<reg52.h>
sbit CS=P0^0;                    //定义片选端
sbit INTR=P0^1;                  //定义中断请求信号输出
unsigned int result;
void delay_ms(unsigned char z)   //ms 级带参数延时函数
{
    unsigned char x,y;
    for(x=z;x>0;x--)
        for(y=0;y<110;y++);
}
void init()                      //初始化函数 CS=0
{
    CS=0;
```

```
}
void start()                    //启动 A/D 转换函数
{
   WR=1;
   WR=0;
   WR=1;
}
void main()
{
   init();                      //调用初始化函数
   SCON=0x40;
   TMOD=0x20;
   TH1=0xfd;
   TL1=0xfd;
   TR1=1;
   while(1)
   {
      start();                  //调用启动 A/D 转换函数
      while(INTR!=0);           //查询 INTR 端状态，直到 INTR 为 0 时，顺序执行语句
      RD=0;
      delay_ms(1);
      result=P2;                //读取转换结果，将结果传给 result
      P1=result;
      SBUF=result;              //发送数据
      while(!TI);               //等待发送数据结束
      TI=0;                     //将 TI 复位
      RD=1;
   }
}
```

② 接收端程序：

```
#include<reg52.h>
unsigned int temp;
void main()
{
   TMOD=0x20;
   TH1=0xfd;
   TL1=0xfd;
   SCON=0x50;
   IE=0x90;
```

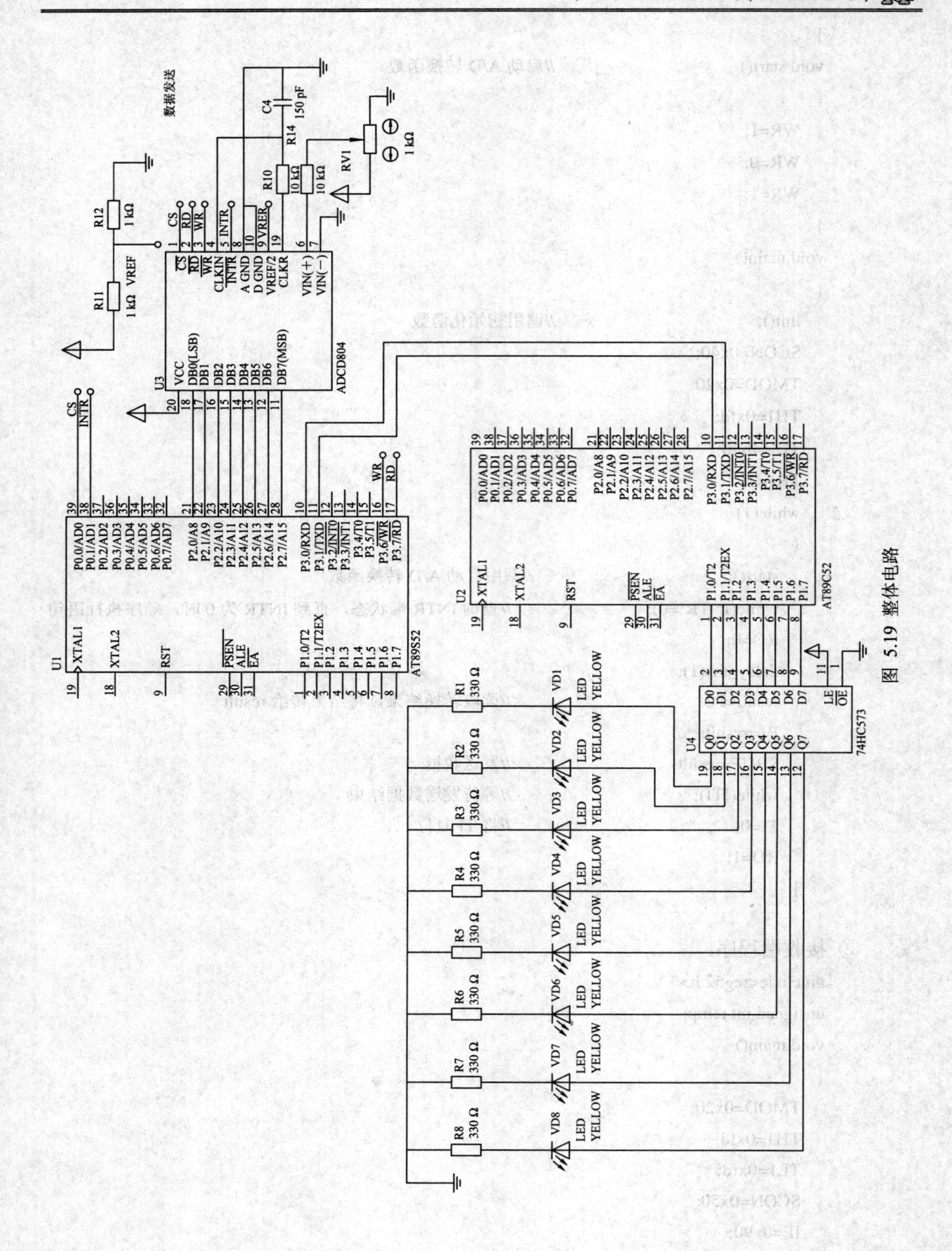

数据发送
C4
150 pF
R14
R10
10 kΩ
10 kΩ
RV1
1 kΩ
R12
1 kΩ
R11
1 kΩ
VREF
CS
RD
WR
INTR
VREF
U3
ADCD804
VCC
DB0(LSB)
DB1
DB2
DB3
DB4
DB5
DB6
DB7(MSB)
CLKIN
A GND
D GND
VREF/2
CLKR
VIN(+)
VIN(−)
U1
AT89S52
U2
AT89C52
XTAL1
XTAL2
RST
PSEN
ALE
EA
P0.0/AD0
P0.1/AD1
P0.2/AD2
P0.3/AD3
P0.4/AD4
P0.5/AD5
P0.6/AD6
P0.7/AD7
P2.0/A8
P2.1/A9
P2.2/A10
P2.3/A11
P2.4/A12
P2.5/A13
P2.6/A14
P2.7/A15
P3.0/RXD
P3.1/TXD
P3.2/INT0
P3.3/INT1
P3.4/T0
P3.5/T1
P3.6/WR
P3.7/RD
P1.0/T2
P1.1/T2EX
P1.2
P1.3
P1.4
P1.5
P1.6
P1.7
U4
74HC573
D0
D1
D2
D3
D4
D5
D6
D7
Q0
Q1
Q2
Q3
Q4
Q5
Q6
Q7
LE
OE
R1
R2
R3
R4
R5
R6
R7
R8
330 Ω
VD1
VD2
VD3
VD4
VD5
VD6
VD7
VD8
LED
YELLOW

图 5.19 整体电路

```
        TR1=1;
        IP=0x10;
        while(1);
    }
    void serial() interrupt 4
    {
        if(RI==1)
        {
            RI=0;
            temp=SBUF;
            P1=temp;
        }
    }
```

本章知识总结

(1) 并行通信：数据的各位同时传送。并行方式可一次同时传送 N 位数据，但并行传送的线路复杂。并行方式常用于短距离通信。串行通信：数据一位一位顺序传送。串行方式一次只能传送一位。串行传送的线路简单，因此多用于长距离通信。

(2) 异步通信是指两个互不同步的设备通过计时机制或其他技术进行数据传输。同步通信是一种连续串行传送数据的通信方式，一次通信只传送一帧信息。

(3) 串行通信有单工、半双工、全双工三种方式。

(4) 串行通信设有 4 种工作模式，其中两种模式的波特率是可变的，另两种是固定的，以供不同应用场合选用。

(5) 串行口相关寄存器。

(6) 串行口使用步骤：

① 设置串行口工作模式与波特率是否倍速；

② 根据波特率计算公式，计算定时器 1 的初值；

③ 确定定时工作方式；

④ 启动定时器；

⑤ 使用串口中断方式，需要对相关中断源进行设置，也可以使用查询方式；

⑥ 向 SBUF 写入数据，也可以读 SBUF 收到的数据。

(7) 波特率(Baud rate)即调制速率，指的是信号被调制以后在单位时间内的变化，即单位时间内载波参数变化的次数。它是对符号传输速率的一种度量，1 波特即指每秒传输 1 个符号。

(8) 在实际应用中，定时器/计数器 1 通常采用模式 2。TH1 和 TL2 为两个 8 位自动重装计数器，操作方便。

当 SMOD = 0 时，

$$定时器1初值 = 256 - \frac{SYSclk}{32\times12\times波特率}$$

当 SMOD = 1 时，

$$定时器1初值 = 256 - \frac{SYSclk}{16\times12\times波特率}$$

习　题　5

5.1　串行通信和并行通信的优缺点各是什么？

5.2　为什么选择 11.0592 MHz 的晶振？

5.3　STC89C51RC/RD+系列单片机串行口有几种工作模式？每种工作模式的特点是什么？如何设置串行口工作模式？

5.4　什么是波特率？如何根据波特率的值计算定时器的初值？

5.5　简述串行口的使用步骤。

项目六　单片机外设控制

学习目标

- ❋ 了解 ULN2003 的特性;
- ❋ 掌握单片机控制继电器的原理;
- ❋ 掌握单片机控制直流电机的方法;
- ❋ 掌握单片机扩展 I/O 口的方法。

能力目标

掌握单片机常用外设的控制方法，并能够进行一定的扩展应用。

6.1　单片机与继电器

继电器实际上是一个电磁开关，是一种电控制器件。单片机一般工作在中低电压、小电流的环境中，但在自动化控制电路中，对电动机等大功率器件的控制时，常常使用到继电器。它是用小电流去控制大电流的“开关”。

继电器具有动作快、工作稳定、使用寿命长、体积小等优点，被广泛应用于自动化、运动、遥控、测量和通信等装置中，是非常重要的控制元件之一。

1. 继电器的分类

继电器可分为电磁继电器、固态继电器、时间继电器等。

1) 电磁继电器

在输入电路内电流的作用下，由机械部件的相对运动产生预定响应的一种继电器称为电磁继电器。它包括直流电磁继电器、交流电磁继电器、磁保持继电器、极化继电器、舌簧继电器和节能功率继电器。

2) 固态继电器

固态继电器是输入、输出功能由电子元件完成而无机械运动部件的一种继电器。

3) 时间继电器

当加上或除去输入信号时，输出部分需延时或限时到规定的时间才闭合或断开其被控线路的继电器称为时间继电器。

此外还有温度继电器、风速继电器、加速度继电器、热继电器、光继电器等。

2. 继电器的工作原理图

继电器内部结构如图 6.1 所示。

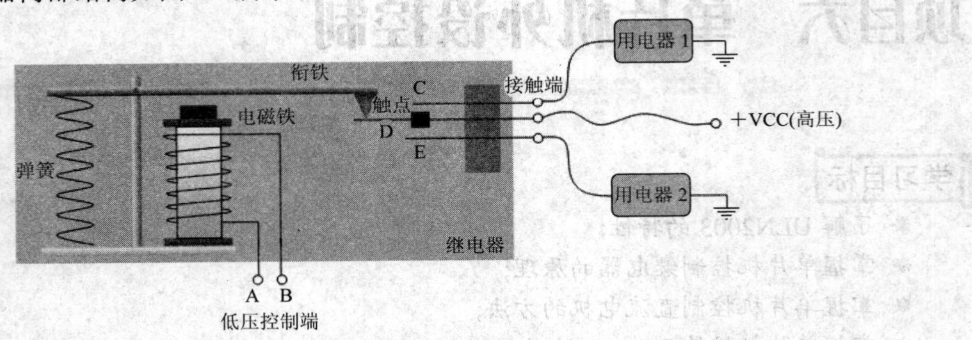

图 6.1　继电器内部结构图

继电器工作原理如下。

当 A、B 两端通电时，电磁线圈产生磁场，把衔铁吸引下来。此时，D 触点与 C 触点脱离，与 E 触点导通，用电器 1 停止工作，用电器 2 开始工作。当 A、B 两点失去电压时，D 触点由于弹性的关系，回到 C 点，用电器 1 恢复工作，用电器 2 停止工作。

3. 单片机驱动继电器

前面我们已经介绍过，单片机驱动能力较弱，需要相应的使用驱动芯片来提高其驱动能力。下面介绍一款高耐压、大电流复合晶体管——ULN2003。

ULN2003 是高耐压、大电流复合晶体管阵列，由七个硅 NPN 复合晶体管组成，多用于单片机、智能仪表等控制电路中，并且可直接驱动继电器等负载。ULN2003 的每一对达林顿管都串联一个 2.7 kΩ 的基极电阻，在 5 V 的工作电压下它能与 TTL 和 CMOS 电路直接相连，可以直接处理原先需要标准逻辑缓冲器来处理的数据。

ULN2003 工作电压高，工作电流大，灌电流可达 500 mA，并且能够在关态时承受 50 V 的电压，输出还可以在高负载电流并行运行。ULN2003 内部还集成了一个消线圈反电动势的二极管，可用来驱动继电器。通常单片机驱动 ULN2003 时，上拉 2 kΩ 的电阻较为合适，同时，COM 引脚应该悬空或接电源。ULN2003 引脚图如图 6.2 所示。

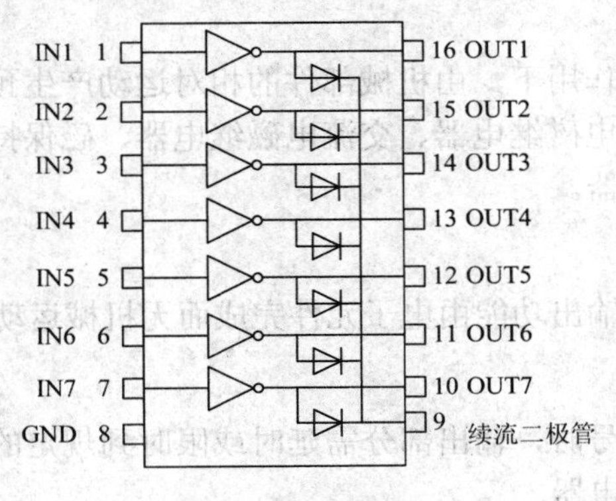

图 6.2　ULN2003 引脚图

引脚 1：CPU 脉冲输入端，端口对应一个信号输出端。

引脚 2：CPU 脉冲输入端。

引脚 3：CPU 脉冲输入端。

引脚 4：CPU 脉冲输入端。

引脚 5：CPU 脉冲输入端。

引脚 6：CPU 脉冲输入端。

引脚 7：CPU 脉冲输入端。

引脚 8：接地。

引脚 9：该脚是内部 7 个续流二极管负极的公共端，各二极管的正极分别接各达林顿管的集电极。用于感性负载时，该脚接负载电源正极，实现续流作用。如果该脚接地，实际上就是达林顿管的集电极对地接通。

引脚 10：脉冲信号输出端，对应 7 脚信号输入端。

引脚 11：脉冲信号输出端，对应 6 脚信号输入端。

引脚 12：脉冲信号输出端，对应 5 脚信号输入端。

引脚 13：脉冲信号输出端，对应 4 脚信号输入端。

引脚 14：脉冲信号输出端，对应 3 脚信号输入端。

引脚 15：脉冲信号输出端，对应 2 脚信号输入端。

引脚 16：脉冲信号输出端，对应 1 脚信号输入端。

ULN2003 的各项极限值如表 6-1 所示。

表 6-1 ULN2003 的各项极限值

参数名称	符号	数值	单位
输入电压	V_{IN}	30	V
输入电流	I_{IN}	25	mA
功耗	P_D	1	W
工作环境温度	T_{opr}	−20～+85	℃
储存温度	T_{stg}	−55～+150	℃

如果 ULN2003 的达林顿管输入端输入低电平使其截止，其驱动的元件是感性元件，则电流不能突变，此时会产生一个高压；如果没有二极管，达林顿管会被击穿，所以这个二极管主要起保护作用。

由于 ULN2003 是集电极开路输出，为了让这个二极管起到续流作用，必须将 COM 引脚(PIN9)接在负载的供电电源上，只有这样才能够形成续流回路。

【例 6.1】 单片机控制继电器。使用一个按键，每按一次按键，继电器的状态就变化一次，以此来控制 LED 亮灭。

解析：

根据题意，可设计出电路如图 6.3 所示。

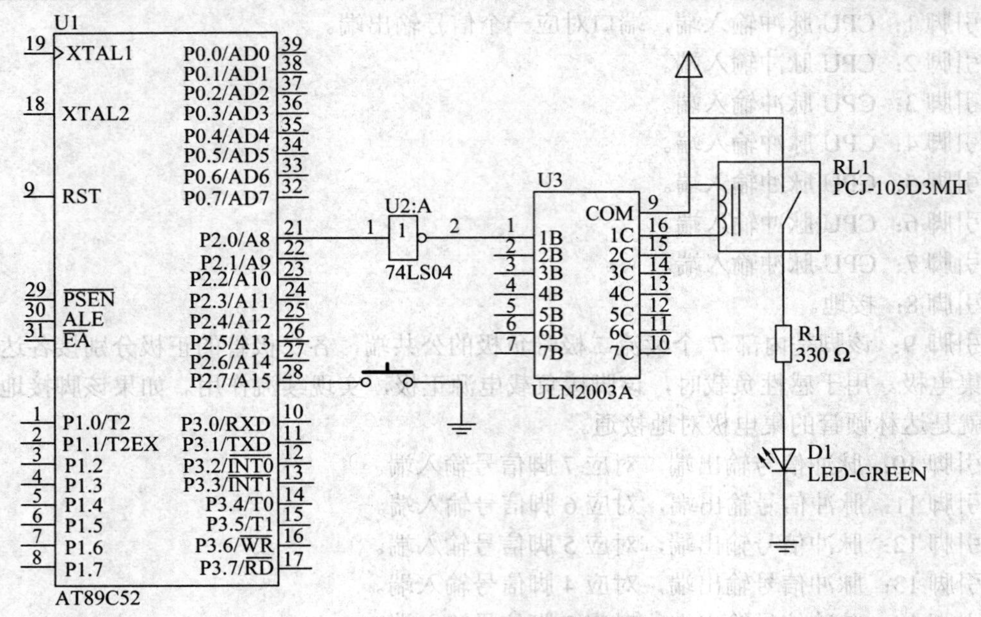

图 6.3　单片机控制继电器电路图

(1) 原理分析。由于 ULN2003 是非门，而要想使继电器电磁铁得电，在 ULN2003 的 19 脚就要为低电平。由于单片机 I/O 口通过非门连接到 ULN2003，而 ULN2003 本身也具有反向功能，所以当 P2.0 为低电平时，对应的 ULN2003 的 16 脚就为低电平，继电器得电吸合，LED 发光，反之则不发光。因此，只需用按键控制 P2.0 的状态，就可以控制继电器的吸合的断开，以此来达到控制 LED 亮灭的目的。

(2) 程序代码如下：

```
#include <reg52.h>
sbit key=P2^7;
sbit rel=P2^0;
void delay_10ms(unsigned int z)
{
    unsigned int x,y;
    for(x=z;x>0;x--)
      for(y=1150;y>0;y--);
}
void main()
{
    rel=1;
    while(1)
    {
       if(key==0)
       {
```

```
            delay_10ms(1);
            if(key==0)
            {
                rel=~rel;        //每按一次按键，rel 就取反一次
                while(!key);
                delay_10ms(1);
                while(!key);
            }
        }
    }
}
```

6.2 单片机与电机

1. 直流电机简介

电动机简称电机，是应用电磁感应原理运行的旋转电磁机械，用于实现电能向机械能的转换。运行时从电系统吸收电功率，向机械系统输出机械功率。

在小电子设备中，一般是使用直流电机。

直流电机是将直流电能转换为机械能的转动装置。电动机定子提供磁场，直流电源向转子的绕组提供电流，换向器使转子电流与磁场产生的转矩保持方向不变。根据转速的不同，直流电机可分成直流高速、直流低速和直流减速电机等几种。直流电机外形如图 6.4 所示。它有一个转轴和两个接线端。在直流电机的两个接线端加入一定的电压，直流电机的转轴就会转动，交换极性后电机转轴转动方向将会改变。对于额定工作电压的直流电机，在耐压值允许的范围内，增加电压后电机转速也随之增加，降低电压后电机转速也随之降低。

图 6.4 直流电机外形图

2. L298 简介

L298 是一种双全桥步进电机专用驱动芯片，内部包含 4 信道逻辑驱动电路，是一种二相和四相步进电机的专用驱动器，可同时驱动 2 个二相或 1 个四相步进电机，内含 2 个 H-Bridge 的高电压、大电流双全桥式驱动器，接收标准 TTL 逻辑准位信号，可驱动 46 V、2 A 以下的步进电机，且可以直接透过电源来调节输出电压。此芯片可直接由单片机的 I/O 端口来提供模拟时序信号。

芯片的基本参数如下：

(1) 类型：半桥；

(2) 输入类型：非反相；

(3) 输出数：4；

(4) 电流-输出/通道：2A；

(5) 电流-峰值输出：3A；

(6) 电源电压：4.5 V～46 V；

(7) 工作温度：−25℃～130℃；

(8) 安装类型：通孔。

L298 可接受标准 TTL 逻辑电平信号 VSS，VSS 可接 4.5 V～7 V 电压。4 脚 VS 接电源电压，VS 电压范围 VIH 为＋2.5 V～46 V。输出电流可达 2.5 A，可驱动电感性负载。1 脚和 15 脚下管的发射极分别单独引出以便接入电流采样电阻，形成电流传感信号。L298 可驱动 2 个电动机，OUT1、OUT2 和 OUT3、OUT4 之间可分别接电动机。EnA、EnB 接控制使能端，控制电机的停转。L298 控制可参考表 6-2。

表 6-2　L298 控制表

EnA	EnB	IN1	IN2	IN3	IN4	选择方式
1	X	1	0	X	X	正转
1	X	0	1	X	X	反转
1	X	0	0	X	X	停止
X	1	X	X	1	0	正转
X	1	X	X	0	1	反转
X	1	0	0	X	X	停止

【例 6.2】 用单片机控制直流电机正反转。

解析：

我们可以通过控制 L298 来控制直流电机正反转，原理如图 6.5 所示。

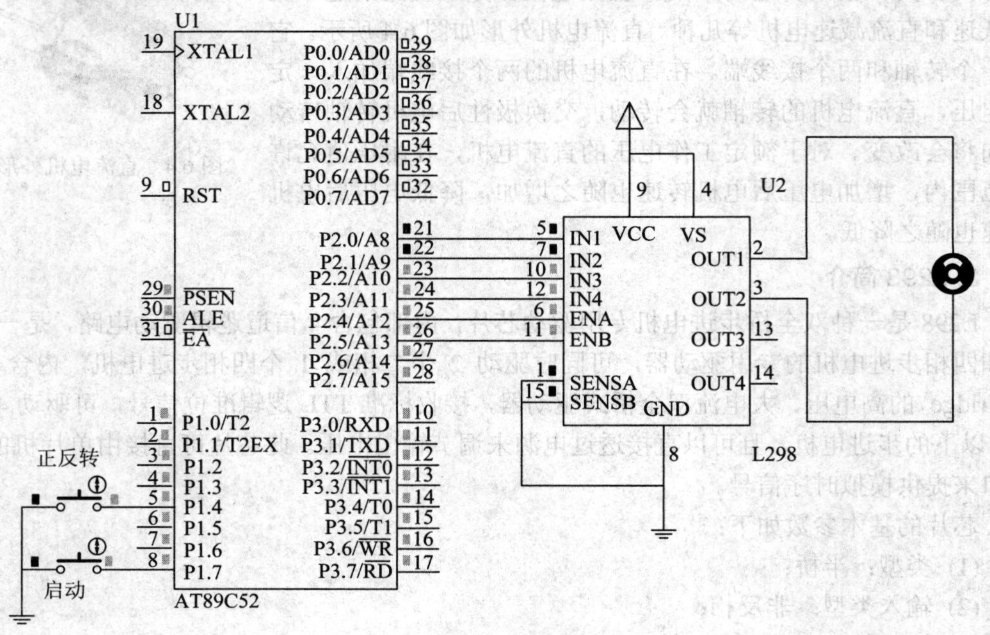

图 6.5　单片机控制电机原理图

用两个按键进行控制，一个控制启动，一个控制正反转，使用L298的ENA和IN1、IN2来控制电机。

程序代码如下：

```
#include <reg52.h>
sbit ENA=P2^4;
sbit IN1=P2^0;
sbit IN2=P2^1;
sbit start=P1^7;
sbit turn=P1^4;
void delay_10ms(unsigned int z)
{
    unsigned int x,y;
    for(x=z;x>0;x--)
        for(y=1150;y>0;y--);
}
void main()
{
    ENA=1;                  //初始设置L298，使电机停止
    IN1=0;
    IN2=0;
    while(1)
    {
        if(start==0)        //判断启动按钮是否按下
        {
            delay_10ms(1);
            if(start==0)
            {
                IN1=1;      //让电机正转
                IN2=0;
                while(!start);
                delay_10ms(1);
                while(!start);
            }
        }
        if(turn==0)         //判断正反转按钮是否按下
        {
            delay_10ms(1);
            if(turn==0)     //如果按下正反转按钮，则对IN1、IN2的状态取反
```

```
                {
                    IN1=~IN1;
                    IN2=~IN2;
                    while(!start);
                    delay_10ms(1);
                    while(!start);
                }
            }
        }
    }
```

6.3　单片机 I/O 口的扩展

当我们使用单片机控制外设较多时，就会出现一个非常突出的一个问题，I/O 口不够用，给设计带来很多不便。下面介绍两种常用 I/O 扩展芯片。

1. 串行数据输入芯片——74LS165 芯片

当我们利用单片机做数据采集时，会遇到 I/O 口不够用的情况，此时可以选择并行输入串行输出的芯片，来解决 51 单片机 I/O 口较少的问题。

1) 74LS165 芯片简介

74LS165 芯片的封装形式如图 6.6 所示。

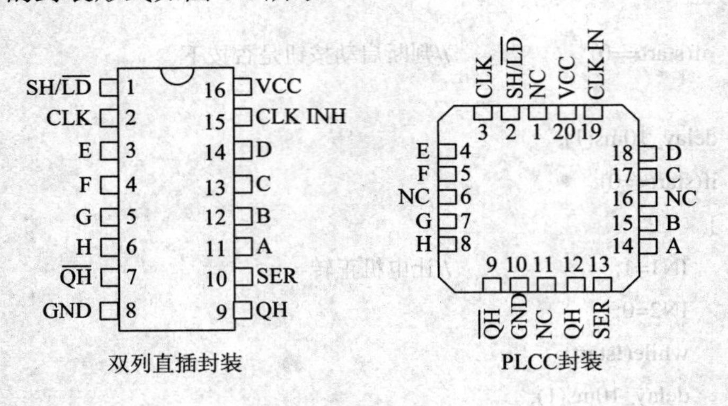

图 6.6　74LS165 的封装形式

当移位/置入控制端(SH/$\overline{LD}$)为低电平时，并行数据(A～H)被置入寄存器，而与时钟(CLK、CLK INH)及串行数据(SER)均无关。当 SH/$\overline{LD}$ 为高电平时，并行置数功能被禁止。

CLK 和 CLK INK 在功能上是等价的，可以交换使用。当 CLK 和 CLK INK 有一个为高电平时，另一个时钟可以输入。当 CLK 和 CLK INK 有一个为低电平并且 SH/$\overline{LD}$ 有一个为高电平时，另一个时钟被禁止。只有在 CLK 为高电平时 CLK INK 才可变为高电平。74LS165 引脚功能，见表 6-3 所示。

表 6-3　74LS165 引脚功能表

引　脚	功　能
CLK, CLK INH	时钟输入端(上升沿有效)
A～H	并行数据输入端
SER	串行数据输入端
QH	输出端
QH	互补输出端
SH/$\overline{LD}$	移位控制/置入控制(低电平有效)

2) 74LS165 的应用

在设计系统之前，通过查看扩展芯片的引脚的功能图可以完成硬件部分的设计。对于程序的编写，除了要查看扩展芯片的基本功能和引脚外，应查看真值表或时序图。74LS165 时序图如图 6.7 所示。

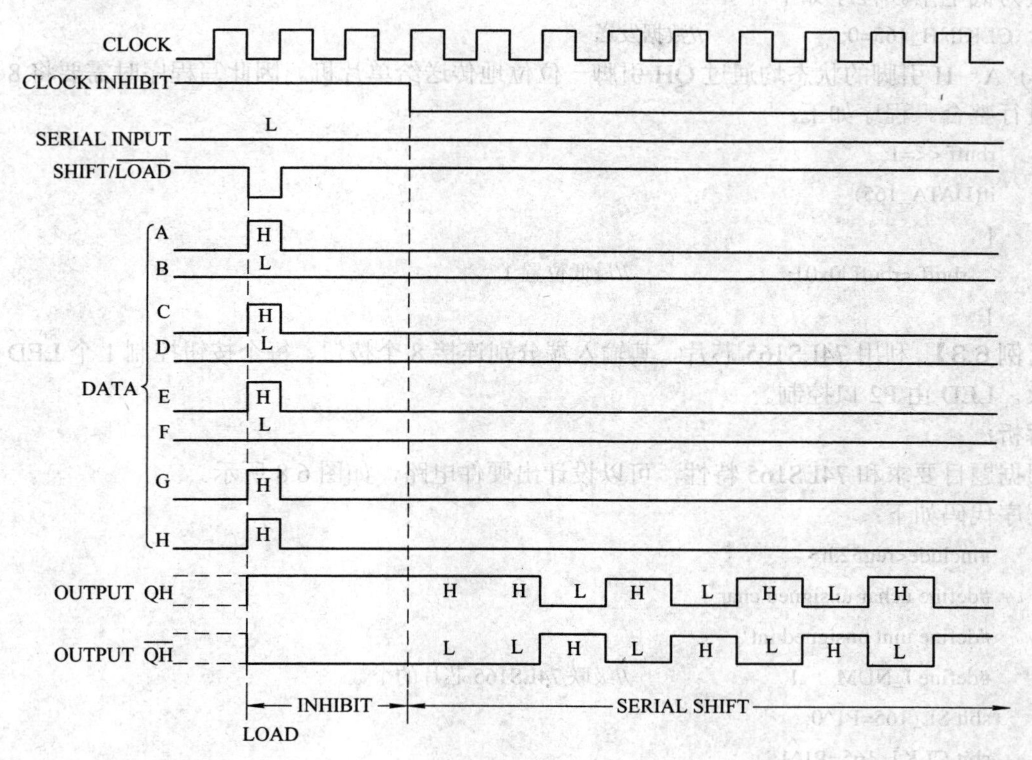

图 6.7　74LS165 时序图

从时序图可以分析出 74LS165 芯片的工作过程如下：

(1) CLK 引脚上要加载方波，推荐工作频率为 25 MHz。在数据传送过程中，CLK 引脚上每产生一次上升沿，数据传送一位。程序如下：

```
CLK1_165=0;                    //产生上升沿 CLOCK 脉冲
…
```

```
数据组合程序块
…
CLK1_165=1;
```

(2) INHIBIT 阶段为数据传送的准备过程。在这个过程中 CLK INH 引脚需为高电平，SH/LD 引脚需产生一低电平方波。数据传送准备阶段的程序如下：

```
CLKINH_165=1;              //CLK 引脚加载高电平
SL_165=1;                  //在 SH/LD 引脚上产生负跳沿方波
delay0();
SL_165=0;
delay0();
SL_165=1;
```

(3) SERIAL SHIFT 阶段为数据传送过程。在这个过程中只需将 CLK INH 引脚的高电平转换为低电平。程序如下：

```
CLKINH_165=0;              //数据发送
```

(4) A～H 引脚的状态均通过 QH 引脚一位位地传送给单片机。因此写程序时需要将 8 位数进行整合。程序如下：

```
rbuff <<=1;
if(DATA_165)
{
   rbuff =rbuff |0x01;              //最低位置 1
}
```

【例 6.3】 利用 74LS165 芯片，其输入端分别连接 8 个按钮，每个按钮控制 1 个 LED 的亮灭。LED 由 P2 口控制。

解析：

根据题目要求和 74LS165 特性，可以设计出硬件电路，如图 6.8 所示。

程序代码如下：

```
#include<reg52.h>
#define uchar unsigned char
#define uint unsigned int
#define I_NUM     1                    //级联 74LS165 芯片的个数
sbit SL_165=P1^0;
sbit CLK1_165=P1^1;
sbit CLKINH_165=P1^2;
sbit DATA_165=P1^3;

void delay0()
{ ; ;}
void delayms(uint xms)
```

```
{
    uint i,j;
    for(i=xms;i>0;i--)                    //i=xms 即延时约 x 毫秒
      for(j=110;j>0;j--);
}


void main()
{
    uchar i,j,rbuff;

    while(1)
    {
    CLKINH_165=1;                         //CLK 引脚加载高电平
    SL_165=1;                             //在 SH/LD 引脚上产生负跳沿方波
    delay0();
    SL_165=0;
    delay0();
    SL_165=1;
    delay0();
    CLKINH_165=0;                         //数据发送

    for(i=0;i<8;i++)                      //读入一个字节的数据
      {

         CLK1_165=0;                      //产生上升 CLOCK 沿脉冲
         rbuff <<=1;
         if(DATA_165)
         {
            rbuff =rbuff |0x01;           //最低位置 1
         }
         CLK1_165=1;
      }
    P2=rbuff;
    }
}
```

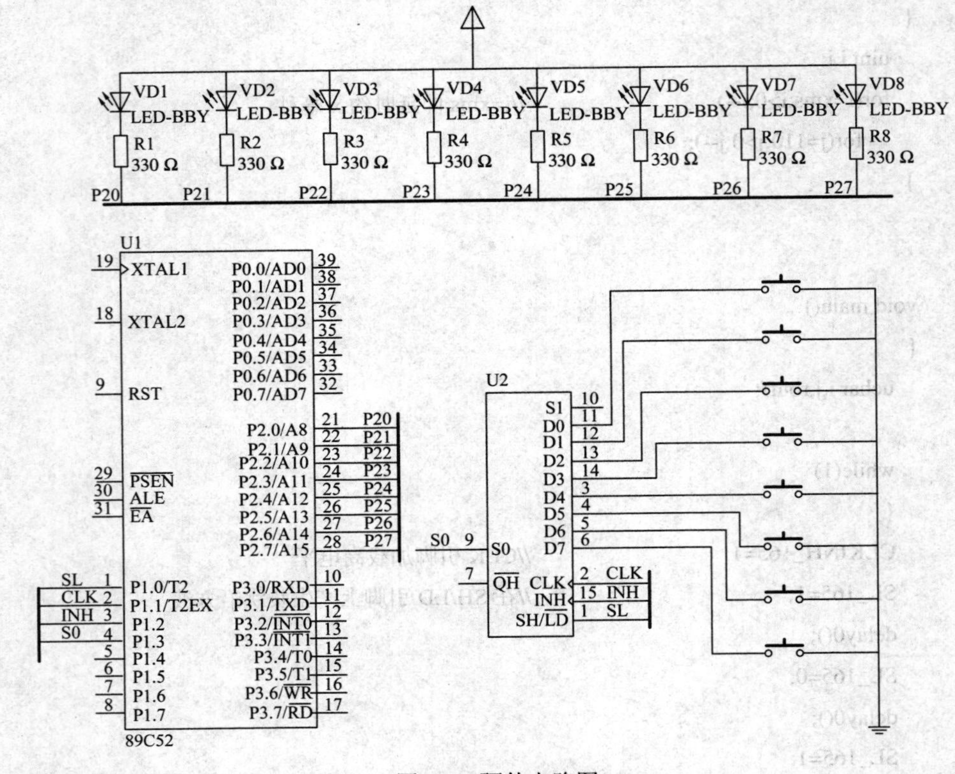

图 6.8　硬件电路图

2. 并行数据输出芯片——74LS595

当我们利用单片机做数字量输出控制的时候，常常会遇到 I/O 口不够用的情况，此时可以选择串行输入并行输出的芯片，来解决 51 单片机 I/O 口较少的问题。

1. 74LS595 芯片简介

74LS595 是一个八位串行输入，并行输出的位移缓存器；三态输出；兼容低电压 TTL 电路。移位寄存器和存储器是分别的时钟。

数据在 SCHcp 的上升沿输入，在 STcp 的上升沿进入存储寄存器中去。如果两个时钟连在一起，则移位寄存器总是比存储寄存器早一个脉冲。其封装如图 6.9 所示。

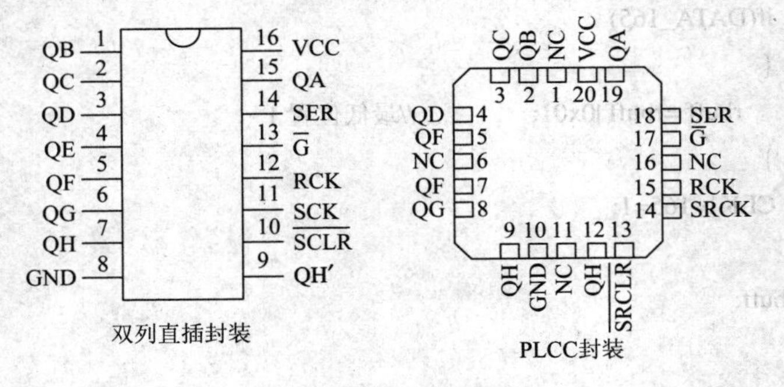

图 6.9　74LS595 封装图

74LS595 的引脚功能见表 6-4 所示。

表 6-4 74LS595 引脚功能表

引脚	功能
QA～QH	8 位并行输出端，可以直接控制数码管的 8 个段
QH'	级联输出端。将它接下一个 595 的 SI 端
SER	串行数据输入端
$\overline{\text{SCLR}}$	低点平时将移位寄存器的数据清零。通常将它接 VCC
SCK	上升沿时数据寄存器的数据移位。QA→QB→QC→…→QH；下降沿移位寄存器数据不变。(脉冲宽度：5 V 时，大于几十纳秒即可，通常选用微秒级)
RCK	上升沿时移位寄存器的数据进入数据存储寄存器，下降沿时存储寄存器数据不变。通常将 RCK 置为低电平，当移位结束后，在 RCK 端产生一个正脉冲(5 V 时，大于几十纳秒即可，通常都选微秒级)，更新显示数据
$\overline{\text{G}}$	高电平时禁止输出(高阻态)。如果单片机的引脚不紧张，用一个引脚控制它，可以方便地产生闪烁和熄灭效果。比通过数据端移位控制要省时、省力

2. 74LS595 的应用

74LS595 时序图如图 6.10 所示。

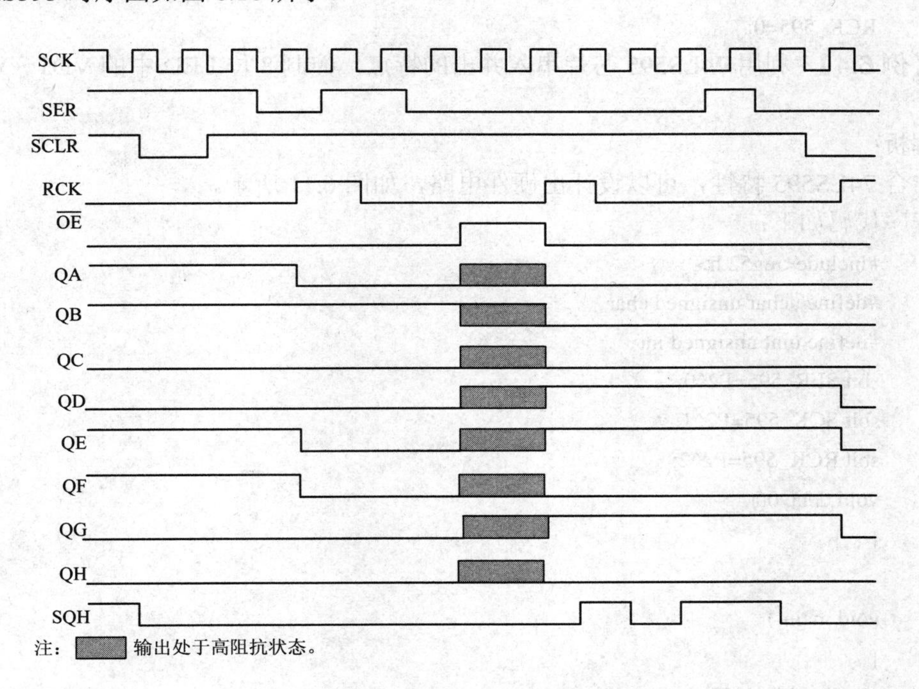

图 6.10 74LS595 时序图

通过时序图我们可以得出 74LS595 芯片的工作过程如下：

(1) 将要准备输入的位数据移入74HC595数据输入端上(SER)。程序如下：

```
if(wbuff & 0x01)   //判断当前所传位数据是0还是1;
  {
    SER_595=1;
  }
  else
  {
    SER_595=0;
  }
```

(2) 将位数据逐位移入74HC595，即数据串入。在移位时钟脉冲引脚(SCK)产生一上升沿，将数据输入引脚上的数据从低到高移入74HC595中。程序如下：

```
wbuff >>=1;
SCK_595=0;                    //单个BIT移位输出
delay0();
SCK_595=1;
```

(3) 并行输出数据，即数据并出。输出锁存器控制引脚(RCK)产生一上升沿，将由数据输入引脚上已移入数据寄存器中的数据送入到输出锁存器。程序如下：

```
RCK_595=1;                    //寄存器锁存数据输出
delay0();
RCK_595=0;
```

【例6.4】 利用74LS595芯片串入并出的特点，控制8位LED中的VD1～VD4灯的亮灭。

解析：

结合74LS595特性，可以设计出硬件电路，如图6.11所示。

程序代码如下：

```
#include<reg52.h>
#define uchar unsigned char
#define uint unsigned int
sbit SER_595=P2^0;
sbit SCK_595=P2^1;
sbit RCK_595=P2^2;
void delay0()
{ ; ;}

void main()
{
  uchar i,j,wbuff;
  while(1)
  {
```

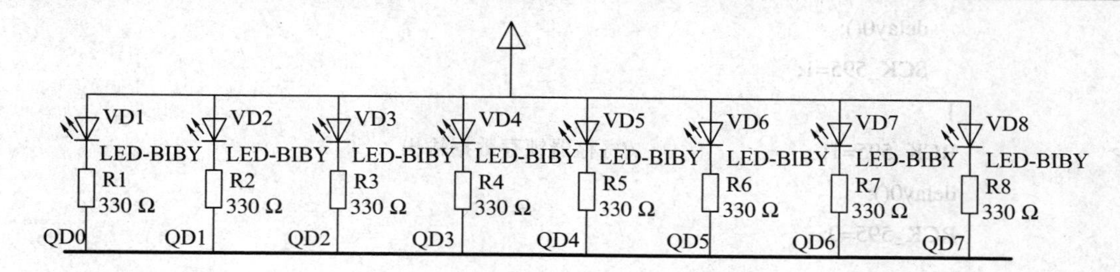

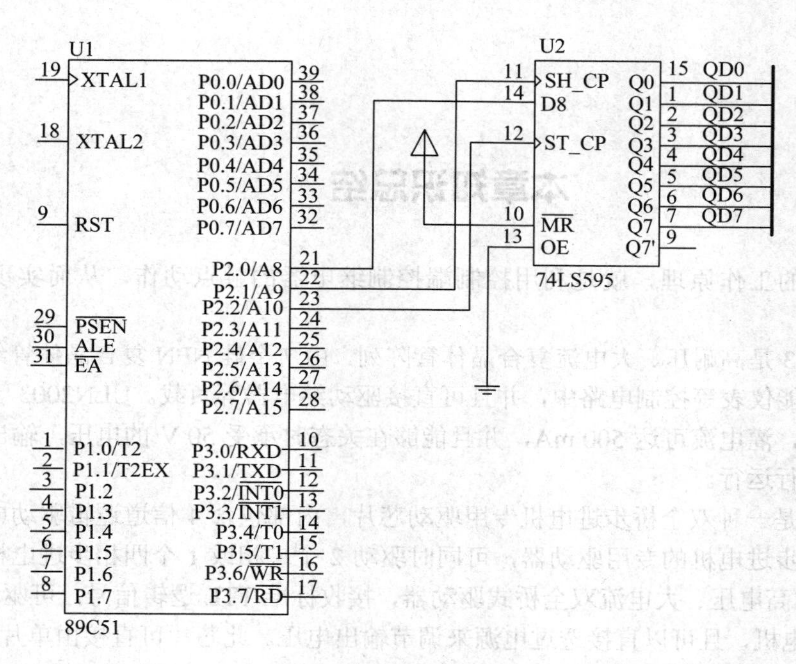

图 6.11　硬件电路图

```
RCK_595=0;                  //寄存器输出锁存准备
wbuff=0x0f;                 //单片机传送数据，使得VD1～VD4被点亮
for(i=0;i<8;i++)
{
  if(wbuff & 0x01)          //判断当前所传位数据是0还是1
  {
    SER_595=1;
  }
  else
  {
    SER_595=0;
  }
  wbuff >>=1;
  SCK_595=0;                //单个BIT移位输出
```

```
            delay0();
            SCK_595=1;
        }
        RCK_595=1;                  //寄存器锁存数据输出
        delay0();
        RCK_595=0;
    }

}
```

本章知识总结

(1) 继电器的工作原理，就是利用控制端控制继电器的触点动作，从而实现开关的目的。

(2) ULN2003是高耐压、大电流复合晶体管阵列，由7个硅NPN复合晶体管组成，多用于单片机、智能仪表等控制电路中，并且可直接驱动继电器等负载。ULN2003工作电压高，工作电流大，灌电流可达500 mA，并且能够在关态时承受50 V的电压，输出还可以在高负载电流并行运行。

(3) L298N是一种双全桥步进电机专用驱动芯片，内部包含4信道逻辑驱动电路，是一种二相和四相步进电机的专用驱动器，可同时驱动2个二相或1个四相步进电机，内含2个H-Bridge 的高电压、大电流双全桥式驱动器，接收标准TTL逻辑信号，可驱动46 V、2 A以下的步进电机，且可以直接透过电源来调节输出电压。此芯片可直接由单片机的I/O端口来提供模拟时序信号。

(4) 74L165是并行输入、串行输出移位寄存器。80C51单片机内部的串行口在方式0工作状态下，使用移位寄存器芯片可以扩展一个或多个8位并行I/O口。

(5) 74LS595是一个8位串行输入，并行输出的位移缓存器，平行输出时为三态输出。

习 题 6

(1) 使用 ULN2003 控制一个步进电机的转动，试设计出硬件电路图，并完成程序的编写。

(2) 使用L298控制两个电机的正反转，试设计出硬件电路图，并完成程序的编写。

(3) 使用2片74LS595，利用其级联的功能，控制16个LED，试设计出硬件电路图，并完成程序的编写。

附录 A　ANSIC 标准的关键字与 C51 编译器的扩展关键字

附表 A-1　ANSIC 标准的关键字

序号	关键字	用　途	说　明
1	auto	存储种类声明	用以声明局部变量，缺省值为此
2	break	程序语句	退出最内层循环体
3	case	程序语句	switch 语句中的选择项
4	char	数据类型声明	单字节整型数据或字符型数据
5	const	存储类型声明	在程序执行过程中不可修改的变量值
6	continue	程序语句	转向下一次循环
7	defaut	程序语句	switch 语句中的失败选择项
8	do	程序语句	构成 do⋯while 循环结构
9	double	数据类型声明	双精度浮点型数据
10	else	程序语句	构成 if...else 选择结构
11	enum	数据类型声明	枚举
12	extern	存储种类声明	在其他程序模块中声明了的全局变量
13	float	数据类型声明	单精度浮点型数据
14	for	程序语句	构成 for 循环结构
15	goto	程序语句	构成 goto 转移结构
16	if	程序语句	构成 if...else 选择结构
17	int	数据类型声明	基本整型数据
18	long	数据类型声明	长整型数据
19	register	存储种类声明	使用 CPU 内部寄存器的变量
20	return	程序语句	函数返回
21	short	数据类型声明	短整型数据
22	signed	数据类型声明	有符号数，二进制数据的最高位为符号位
23	sizeof	运算符	计算表达式或数据类型的字节数
24	static	存储种类声明	静态变量
25	struct	数据类型声明	结构类型数据
26	switch	程序语句	构成 switch 选择结构
27	typedef	数据类型声明	重新进行数据类型定义
28	union	数据类型声明	联合类型数据
29	unsigned	数据类型声明	无符号型数据
30	void	数据类型声明	无类型数据
31	volatile	数据类型声明	说明该变量在程序执行中可被隐含地改变
32	while	程序语句	构成 while 和 do...while 循环结构

附表 A-2　C51 编译器的扩展关键字

序号	关键字	用　途	说　明
1	_at_	地址定位	为变量进行存储器绝对空间地址定位
2	alien	函数特性声明	用以声明与 PL/M51 兼容的函数
3	bdata	存储器类型声明	可位寻址的 8051 内部数据存储器
4	bit	位标量声明	声明一个位标量或位类型的函数
5	code	存储器类型声明	8051 程序存储器空间
6	compact	存储器模式	指定使用 8051 外部分页寻址数据存储器空间
7	data	存储器类型说明	直接寻址的 8051 内部数据存储器
8	idata	存储器类型声明	间接寻址的 8051 内部数据存储器
9	interrupt	中断函数声明	定义一个中断服务函数
10	large	存储器模式	指定使用 8051 外部数据存储器空间
11	pdata	存储器类型声明	“分页”寻址的 8051 内部数据存储器
12	_priority_	多任务优先声明	规定 RTX51 或 RTX51 Tiny 的任务优先级
13	reentrant	再入函数声明	定义一个再入函数
14	sbit	位变量声明	声明一个可位寻址变量
15	sfr	特殊功能寄存器声明	声明一个 8 位的特殊功能寄存器
16	Sfr16	特殊功能寄存器声明	声明一个 16 位的特殊功能寄存器
17	small	存储器模式	指定使用 8051 内部数据存储器空间
18	_task_	任务声明	定义实时多任务函数
19	using	寄存器组定义	定义 8051 的工作寄存器组
20	xdata	存储器类型声明	8051 外部数据存储器

附录B 指 令 集

附表 B-1 数据转移指令

序号	格式	功 能	字节数	周期
1	MOV A, Rn	将寄存器的内容载入累加器	1	1
2	MOV A, direct	将直接地址的内容载入累加器	2	1
3	MOV A, @Ri	将间接地址的内容载入累加器	1	1
4	MOV A, #data	将常数载入累加器	2	1
5	MOV Rn, A	将累加器的内容载入寄存器	1	1
6	MOV Rn, direct	将直接地址的内容载入寄存器	2	2
7	MOV Rn, gdata	将常数载入寄存器	2	1
8	MOV direct, A	将累加器的内容存入直接地址	2	1
9	MOV direct, Rn	将寄存器的内容存入直接地址	2	2
10	MOV direct1, direct2	将直接地址 2 的内容存入直接地址 1	3	2
11	MOV direct,@Ri	将间接地址的内容存入直接地址	2	2
12	MOV direct, #data	将常数存入直接地址	3	2
13	MOV @Ri, A	将累加器的内容存入某间接地址	1	1
14	MOV @Ri, direct	将直接地址的内容存入某间接地址	2	2
15	MOV @Ri, #data	将常数存入某间接地址	2	1
16	MOV DPTR, #data16	将 16 位的常数存入数据指针寄存器	3	2
17	MOVC A, @A+DPTR	(A)←((A)+(DPTR)) 累加器的值再加数据指针寄存器的值为其所指定地址，将该地址的内容读入累加器	1	2
18	MOVC A, @A+PC	(PC) ←(PC)+1；(A) ←((A)+(PC))累加器的值加程序计数器的值作为其所指定地址，将该地址的内容读入累加器	1	2
19	MOVX A,@Ri	将间接地址所指定外部存储器的内容读入累加器(8 位地址)	1	2
20	MOVX A, @DPTR	将数据指针所指定外部存储器的内容读入累加器(16 位地址)	1	2
21	MOVX @Ri, A	将累加器的内容写入间接地址所指定的外部存储器(8 位地址)	1	2
22	MOVX @DPTR, A	将累加器的内容写入数据指针所指定的外部存储器(16 位地址)	1	2
23	PUSH direct	将直接地址的内容压入堆栈区	2	2
24	POP direct	从堆栈弹出该直接地址的内容	2	2
25	XCH A, Rn	将累加器的内容与寄存器的内容互换	1	1
26	XCH A, direct	将累加器的值与直接地址的内容互换	2	1
27	XCH A, @Ri	将累加器的值与间接地址的内容互换	1	1
28	XCHD A, @Ri	将累加器的低 4 位与间接地址的低 4 位互换	1	1
29	MOV A, Rn	将寄存器的内容载入累加器	1	1
30	MOV A, direct	将直接地址的内容载入累加器	2	1
31	MOV A, @Ri	将间接地址的内容载入累加器	1	1

附表 B-2 布尔代数运算

序号	格式	功能	字节数	周期
1	CLR C	清除进位 C 为 0	1	1
2	CLR bit	清除直接地址的某位为 0	2	1
3	SETB C	设定进位 C 为 1	1	1
4	SETB bit	设定直接地址的某位为 1	2	1
5	CPL C	将进位 C 的值反相	1	1
6	CPL bit	将直接地址的某位值反相	2	1
7	ANL C, bit	将进位 C 与直接地址的某位做 AND 的逻辑判断，结果存回进位 C	2	2
8	ANL C, /bit	将进位 C 与直接地址的某位的反相值做 AND 的逻辑判断，结果存回进位 C	2	2
9	ORL C, bit	将进位 C 与直接地址的某位做 OR 的逻辑判断，结果存回进位 C	2	2
10	ORL C, /bit	将进位 C 与直接地址的某位的反相值做 OR 的逻辑判断，结果存回进位 C	2	2
11	MOV C, bit	将直接地址的某位值存入进位 C	2	1
12	MOV bit, C	将进位 C 的值存入直接地址的某位	2	2
13	JC rel	若进位 C=1 则跳至 rel 的相关地址	2	2
14	JNC rel	若进位 C=0 则跳至 rel 的相关地址	2	2
15	JB bit, rel	若直接地址的某位为 1，则跳至 rel 的相关地址	3	2
16	JNB bit, rel	若直接地址的某位为 0，则跳至 rel 的相关地址	3	2
17	JBC bit, rel	若直接地址的某位为 1，则跳至 rel 的相关地址，并将该位值清除为 0	3	2
18	CLR C	清除进位 C 为 0	1	1
19	CLR bit	清除直接地址的某位为 0	2	1
20	SETB C	设定进位 C 为 1	1	1
21	SETB bit	设定直接地址的某位为 1	2	1
21	SETB bit	设定直接地址的某位为 1	2	1
22	CPL C	将进位 C 的值反相	1	1
23	CPL bit	将直接地址的某位值反相	2	1
24	ANL C, bit	将进位 C 与直接地址的某位做 AND 的逻辑判断，结果存回进位 C	2	2
25	ANL C, /bit	将进位 C 与直接地址的某位的反相值做 AND 的逻辑判断，结果存回进位 C	2	2
26	ORL C, bit	将进位 C 与直接地址的某位做 OR 的逻辑判断，结果存回进位 C	2	2
27	ORL C, /bit	将进位 C 与直接地址的某位的反相值做 OR 的逻辑判断，结果存回进位 C	2	2

附表B-3 程 序 跳 跃

序号	格 式	功 能	字节数	周期
1	ACALL addr11	调用2K程序存储器范围内的子程序	2	2
2	LCALL addr16	调用64K程序存储器范围内的子程序	3	2
3	RET	从子程序返回	1	2
4	RETI	从中断子程序返回	1	2
5	AJMP addr11	绝对跳跃(2K内)	2	2
6	LJMP addr16	长跳跃(64K内)	3	2
7	SJMP rel	短跳跃(2K内)−128～+127字节	2	2
8	JMP @A+DPTR	跳至累加器的内容加数据指针所指的相关地址	1	2
9	JZ rel	累加器的内容为0，则跳至rel所指相关地址	2	2
10	JNZ rel	累加器的内容不为0，则跳至rel所指相关地址	2	2
11	CJNE A, direct, rel	将累加器的内容与直接地址的内容比较，不相等则跳至rel所指的相关地址	3	2
12	CJNE A, #data, rel	将累加器的内容与常数比较，若不相等则跳至rel所指的相关地址	3	2
13	CJNE @Rn,#data, rel	将寄存器的内容与常数比较，若不相等则跳至rel所指的相关地址	3	2
14	CJNE @Ri, #data, rel	将间接地址的内容与常数比较，若不相等则跳至rel所指的相关地址	3	2
15	DJNZ Rn, rel	将寄存器的内容减1，不等于0则跳至rel所指的相关地址	2	2
16	DJNZ direct, rel	将直接地址的内容减1，不等于0则跳至rel所指的相关地址	3	2
17	NOP	无动作	1	1

附表B-4 逻辑运算指令

序号	格式	功 能	字节数	周期
1	ANL A, Rn	将累加器的值与寄存器的值做AND的逻辑判断，结果存回累加器	1	1
2	ANL A, direct	将累加器的值与直接地址的内容做AND的逻辑判断，结果存回累加器	2	1
3	ANL A, @Ri	将累加器的值与间接地址的内容做AND的逻辑判断，结果存回累加器	1	1
4	ANL A, #data	将累加器的值与常数做AND的逻辑判断，结果存回累加器	2	1
5	ANL direct, A	将直接地址的内容与累加器的值做AND的逻辑判断，结果存回该直接地址	2	1
6	ANL direct, #data	将直接地址的内容与常数值做AND的逻辑判断，结果存回该直接地址	3	2

续表

序号	格　式	功　能	字节数	周期
7	ORL A, Rn	将累加器的值与寄存器的值做 OR 的逻辑判断，结果存回累加器	1	1
8	ORL A, direct	将累加器的值与直接地址的内容做 OR 的逻辑判断，结果存回累加器	2	1
9	ORL A, @Ri	将累加器的值与间接地址的内容做 OR 的逻辑判断，结果存回累加器	1	1
10	ORL A, #data	将累加器的值与常数做 OR 的逻辑判断，结果存回累加器	2	1
11	ORL direct, A	将直接地址的内容与累加器的值做 OR 的逻辑判断，结果存回该直接地址	2	1
12	ORL direct, #data	将直接地址的内容与常数值做 OR 的逻辑判断，结果存回该直接地址	3	2
13	XRL A, Rn	将累加器的值与寄存器的值做 XOR 的逻辑判断，结果存回累加器	1	1
14	XRL A, direct	将累加器的值与直接地址的内容做 XOR 的逻辑判断，结果存回累加器	2	1
15	XRL A, @Ri	将累加器的值与间接地扯的内容做 XOR 的逻辑判断，结果存回累加器	1	1
16	XRL A, #data	将累加器的值与常数作 XOR 的逻辑判断，结果存回累加器	2	1
17	XRL direct, A	将直接地址的内容与累加器的值做 XOR 的逻辑判断，结果存回该直接地址	2	1
18	XRL direct, #data	将直接地址的内容与常数的值做 XOR 的逻辑判断，结果存回该直接地址	3	2
19	CLR　A	清除累加器的值为 0	1	1
20	CPL　A	将累加器的值反相	1	1
21	RL　A	将累加器的值左移一位	1	1
22	RLC　A	将累加器含进位 C 左移一位	1	1
23	RR　A	将累加器的值右移一位	1	1
24	RRC　A	将累加器含进位 C 右移一位	1	1
25	SWAP　A	将累加器的高 4 位与低 4 位的内容交换，(A)3-0←(A)7-4	1	1

附表 B-5 算数运算指令

序号	格 式	功 能	字节数	周期
1	ADD A, Rn	将累加器与寄存器的内容相加，结果存回累加器	1	1
2	ADD A, direct	将累加器与直接地址的内容相加，结果存回累加器	2	1
3	ADD A, @Ri	将累加器与间接地址的内容相加，结果存回累加器	1	1
4	ADD A, #data	将累加器与常数相加，结果存回累加器	2	1
5	ADDC A, Rn	将累加器与寄存器的内容及进位 C 相加，结果存回累加器	1	1
6	ADDC A, direct	将累加器与直接地址的内容及进位 C 相加，结果存回累加器	2	1
7	ADDC A, @Ri	将累加器与间接地址的内容及进位 C 相加，结果存回累加器	1	1
8	ADDC A, #data	将累加器与常数及进位 C 相加，结果存回累加器	2	1
9	SUBB A, Rn	将累加器的值减去寄存器的值减借位 C，结果存回累加器	1	1
10	SUBB A, direct	将累加器的值减直接地址的值减借位 C，结果存回累加器	2	1
11	SUBB A, @Ri	将累加器的值减间接地址的值减借位 C，结果存回累加器	1	1
12	SUBB A, 0data	将累加器的值减常数值减借位 C，结果存回累加器	2	1
13	INC A	将累加器的值加 1	1	1
14	1INC Rn	将寄存器的值加 1	1	1
15	INC direct	将直接地址的内容加 1	2	1
16	INC @Ri	将间接地址的内容加 1	1	1
17	INC DPTR	数据指针寄存器值加 1	1	1

附表 B-6 特殊功能寄存器

序号	符号	地 址	功 能
1	B	F0H	B 寄存器
2	ACC	E0H	累加器
3	PSW	D0H	程序状态字
4	IP	B8H	中断优先级控制寄存器
5	P3	B0H	P3 口锁存器
6	IE	A8H	中断允许控制寄存器
7	P2	A0H	P2 口锁存器
8	SBUF	99H	串行口锁存器
9	SCON	98H	串行口控制寄存器

续表

序号	符号	地 址	功 能
10	P1	90H	P1 口锁存器
11	TH1	8DH	定时器/计数器 1(高 8 位)
12	TH0	8CH	定时器/计数器 1(低 8 位)
13	TL1	8BH	定时器/计数器 0(高 8 位)
14	TL0	8AH	定时器/计数器 0(低 8 位)
15	TMOD	89A	定时器/计数器方式控制寄存器
16	TCON	88H	定时器/计数器控制寄存器
17	DPH	83H	数据地址指针(高 8 位)
18	DPL	82H	数据地址指针(低 8 位)
19	SP	81H	堆栈指针
20	P0	80H	P0 口锁存器
21	PCON	87H	电源控制寄存器

附录C ASCII码表

八进制	十六进制	十进制	字符	八进制	十六进制	十进制	字符
00	00	0	nul	100	40	64	@
01	01	1	soh	101	41	65	A
02	02	2	stx	102	42	66	B
03	03	3	etx	103	43	67	C
04	04	4	eot	104	44	68	D
05	05	5	enq	105	45	69	E
06	06	6	ack	106	46	70	F
07	07	7	bel	107	47	71	G
10	08	8	bs	110	48	72	H
11	09	9	ht	111	49	73	I
12	0a	10	nl	112	4a	74	J
13	0b	11	vt	113	4b	75	K
14	0c	12	ff	114	4c	76	L
15	0d	13	er	115	4d	77	M
16	0e	14	so	116	4e	78	N
17	0f	15	si	117	4f	79	O
20	10	16	dle	120	50	80	P
21	11	17	dc1	121	51	81	Q
22	12	18	dc2	122	52	82	R
23	13	19	dc3	123	53	83	S
24	14	20	dc4	124	54	84	T
25	15	21	nak	125	55	85	U
26	16	22	syn	126	56	86	V
27	17	23	etb	127	57	87	W
30	18	24	can	130	58	88	X
31	19	25	em	131	59	89	Y
32	1a	26	sub	132	5a	90	Z
33	1b	27	esc	133	5b	91	[
34	1c	28	fs	134	5c	92	\
35	1d	29	gs	135	5d	93	]
36	1e	30	re	136	5e	94	^
37	1f	31	us	137	5f	95	_
40	20	32	sp	140	60	96	'

续表

八进制	十六进制	十进制	字符	八进制	十六进制	十进制	字符
41	21	33	!	141	61	97	a
42	22	34	“	142	62	98	b
43	23	35	#	143	63	99	c
44	24	36	$	144	64	100	d
45	25	37	%	145	65	101	e
46	26	38	&	146	66	102	f
47	27	39	'	147	67	103	g
50	28	40	(	150	68	104	h
51	29	41	)	151	69	105	i
52	2a	42	*	152	6a	106	j
53	2b	43	+	153	6b	107	k
54	2c	44	,	154	6c	108	l
55	2d	45	-	155	6d	109	m
56	2e	46	.	156	6e	110	n
57	2f	47	/	157	6f	111	o
60	30	48	0	160	70	112	p
61	31	49	1	161	71	113	q
62	32	50	2	162	72	114	r
63	33	51	3	163	73	115	s
64	34	52	4	164	74	116	t
65	35	53	5	165	75	117	u
66	36	54	6	166	76	118	v
67	37	55	7	167	77	119	w
70	38	56	8	170	78	120	x
71	39	57	9	171	79	121	y
72	3a	58	:	172	7a	122	z
73	3b	59	;	173	7b	123	{
74	3c	60	<	174	7c	124	|
75	3d	61	=	175	7d	125	}
76	3e	62	>	176	7e	126	~
77	3f	63	?	177	7f	127	del

附录D 元器件清单

名　称	规格型号	数　量	封装形式
单片机	STC89C52	1	DIP
IC	MAX232	1	DIP
IC	74HC573	2	DIP
IC	ADC0804	1	DIP
IC	DAC0832	1	DIP
IC	LM324	1	DIP
芯片座	DIP40	1	DIP
芯片座	DIP20	4	DIP
芯片座	DIP16	1	DIP
芯片座	DIP14	1	DIP
排阻	10 kΩ	1	DIP
电阻	10 kΩ	1	DIP
电阻	1 kΩ	1	DIP
可调电位器	10 kΩ	1	DIP
瓷片电容	27 pF	2	DIP
瓷片电容	0.1 μF	5	DIP
电解电容	10 μF/50 V	1	DIP
晶振	11.0592 MHz	1	DIP
发光二极管	红色(DIP 封装)3 mm	若干	DIP
数码管	0.56 英寸，3 位共阴	2	DIP
4 脚非自锁开关 DIP 封装	6 × 6	16	DIP
4 脚自锁开关	7.5 × 7.5	1	DIP
铜柱、固定螺丝	M3、M3 × 20	4 套	
液晶	1602	1	
双排插针	2.54 mm	2	
单排插针	2.54 mm	1	
DB9 母头	DB9-F-弯 90°	1	
杜邦线	20 cm	若干	
USB 转 232		1	
万能板	10 cm × 10 cm	4	

参考文献

[1] 宏晶科技. STC89C51RC/RD+系列单片机器件手册. 2011.
[2] 谭浩强. C 程序设计. 北京：清华大学出版社，1991.
[3] 赵文博，刘文涛. 单片机语言 C51 程序设计. 北京：人民邮电出版社，2005.
[4] 李全利. 单片机原理及应用技术. 3 版. 北京：高等教育出版社，2009.
[5] 张毅刚. MCS-51 单片机应用设计. 哈尔滨：哈尔滨工业大学出版社，1997.
[6] 长沙太阳人电子有限公司，SMC1602A LCM 使用说明书.